高等学校电子信息类创新与应用型规划教材

电工电子基础实验教程

朱新芬 黄文彪 编著

U0283853

清华大学出版社

北京

内 容 简 介

本书将电工、电子技术的各门课的实验组织起来,通过硬件与仿真软件相结合,系统地介绍了电工电子技术的一般实验方法和技能。

全书共分 5 章,第 1 章介绍了电工电子实验基础知识;第 2 章包含了 11 个电路原理实验项目;第 3 章包含了 11 个模拟电子技术实验项目;第 4 章包含了 14 个数字电子技术实验项目;第 5 章包含了 7 个高频电子线路实验项目。附录中收录了 Multisim 仿真软件基本知识和常用电子元器件的型号与技术参数,芯片的引脚图,仪器仪表的技术参数与使用说明等信息。

本教程既可作为应用型高等院校电子、通信和自动化等电类专业本科生低年级的实验教材,同时也可作为机械类工科各专业本科生的实验基础教材,另外,也可作为学生电子技术课外实践、课程设计、毕业设计环节的实用指导书,供职业教育和其他相关技术人员参考。

图书在版编目(CIP)数据

电工电子基础实验教程/朱新芬,黄文彪编著. —北京:清华大学出版社,2016(2022.7重印)
(高等学校电子信息类创新与应用型规划教材)
ISBN 978-7-302-45127-3

Ⅰ. ①电… Ⅱ. ①朱… ②黄… Ⅲ. ①电工技术—实验—教材 ②电子技术—实验—教材 Ⅳ. ①TM-33 ②TN-33

中国版本图书馆 CIP 数据核字(2016)第 231628 号

责任编辑: 张 玥 薛 阳
封面设计: 常雪彩
责任校对: 时翠兰
责任印制: 曹婉颖

出版发行: 清华大学出版社
      网   址: http://www.tup.com.cn, http://www.wqbook.com
      地   址: 北京清华大学学研大厦 A 座   邮   编: 100084
      社 总 机: 010-83470000   邮   购: 010-62786544
      投稿与读者服务: 010-62776969, c-service@tup. tsinghua. edu. cn
      质量反馈: 010-62772015, zhiliang@tup. tsinghua. edu. cn
      课件下载: http://www.tup.com.cn,010-62795954
印 装 者: 北京九州迅驰传媒文化有限公司
经   销: 全国新华书店
开   本: 185mm×260mm   印   张: 17.75   字   数: 420 千字
版   次: 2016 年 11 月第 1 版   印   次: 2022 年 7 月第 5 次印刷
定   价: 59.50 元

产品编号: 071381-02

编审委员会

序言

电子信息技术和计算机软件等技术的快速发展，深刻地影响着人们的生产、生活、学习和思想观念。当前，以工业 4.0、两化深度融合、智能制造和互联网＋为代表的新一代产业和技术革命，把信息时代的发展推进到一个对于国家经济和社会发展影响更为深远的新阶段。

在新的产业和技术革命的背景下，社会对于高校人才的培养模式、教学改革以及高校的转型发展都提出了新的要求。2015 年，浙江省启动应用型高校示范学校建设。通过面向应用型高校的转型建设增强学生的就业创业和实践能力，提高学校服务区域经济社会发展和创新驱动发展的能力。通过坚持"面向需求、产教融合、开放办学、共同发展"的高校发展理念，围绕一流的应用型大学建设和一流的应用型人才培养目标，我们做了一系列的探索和实践，取得了明显实效。

作为应用型高校转型建设的重要举措之一和应用型人才培养的主要载体，本套规划教材着眼于应用型、工程型人才的培养和实践能力的提高，是在应用型高校建设中一系列人才培养工作的探索和实践的总结和提炼。在学校和学院领导的直接指导和关怀下，编委会依据社会对于电子信息和计算机学科人才素质和能力的需求，充分汲取国内外相关教材的优势和特点，组织具有丰富教学与实践经验的双师型高校教师成立编委会，编写了这套教材。

本套系列教材具有以下几个特点：

（1）教材具有创新性。本系列教材内容体现了基本技术和近年来新技术的结合，注重技术方法、仿真例子和实际应用案例的结合。

（2）教材注重应用性。避免复杂的理论推导，通俗易懂，便于学习、参考和应用。注重理论和实践的结合，加强应用型知识的讲解。

序言

（3）教材具有示范性。教材中体现的应用型教学理念、知识体系和实施方案，在电子信息类和计算机类人才的培养以及应用型高校相关专业人才的培养中具有广泛的辐射性和示范性。

（4）教材具有多样性。本系列教材既包括基本理论和技术方法的课程，也包括相应的实验和技能课程，以及大型综合实践性学科竞赛方面的课程。注重课程之间的交叉和衔接，从不同角度培养学生的应用和实践能力。

（5）本套教材的编著者具有丰富的教学和实践经验。他们大多是从事一线教学和指导的、具有丰富经验的双师型高校教师。他们多年的教学心得为本教材的高质量出版提供了有力保障。

本套系列教材的出版得到了浙江省教育厅相关部门、浙江工业大学教务处和之江学院领导以及清华大学出版社的大力支持和广大骨干教师的积极参与，得到了学校教学改革和重点教材建设项目的资助，在此一并表示衷心的感谢。

希望本套教材的出版能够在转变教学思想，推动教学改革，更新知识体系，增强学生实践能力，培养应用型人才等方面发挥重要作用，并且为应用型高校的转型建设提供课程支撑。由于电子信息技术和计算机技术的发展日新月异，以及各方面条件的限制，本套教材难免存在不足之处，敬请专家和广大师生批评指正。

高等学校电子信息类创新与应用型规划教材编审委员会

2016 年 10 月

前言

电工电子实验课程是自动化专业、通信工程专业、电子信息专业的基础课程,通过本课程一系列实验的学习,既可巩固学生的相关理论知识、培养学生的动手能力,又可培养学生的分析问题和解决问题的能力,为学习专业课程、课程设计、大型实验与毕业实习工作奠定坚实的基础。该教材以电工电子技术理论为依据,实验项目的设计可操作性强,内容具有基础性、广泛性和系统性的特点,是一本集应用性、创造性及实践性为一体的实验教材。

本书共分为 5 章。第 1 章为电工电子实验基础知识,主要包括常用电工仪表及电子仪器的使用,实验技术基本知识,安全用电的常识等内容。第 2 章为电路原理实验,主要包括基尔霍夫定律的研究,戴维南定理的研究,一阶、二阶电路的研究,单相、三相交流电路的研究,日光灯电路的研究和变压器的研究等内容。第 3 章为模拟电子技术实验,主要包括晶体管的认识与测量、单相整流和滤波电路、单管放大电路、射极跟随器、场效应管放大器、低频功率放大器、差动放大器、负反馈放大器、RC 振荡器和集成运放等内容。第 4 章为数字电子技术实验,主要包括集成门电路的功能与参数测试,译码器的测试与应用,数据选择器的测试与应用,组合逻辑电路的设计,触发器及应用,移位寄存器、计数器、时序逻辑电路的设计,555 定时器的应用,抢答器和电子秒表的实现等内容。第 5 章为高频电子线路实验,主要包括小信号调谐放大器、LC 电容反馈式振荡器、石英晶体振荡器、压控振荡器、调幅与检波和调频与鉴频等内容。附录包括仿真软件 Multisim 简介,常用电子元器件的型号与技术参数,芯片的引脚图等信息。

前　言

本教材的建设以三本院校"应用型专业技术人才培养"为目标,以重视学生动手实践能力培养为方向,以注重理论知识的实际应用为根本,把电工、电子技术基础所涉及的实验内容组织在一起,具有很好的连贯性、系统性。

在教材建设中吸收国内同类教材的优点并加以消化,以达到由理论到实验验证,由验证到仿真设计,由仿真设计到实施,由简单到复杂,由单个知识点到各知识点的整合应用,由一门课到整个电类基础知识的综合应用的目的。本书和现有教材相比主要有以下特色。

1. 重系统性,符合认知规律

本教材结构严谨,章节划分合理,层次分明。本书对每一门实验课程,单独列一章,以醒目的标题标识本章内容,按教学计划中相应理论课程学习的先后顺序来安排章节,体现了系统性。本书中一个实验项目从简单的验证到设计仿真再到实施,一门实验课从一个个知识点到综合知识点,循序渐进,课程间也是呈一步步递进关系,符合认知规律。

2. 重实用性,体现求真意识

在各课实验项目设置时,考虑了学科知识点在实际生活、学习与工作中的具体相关应用,以此来安排对应的项目,体现了知识来源于实践,又服务于实践中的原则,使学生在学习时"知其然"也"知其所以然",改变学生被动接受知识的习惯,养成其主动学习的意识。

3. 重适用性,提高实践能力

本教材既适用于全部实验独立设课的自动化、通信、电子专业,也适用于设有少量课时的机电、测控专业。在学时分配上,电路实验、模电实验、数电实验均为 24 学时,高频电子线路实验为 12 学时,当然少课时的专业可根据情况选取适当经典内容。通过本教材的一系列实验项目的锻炼,可以使学生提高专业基础

前　言

技能与良好的动手能力。

4. 重开放性,培养学科兴趣

通过电路原理实验、模拟电子技术实验、数字电子技术实验、高频电子线路实验一系列的实验项目操作,为学生的课外科技立项、参加电子设计竞赛、自立制作电子产品打开了大门,使其成为可能。本教材可一直陪伴学生左右,作为基本工具书,使学生提高学习兴趣与积极性。

本书由朱新芬、黄文彪共同编写。其中朱新芬编写了第 1、4、5 章和附录并统稿,黄文彪编写了第 2、3 章,王洁、王荃、郑利君、施竞文、朱向军、林荣华、寿平光参与了内容的选择与指导工作。本书在编写过程中得到了领导、同事及兄弟院校老师的支持和帮助,在此表示由衷的感谢。另外本书在编写过程中,参阅了相关同类教材和资料,在此向其编者表示谢意。本书在出版过程中,得到了张聚教授和赵端阳副教授的支持和帮助,在此表示诚挚的感谢。

由于作者水平有限,书中难免有不妥和疏漏之处,恳请各位专家、同仁和读者不吝赐教和批评指正。

编　者

2016 年 5 月

目录

第1章 电工电子实验基础知识

1.1 实验技术基本知识 /1
1.1.1 实验前的准备阶段 /1
1.1.2 实验操作中的测试与观察阶段 /1
1.1.3 实验结果分析及整理阶段 /2
1.1.4 实验报告的撰写 /3

1.2 常用电工仪表及电子仪器 /3
1.2.1 数字万用表 /3
1.2.2 数字交流毫伏表 /6
1.2.3 直流稳压电源 /7
1.2.4 函数/任意波形发生器 /9
1.2.5 数字示波器 /14
1.2.6 频谱分析仪 /21

1.3 安全用电的常识 /30
1.3.1 基本概念 /30
1.3.2 基本用电安全 /31
1.3.3 电子电路的接地 /32

第2章 电路原理实验

2.1 电路实验综述 /34
2.2 电路实验实例 /35
2.2.1 电路元件伏安特性的研究 /35
2.2.2 基尔霍夫定律与叠加定理的研究 /40
2.2.3 戴维南定理的研究 /43
2.2.4 受控源的实验研究 /47
2.2.5 一阶、二阶电路过渡过程的研究 /53
2.2.6 正弦稳态交流电路的研究 /58
2.2.7 RC 电路的频率特性研究 /62
2.2.8 电路元件等效参数的测量 /65
2.2.9 RLC 串联谐振电路的研究 /69
2.2.10 互感电路的研究 /72
2.2.11 三相电路的研究 /75

目录

第 3 章　模拟电子技术实验

3.1　常用电子元件的使用与测量　/80

3.2　单相整流和滤波电路的测试　/84

3.3　稳压电源的测试　/87

3.4　单管放大电路的测试　/89

3.5　射极跟随器　/94

3.6　场效应管放大器的测试　/97

3.7　低频 OTL 功率放大器的测试　/101

3.8　差动放大电路的研究　/104

3.9　负反馈放大器的测试　/108

3.10　RC 正弦波振荡器的研究　/111

3.11　集成运放的线性应用　/113

第 4 章　数字电子技术实验

4.1　晶体二极管、三极管的开关特性仿真实验　/118

4.2　分立元件门电路仿真实验　/122

4.3　集成门的逻辑功能与参数测试　/127

4.4　组合逻辑电路的设计与测试　/133

4.5　译码器的测试及其应用　/137

4.6　数据选择器的测试与应用　/142

4.7　触发器及其应用　/148

4.8　计数器及其应用　/155

4.9　移位寄存器及其应用　/164

4.10　集成定时器及其应用　/170

4.11　综合性实验一：计数、译码、显示电路的设计　/176

4.12　综合性实验二：m 序列信号发生器的设计　/177

4.13　综合性实验三：智力竞赛抢答装置　/178

4.14　综合性实验四：电子秒表　/180

第 5 章　高频电子线路实验

5.1　高频小信号调谐放大器实验　/186

目录

5.2　电容反馈式 *LC* 振荡器　/191

5.3　晶体振荡器与压控振荡器　/195

5.4　模拟乘法器调幅(AM、DSB、SSB)　/198

5.5　包络检波及同步检波实验　/202

5.6　变容二极管调频实验　/207

5.7　正交鉴频及锁相鉴频实验　/212

附录 A　Multisim 仿真软件基本知识

A.1　Multisim 仿真软件简介　/217

　　A.1.1　关于 Multisim　/217

　　A.1.2　安装 Multisim 及其附加模块　/217

　　A.1.3　Multisim 界面　/218

　　A.1.4　定制 Multisim 界面　/220

A.2　创建电路　/221

　　A.2.1　开始建立电路文件　/221

　　A.2.2　往电路窗口中放置元件　/221

　　A.2.3　改变单个元件和节点的标号和颜色　/225

　　A.2.4　给元件连线　/226

　　A.2.5　为电路增加文本　/228

A.3　编辑元件　/229

　　A.3.1　元件编辑器入门　/229

　　A.3.2　进入元件编辑器　/229

　　A.3.3　开始编辑元件　/230

A.4　仪表的接入　/231

　　A.4.1　仪表图标认识　/231

　　A.4.2　增加与连接仪表　/231

　　A.4.3　设置仪表　/233

A.5　仿真电路　/234

　　A.5.1　仿真电路　/234

　　A.5.2　停止电路仿真　/234

A.6　分析电路　/234

　　A.6.1　时域分析　/235

　　A.6.2　运行分析　/235

A.7　VHDL 简介　/237

目录

A.7.1　Multisim 中的 HDL 语言　/237

A.7.2　使用 VHDL 模型器件　/237

A.7.3　仿真电路　/238

A.8　产生报告　/239

A.8.1　产生并打印 BOM　/239

A.8.2　储存 BOM　/239

附录 B　常用电子元器件的型号与技术参数

B.1　半导体分立器件　/241

B.1.1　半导体分立器件的命名方法　/241

B.1.2　常用半导体二极管的主要参数　/246

B.1.3　常用整流桥的主要参数　/247

B.1.4　常用稳压二极管的主要参数　/248

B.1.5　常用半导体三极管的主要参数　/249

B.1.6　常用场效应管主要参数　/253

B.2　半导体集成电路　/254

B.2.1　模拟集成电路　/254

B.2.2　数字集成电路　/256

参考文献　/269

第1章 电工电子实验基础知识

1.1 实验技术基本知识

实验是认识世界或事物,检验理论或假定而进行的活动,实验结果是检验理论的依据,实验结果的可靠度取决于实验装置与实验技术,因此我们要学习用实验手段正确地获取实验结果的技能。

一个完整的实验过程分为三个阶段:实验前的预习准备阶段、实验操作中的测试与观察阶段、实验结果分析及整理阶段。

1.1.1 实验前的准备阶段

实验课前认真预习是保证实验顺利进行和收到预期效果的必要条件,为此要做好以下工作。

(1) 仔细研读实验内容,复习与之相关理论,了解实验原理与实验方法,明确实验目的和要求。

(2) 理解实验原理图,了解所选用的电子元件及测量仪器仪表。

(3) 确定实验操作步骤,设计实验数据记录表。

(4) 预估实验现象和结果,推测实验过程中可能出现的问题,并考虑应对策略。

1.1.2 实验操作中的测试与观察阶段

(1) 首要的是安全问题,包括人身安全和设备安全。对刚开始动手做实验的学生而言,实验过程中出现异常情况是难免的。因此遵守实验室管理条例,遵循实验装置、实验器材的正确使用方法,保持严肃认真的实验作风尤为重要。

(2) 对实验设备进行检查。按要求核对实验所需设备、仪器、仪表及各电路元件的型

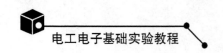

号、规格和数量。若为设计性实验,则应提前确认实验室是否具备相应条件。检查实验仪器工作是否正常,并正确设置其工作状态。

(3)连接实验电路和实验仪器。应做到接线清楚,导线粗细、长短、颜色安排合理。线路接好需先自查确保无误,必要时需指导教师复查,经同意后方可通电。通电后先大致操作一遍,观察各仪表仪器,在基本正常的情况下再正式操作。

(4)按实验步骤操作并记录实验现象、数据,填写实验数据记录表。实验数据记录要确切,注意量程的选择与有效数字。

(5)对测试结果进行定性的判断,发现数据不合理或数据不足时,应及时重测或补测。

(6)实验预期步骤完成后,必须对测试数据进行自检,然后由指导教师复查签字打分后,方可拆除线路。

(7)拆除线路。首先关掉电源,断开电路和仪器仪表的连接。将所有的实验设备放回原处,并放置整齐,整理实验桌或实验台,使其保持整洁。

1.1.3 实验结果分析及整理阶段

对实验数据的分析与整理是整个实验的重要部分,只有对实验中获取的原始数据进行有效的加工、整理、分析,才能得出正确的结论。对实验结果的处理通常采用列表法和曲线法。

1. 列表法

列表法的目的是为了将所有数据有序地放在一起,既可以使实验结果一目了然,也可以为对其进行分析提供方便,达到上述目的的关键是制表,因此制表时要注意以下几点。

(1)项目数据齐全,即原始数据、中间数据、最终结果以及理论值、误差分析等不可或缺。

(2)项目名称简练易懂。项目名称可用符合习惯的字母或文字,有量纲的要给出单位,间接量要给出计算公式。

(3)测试条件明确。对大多数测试,都是在特定条件下进行的,因此只有给出测试条件,测试结果才有意义。

(4)制表规范、合理,易读懂,表达的信息完整,才能达到对实验结果处理的目的。

2. 曲线法

表达实验结果的曲线有特性曲线和响应曲线两种类型。

1)特性曲线

一般电路的变化规律是连续的,而表格中的数据却是有限的、间断的,因此需要把表格中的数据作为点的坐标放于坐标系中,然后用线段将这些点连接起来,形成一条曲线。此绘制曲线的方法叫作描点法,描绘的曲线叫作电路的特性曲线。用特性曲线描述实验结果,具有直观完整、可获取更多信息的优点。但绘制时应注意以下几点:建立完备且合适的坐标系;测量时要将所有的特殊点取到,取点疏密合理、数量足够;绘制曲线时可剔除坏点;曲线要光滑,粗细一致。

2）响应曲线

在实验室进行实验,用仪器对电路进行测量,结果有时只是一个数值,但大多数情况则是一个函数(波形)。为了记录测量结果,就必须从测量仪器上将其画下来,画图时一定要保持和原图一致或对应成比例。在绘制时应注意以下几点:应将相应曲线的位置、大小调整合适,使曲线携带全部的信息;绘制时采用坐标纸;考虑是否建立坐标系;当一个坐标系中有多条曲线时,需对这些曲线加以文字说明,并用不同的线型、颜色加以区别;绘制的曲线要光滑。

1.1.4　实验报告的撰写

实验报告是对实验过程的全面总结和归纳,一份好的实验报告应包括以下几方面:
(1) 实验前的预习准备阶段工作过程;
(2) 实验室操作的过程;
(3) 实验后结果分析处理过程;
(4) 实验心得体会。

实验报告中要对实验的任务、原理、方法、设备、过程和分析等主要方面进行明确的叙述,条理清楚,其中的公式、图、表、曲线应有符号、编号、标题、名称等标注说明,使人阅读后对总体和各主要细节均能获悉。

1.2　常用电工仪表及电子仪器

在进行电工、电子实验与实践时,常用的仪表有万用表、交流毫伏表等;常用的电子仪器有直流稳压电源、信号发生器、示波器、波特仪等。下面就这些常用的仪表仪器做一简介。

1.2.1　数字万用表

数字万用表是一种多用途的电子测量仪器,在电子线路等实际操作中有着重要的用途,它不仅可以测量电阻,还可以测量电流、电压、电容、二极管、三极管等电子元件和电路。其外形如图1.1所示。

图1.1　数字万用表

1. 数字万用表使用须知

(1) 请注意检查数字万用表电池情况,将电源开关 POWER 按下,如果显示屏显示 ⊟ 符号,则表示电池不足,需要更换电池后再使用。

(2) 请注意测试表笔插孔旁的警告符号,测试电压和电流不要超过其指示数字,在使用数字万用表测量前要先确保将量程开关置于你想测量的相应挡位上,否则可能损坏万用表。

2. 电阻测量Ω

(1) 将黑表笔插入 COM 插孔,红表笔插入 V/Q/Hz 插孔。

(2) 将功能/量程开关置于 Ω 量程范围,将测试笔跨接到待测电阻上。

注意:

(1) 当输入端开路时,显示屏显示为过量程状态,即显示"1"或"OL";

(2) 当被测电阻>1MΩ 以上时,仪表需数秒后方能稳定读数,对于高电阻的测量这是正常的;

(3) 检测在线电阻时,需确认被测电路已关断电源,同时电容已放完电后,方能进行测量;

(4) 两只手不能同时接触两根表笔的金属杆或被测电阻两根引脚,以避免干扰。

3. 直流电压测量 V—

(1) 将黑表笔插入 COM 插孔,红表笔插入 V/Q/Hz 插孔。

(2) 将功能/量程开关置于直流电压 V— 量程范围,将表笔并接在被测负载或信号源上。显示屏在显示电压读数时,红表笔所接端的极性也将同时显示出来。

注意:

(1) 在测量之前如果不知被测电压范围,应将功能/量程开关置于最高量程挡并逐挡调低;

(2) 如果显示屏只显示"1"或"OL"时,说明被测电压已超过量程,功能/量程开关需调高一挡;

(3) 不要输入高于 1000V 电压,虽然有可能得到读数,但有损坏仪表内部线路的危险;

(4) 特别注意在测量高压时避免触电。

4. 交流电压测量 V~

(1) 将黑表笔插入 COM 插孔,红表笔插入 V/Q/Hz 插孔。

(2) 将功能/量程开关置于交流电压测量 V~ 量程范围,将表笔并接到被测负载或信号源上。

注意:

(1) 在测量之前如果不知被测电压范围,应将功能/量程开关置于最高量程挡并逐挡调低;

(2) 如果显示器只显示"1"或"OL"时,说明被测电压已超过量程,功能/量程开关需调高一挡;

(3) 不要输入高于 700V 电压,虽然有可能得到读数,但有损坏仪表内部线路的危险;

(4) 特别注意在测量高压时避免触电。

5．直流电流测量 A－

（1）将黑表笔插入 COM 插孔，当被测电流在 200mA 以下时，将红表笔插入 200mA 插孔；如果被测电流在 200mA～10A 之间，则将红表笔插入 10A 插孔。

（2）将功能/量程开关置于 A－量程范围，测试笔串入被测电路中，在显示电流读数时，红表笔所接端的极性也将同时显示出来。

6．交流电流测量 A～

（1）将黑表笔插入 COM 插孔，当被测电流在 200mA 以下时，将红表笔插入 200mA 插孔；如果被测电流在 200mA～10A 之间，则将红表笔插入 10A 插孔。

（2）将功能/量程开关置于 A～量程范围，将测试笔串入被测电路中。

注意：

（1）在测量之前如果不知被测电流范围，将功能/量程开关置于最高量程挡并逐挡调低；

（2）如果显示屏只显示"1"或"OL"时，说明被测电流已超过量程，功能/量程开关需要调高一挡；

（3）200mA 插孔输入过载时会将内装保险丝熔断，需予以更换，保险丝规格为 0.2A/250V，几何尺寸为 $\Phi5\times20$mm；

（4）10A 插孔无保险丝，测量时间应小于 10 秒，以避免线路发热影响准确度。

7．通断测试

（1）将黑表笔插入 COM 插孔，红表笔插入 V/Ω/Hz 插孔。

（2）将功能/量程开关置于 ✦🔊 量程挡，将测试笔跨接在欲检查的电路两端上。

（3）若被检查两点之间的电阻值小于 50Ω，蜂鸣器便会发出声响。

注意：

（1）当输入端开路时，显示屏显示为过量程状态，即显示"1"或"OL"；

（2）被测电路必须在切断电源状态下检查通断，因为任何负载信号都将会使蜂鸣器发声，导致错误判断。

8．电容的测量

（1）将电容两端短接，对电容进行放电，确保数字万用表的安全。

（2）将功能旋转开关打至电容 F 测量挡，并选择合适的量程。

（3）将电容插入万用表 CX 插孔，读出 LCD 显示屏上数字。

注意：

（1）测量前电容需要放电，否则容易损坏万用表；

（2）测量后也要放电，避免埋下安全隐患。

9．二极管的测量

（1）将黑表笔插入 COM 插孔，红表笔插入 V/Q/Hz 插孔。

（2）将功能旋转开关打至 ✦▶⊢ 挡。

（3）用红表笔接二极管的正极，黑表笔接负极，这时会显示二极管的正向压降。肖特基二极管的压降是 0.2V 左右，普通硅整流管（1N4000、1N5400 系列等）约为 0.7V，发光二极管约为 1.8～2.3V，且会发光。

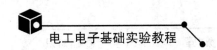

（4）调换表笔，显示屏显示"1"或"OL"则为正常，因为二极管的反向电阻很大；否则此管已被击穿。

10. 三极管的测量

表笔插位同二极管。先假定 A 脚为基极，用黑表笔与该脚相接，红表笔分别接触其他两脚，若两次读数均为 0.7V 左右；然后再用红笔接 A 脚，黑笔接触其他两脚，若均显示"1"或"OL"，则 A 脚为基极，且此管为 PNP 管，否则需要重新测量。那么集电极和发射极如何判断呢？数字表不能像指针表那样利用指针摆幅来判断，那怎么办呢？我们可以利用 hFE 挡来判断：先将挡位打到 hFE 挡，可以看到挡位旁有一排小插孔，分为 PNP 和 NPN 管的测量。前面已经判断出管型，将基极插入对应管型 b 孔，其余两脚分别插入 c,e 孔，此时可以读取数值，即 β 值；再固定基极，其余两脚对调；比较两次读数，读数较大的管脚位置与表面 c,e 相对应。

1.2.2　数字交流毫伏表

SP1930 型是一种通用型的智能化数字交流毫伏表，该仪器采用放大—检波工作原理，并且采用了单片机控制技术，适用于测量频率为 5Hz～3MHz，电压为 $100\mu Vrms$～400Vrms 的正弦波有效值电压。该仪器采用绿色 LED 显示，读数清晰、视觉好、寿命长，同时具有测量精度高、测量速度快、输入阻抗高、频率响应误差小等优点。整机功耗低、体积小、重量轻，具备自动/手动测量功能，同时显示电压值和 dB/dBm 值，以及量程和通道状态，显示清晰直观，使用方便，是电压计量和测试必备的基础仪器，如图 1.2 所示。

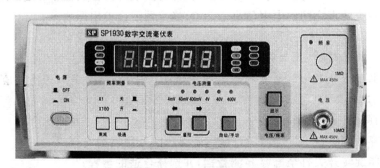

图 1.2　SP1930 数字交流毫伏表

1. 使用步骤方法

（1）在交流 220V 电源线接好的前提下，按下电源开关，开机后，交流毫伏表自动进入电压测量状态，而且为"自动量程转换"工作方式。

（2）仪器输入端接入测试线。

（3）将测试线的红色鳄鱼夹夹住待测点，黑色鳄鱼夹接测试电路的公共端，即电路板的接地端，进行测量。此时从毫伏表的显示器窗口中可观察到待测点的电压值，同时从单位指示灯处得到测量电压值的单位。

2. 安全注意事项

（1）当测量大于 36V 交流电压时，一定要小心谨慎，注意安全，并做好以下安全措施。

① 双手带上绝缘防电手套。

② 使用绝缘电缆作连接导线。

③ 使用手动测量方式,并选最大量程。

④ 与待测点要可靠地连接。

(2) 不能长时间输入过量程电压。

(3) 测量隔离地电压信号或悬浮的电压信号时,必须将本仪器的电源接地端与大地断开,采用两线接入法将电源电压接入仪器,然后再测量,否则测量会不准确。

1.2.3 直流稳压电源

HG63303 型直流稳压电源是高精度、高可靠、易操作的实验室通用电源。它具有 0~30V、0~3A 两组可调电源,两组电源可单独使用,也可串联或并联使用。当使用串联或并联方式时,仪器内部已将输出端口自动地连接,并且两组的输出处于自动跟踪状态,在该方式下,只要调整主路的电压,另一路将同时跟随变化。在串联方式时,可获得一组最大为两倍额定电压的输出,也可获得两组极性相反的电压输出。在并联方式时,可获得一组最大为两倍额定电流的输出。它还附加了一组电压为固定 5V、最大电流为 3A 的输出端口。其面板如图 1.3 所示。

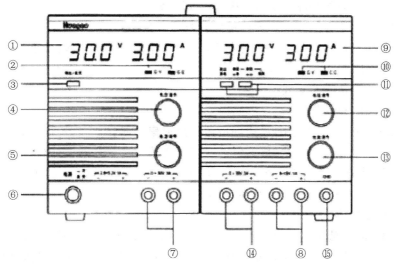

图 1.3　HG63303 直流稳压电源前面板

1. 面板控件说明

①、⑨ 显示屏——显示输出的电压和电流。

②、⑩ 稳压、稳流指示——当负载电流小于设定值时,输出为稳压状态,C.V 指示灯亮;当负载电流大于设定值时,输出电流将被恒定在设定值,C.C 指示灯亮。

③ 复位/输出控制——在开机时或串并联切换时,输出状态自动复位,此时输出端为 0,按一下此开关,输出端有设定的输出。

④、⑫ 电压调节旋钮——输出电压调节,在跟踪时左边的旋钮不起作用。

⑤、⑬ 电流调节旋钮——输出电流调节。

⑥ 电源开关——整机电源的开启或关闭。

⑦、⑭ 输出端口——主从输出端口。

⑧ 输出端口——附加的输出端口。

⑪ 独立/跟踪控制——两个按键可选择"独立"、"串联"或"并联"跟踪方式。两个按键都未按下为"独立"方式,两组电源可分别控制;左键按下,右键不按为"串联"跟踪方式,左边输出端的正端则自动与右边输出端的负端连接,两组输出电压完全由右边控制,此时连接左边输出端的负端和右边输出端的正端可获得0~2倍的额定电压;两键都按下为"并联"跟踪方式,两组输出端的同极性端子已在内部连接,两组的输出电压都由右边控制,两组可分别输出,或由右边的输出端提供0~2倍的额定电流输出。

⑮ GND 端子——大地和底座接地端子。

2. 直流稳压电源的操作说明

将仪器连接到220V±10%或110V±10%、50~60Hz的电源上,并保证接地可靠。

1) 限流点的设定

(1) 首先确定负载需要提供的最大安全电流值。

(2) 用测试导线暂时将输出端的正极和负极短路。

(3) 将电压调节旋钮从零开始旋转到C.C灯亮。

(4) 将电流调节旋钮调到所需要的电流值,此时,限流点(超载保护)已经设定完成,请勿再旋转电流控制旋钮。

(5) 撤除输出端的短路导线。

2) "复位/输出"键的使用

在电源和负载的连接过程中,或是在电源开启或串并联操作时,输出端如果有电压,将可能对负载产生不良的影响,此功能的设置,可有效地防止不良可能的产生。

本机在开启时或串并联操作时,输出端将自动置零,按一下此开关,输出端才有输出。在连接负载的过程中,应在输出端为零时操作。

3) 恒压/恒流特性

本机具有恒压/恒流自动转换的功能,即当输出电流大于预定值时,可自动将恒压状态转换为恒流状态,反之,当输出电流小于预定值时,可自动将恒流状态转换为恒压状态。两种状态分别由C.V指示灯和C.C指示灯显示。

4) 独立工作方式的使用

本机有两组可调电源和一组固定电源,当设定在独立工作方式时,每一组均为独立的电源,可单独使用也可同时使用。独立方式的操作步骤如下。

(1) 将两个跟踪选择按键弹出,电源设定在独立方式。

(2) 按"复位/输出"键,使电源工作在输出状态。

(3) 调整电压调节旋钮,设定负载需要的电压。

(4) 按"复位/输出"键,使电源工作在复位状态,输出为0V。

(5) 将电源的输出端与负载连接。

（6）按"复位/输出"键,负载上获得设定的输出。

5）串联跟踪方式的使用

当选择串联跟踪方式时,左边输出端正极将自动与右边输出端子的负极连接。左边的输出电压将跟随右边的电压变化而变化。在串联方式下,负载上可得到一个共地的两组电压相反的输出,也可通过两组内部的串联得到一个两组电压之和的单电源输出。操作步骤如下。

（1）按下左边的跟踪键,松开右边的按键,电源供应器设定在串联跟踪方式。

（2）按"复位/输出"键,使电源工作在输出状态。将左边的电流控制旋钮顺时针旋到底,其最大电流输出将随右边电流设定值而改变。参考"限流点设定"设定右边的限流点(过载保护)。

（3）使用右边的电压控制旋钮调整所需的输出电压。

（4）按"复位/输出"键,使电源工作在复位状态,输出为 0V。

（5）如需要获得一个共地的正负电源输出,将电源右边的负极和负载的地连接,将电源右边的正端和左边的负端分别接到负载的正端和负端。

（6）如需获得一个单电源输出,将电源右边的正端和左边的负端连接到负载。

（7）按"复位/输出"键,负载上获得设定的输出。

6）并串联跟踪方式的使用

当选择并联跟踪方式时,两组输出端在内部相并联,此时,负载上可得到一个两组电流之和的输出。操作步骤如下。

（1）两个跟踪按键全部按下,电源供应器设定在并联跟踪方式。

（2）按"复位/输出"键,使电源工作在输出状态。

（3）参考"限流点设定"设定右边的限流点(过载保护)。

（4）使用右边的电压控制旋钮调整所需的输出电压。

（5）按"复位/输出"键,使电源工作在复位状态。

（6）将电源右边的输出端连接到负载。

（7）按"复位/输出"键,负载上获得设定的输出。

1.2.4　函数/任意波形发生器

DG1000 系列双通道函数/任意波形发生器使用直接数字合成(DDS)技术,可生成稳定、精确、纯净和低失真的正弦信号。它还能提供 5MHz 具有快速上升沿和下降沿的方波。另外它还具有高精度、宽频带的频率测量功能。DG1000 实现了易用性、优异的技术指标及众多功能特性的完美结合,可帮助用户更快地完成工作任务。

DG1000 系列双通道函数/任意波形发生器向用户提供简单而功能明晰的前面板。人性化的键盘布局和指示以及丰富的接口、直观的图形用户操作界面、内置的提示和上下文帮助系统极大地简化了复杂的操作过程,用户不必花大量的时间去学习和熟悉信号发生器的操作即可熟练使用。内部 AM、FM、PM、FSK 调制功能使仪器能够方便地调制波形,而无需单独的调制源。

1. 性能特点

DDS 技术,得到精确、稳定、低失真的输出信号。

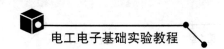

双通道输出,可实现通道耦合、通道复制。

输出 5 种基本波形,内置 48 种任意波形。

可编辑输出 14-bit、4k 点的用户自定义任意波形。

100MSa/s 采样率。

具有丰富的调制功能,输出各种调制波形,如调幅(AM)、调频(FM)、调相(PM)、二进制频移键控(FSK)。

线性和对数扫描(Sweep)及脉冲串(Burst)模式。

丰富的输入输出:外接调制源,外接基准 10MHz 时钟源,外触发输入,波形输出,数字同步信号输出。

高精度、宽频带频率计,测量功能:频率、周期、占空比、正/负脉冲宽度。

频率范围:100mHz~200MHz(单通道)。

支持即插即用 USB 存储设备,并可通过 USB 存储设备存储、读取波形配置参数及用户自定义任意波形,升级软件。

标准配置接口:USB Host、USB Device。

与 DG1000 系列示波器无缝互连,直接获取示波器中存储的波形并无损地重现。

可连接和控制 PA1011 功率放大器,将信号放大后输出。

图形化界面可以对信号设置进行可视化验证。

中英文嵌入式帮助系统。

支持中英文输入。

2. 前、后面板的操作及功能介绍

DG1000 的前后面板分别如图 1.4 和图 1.5 所示。

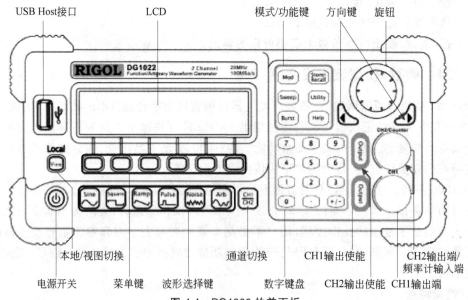

图 1.4 DG1000 的前面板

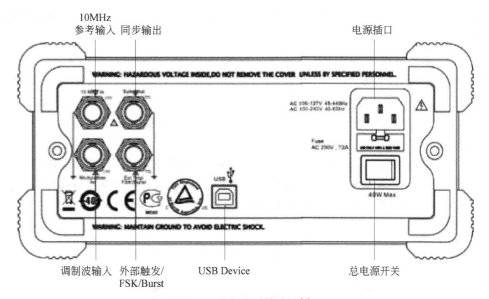

图 1.5　DG1000 的后面板

View 按键可切换三种界面显示模式：单通道常规模式、单通道图形模式及双通道常规模式，如图 1.6～图 1.8 所示。

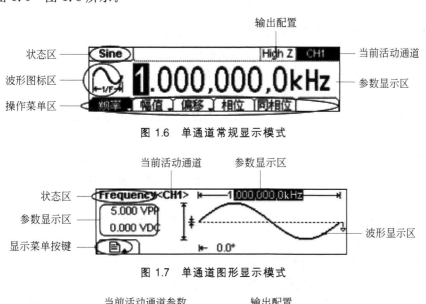

图 1.6　单通道常规显示模式

图 1.7　单通道图形显示模式

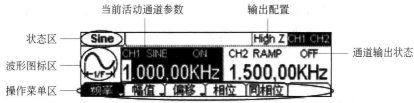

图 1.8　双通道常规显示模式

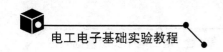

CH1|CH2：用户可通过此按键来切换活动通道，以便于设定每通道的参数及观察、比较波形。

在前操作面板左侧下方有一系列带有波形显示的按键，它们分别是正弦波、方波、锯齿波、脉冲波、噪声波、任意波。

使用 Sine 按键，波形图标变为正弦信号，并在状态区左侧出现"Sine"字样。通过设置频率／周期、幅值／高电平、偏移／低电平、相位，可以得到不同参数值的正弦波。其他波形按键操作类似。

在前面板右侧有两个 Output 按键，用于通道输出、频率计输入的控制。使用 Output 按键，启用或禁用前面板的输出连接器输出信号。已按下 Output 键的通道显示"ON"且键灯被点亮。在频率计模式下，CH2 对应的 Output 连接器作为频率计的信号输入端，CH2 自动关闭，禁用输出，如图 1.9 所示。

图 1.9　通道输出控制

在前面板右侧上方有 Mod、Sweep、Burst 三个按键，分别用于调制、扫描及脉冲串的设置。在本信号发生器中，这三个功能只适用于通道 1。

使用 Mod 按键，可输出经过调制的波形，并可以通过改变类型、内调制/外调制、深度、频率、调制波等参数，来改变输出波形。

DG1000 可使用 AM、FM、FSK 或 PM 调制波形，可调制正弦波、方波、锯齿波或任意波形（不能调制脉冲、噪声和 DC）。

使用 Sweep 按键，对正弦波、方波、锯齿波或任意波形产生扫描（不允许扫描脉冲、噪声和 DC）。在扫描模式中，DG1000 在指定的扫描时间内从开始频率到终止频率变化输出。

使用 Burst 按键，可以产生正弦波、方波、锯齿波、脉冲波或任意波形的脉冲串波形输出，噪声只能用于门控脉冲串。

在前面板上使用左右方向键、旋钮和数字键盘实现数字输入功能。

方向键：用于切换数值的数位、任意波文件/设置文件的存储位置。

旋钮：改变数值大小或用于切换内建波形种类、任意波文件/设置文件的存储位置、文件名输入字符。在 0～9 范围内改变某一数值大小时，顺时针转一格加 1，逆时针转一格减 1。

数字键盘：直接输入需要的数值，改变参数大小。

使用 Store/Recall 按键，存储或调出波形数据和配置信息。

使用 Utility 按键，可以设置同步输出开/关、输出参数、通道耦合、通道复制、频率计测量;查看接口设置、系统设置信息;执行仪器自检和校准等操作。

使用 Help 按键,查看帮助信息列表。

3.基本波形设置

以正弦波设置为例。

使用 Sine 按键,常规显示模式下,在屏幕下方显示正弦波的操作菜单,左上角显示当前波形名称。通过使用正弦波的操作菜单,对正弦波的输出波形参数进行设置。

设置正弦波的参数主要包括:频率/周期、幅值/高电平、偏移/低电平、相位。通过改变这些参数,得到不同的正弦波。如图 1.10 所示,在操作菜单中,选中频率,光标位于参数显示区的频率参数位置,用户可在此位置通过数字键盘、方向键或旋钮对正弦波的频率值进行修改。

输出波形
操作菜单:通过键控制使用
当前参数

图 1.10　正弦波参数值设置显示界面

1)设置输出频率/周期

STEP1:按 Sine→"频率/周期"→"频率"键,设置频率参数值。

屏幕中显示的频率为上电时的默认值,或者是预先选定的频率。在更改参数时,如果当前频率值对于新波形是有效的,则继续使用当前值。若要设置波形周期,则再次按"频率/周期"键,以切换到"周期"键(当前选项为反色显示)。

STEP2:输入所需的频率值。

使用数字键盘,直接输入所选参数值,然后选择频率所需单位,按下对应于所需单位的键。也可以使用左右键选择需要修改的参数值的数位,使用旋钮改变该数位值的大小。

2)设置输出幅值

STEP1:按 Sine→"幅值/高电平"→"幅值"键,设置幅值参数值。

屏幕显示的幅值为上电时的默认值,或者是预先选定的幅值。在更改参数时,如果当前幅值对于新波形是有效的,则继续使用当前值。若要使用高电平和低电平设置幅值,再次按"幅值/高电平"或者"偏移/低电平"键,以切换到"高电平"和"低电平"键(当前选项为反色显示)。

STEP2:输入所需的幅值。

使用数字键盘或旋钮,输入所选参数值,然后选择幅值所需单位,按下对应于所需单位的键。

3)设置偏移电压

STEP1:按 Sine →"偏移/低电平"→"偏移"键,设置偏移电压参数值。

屏幕显示的偏移电压为上电时的默认值,或者是预先选定的偏移量。在更改参数时,如果当前偏移量对于新波形是有效的,则继续使用当前偏移值。

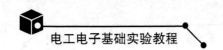
STEP2：输入所需的偏移电压。

使用数字键盘或旋钮,输入所选参数值,然后选择偏移量所需单位,按下对应于所需单位的键。

4）设置起始相位

STEP1：按 Sine→"相位"键,设置起始相位参数值。

屏幕显示的初始相位为上电时的默认值,或者是预先选定的相位。在更改参数时,如果当前相位对于新波形是有效的,则继续使用当前偏移值。

STEP2：输入所需的相位。

使用数字键盘或旋钮,输入所选参数值,然后选择单位。

设置其他波形请参照正弦波的设置方法,或查看电子文档。

1.2.5　数字示波器

DS1000E-EDU 系列数字示波器前面板设计清晰直观,完全符合传统仪器的使用习惯,方便用户操作。为加速调整,便于测量,可以直接使用 AUTO 键,将立即获得合适的波形显示和挡位设置。此外,高达 1GSa/s 的实时采样、25GSa/s 的等效采样率及强大的触发和分析能力,可帮助用户更快、更细致地观察、捕获和分析波形。

1. 主要特色

（1）提供双模拟通道输入,最大 1GSa/s 实时采样率,25GSa/s 等效采样率,每通道带宽 70MHz（DS1072E-EDU、DS1072D-EDU）。

（2）16 个数字通道,可独立接通或关闭。

（3）5.6 英寸 64k 色 TFT LCD,波形显示更加清晰。

（4）具有丰富的触发功能：边沿、脉宽、视频、斜率和交替触发。

（5）独一无二的可调触发灵敏度,适合不同场合的需求。

（6）自动测量 20 种波形参数,具有自动光标跟踪测量功能。

（7）独特的波形录制和回放功能。

（8）精细的延迟扫描功能。

（9）内嵌 FFT 功能。

（10）拥有 4 种实用的数字滤波器：LPF、HPF、BPF 和 BRF。

（11）Pass/Fail 检测功能,可通过光电隔离的 Pass/Fail 端口输出检测结果。

（12）多重波形数学运算功能。

（13）提供功能强大的上位机应用软件 UltraScope。

（14）标准配置接口：USB Device、USB Host、RS232；支持 U 盘存储和 PictBridge 打印。

（15）独特的锁键盘功能,满足工业生产需要。

（16）支持远程命令控制。

（17）嵌入式帮助菜单,方便信息获取；多国语言菜单显示,支持中英文输入；支持 U 盘及本地存储器的文件存储；模拟通道波形亮度可调。

（18）波形显示可以自动设置（AUTO），弹出式菜单显示，方便操作。

2．示波器面板和用户界面

（1）前面板图如图 1.11 所示。

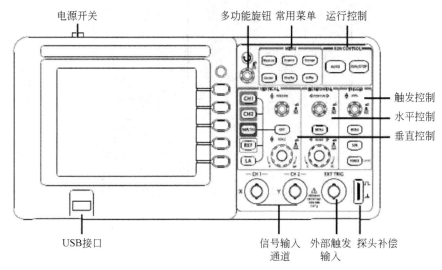

图 1.11　DS1000E 系列数字示波器前面板说明图

（2）后面板图如图 1.12 所示。

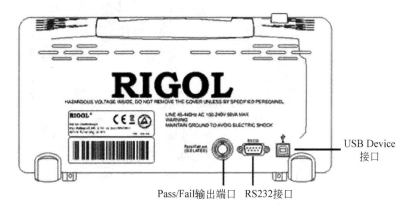

图 1.12　DS1000E 系列数字示波器后面板说明图

（3）显示界面如图 1.13 和图 1.14 所示。

3．功能检查

做一次快速功能检查，以核实本仪器运行是否正常。按如下步骤进行。

（1）接通仪器电源。电线的供电电压为 100～240V 交流电，频率为 45～440Hz。接通电源后，仪器将执行所有自检项目，并确认通过自检，按 Storage 按钮，用菜单操作键从顶部菜单框中选择"存储类型"选项，然后调出"出厂设置"菜单框。

（2）示波器接入信号。DS1000E-EDU 系列为双通道输入加一个外部触发输入通道的

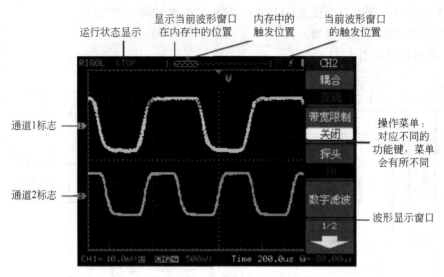

运行状态显示　显示当前波形窗口　内存中的　当前波形窗口
　　　　　　　在内存中的位置　触发位置　的触发位置

通道1标志　　　　　　　　　　　　　　　操作菜单:
　　　　　　　　　　　　　　　　　　　　对应不同的
　　　　　　　　　　　　　　　　　　　　功能键,菜单
通道2标志　　　　　　　　　　　　　　　会有所不同

波形显示窗口

图 1.13　显示界面说明图(仅模拟通道打开)

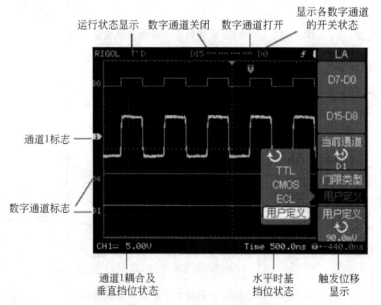

　　　　　　　运行状态显示　数字通道关闭　数字通道打开　显示各数字通道
　　　　　　　　　　　　　　　　　　　　　　　　　　　　的开关状态

通道1标志

数字通道标志

通道1耦合及　　　　水平时基　　触发位移
垂直挡位状态　　　　挡位状态　　显示

图 1.14　显示界面说明图(模拟与数字通道同时打开)

数字示波器。按照如下步骤接入信号。

　　① 用示波器探头将信号接入通道 1(CH1)。将探头连接器上的插槽对准 CH1 同轴电缆插接件(BNC)上的插口并插入,然后向右旋转以拧紧探头,完成探头与通道的连接后,将数字探头上的开关设定为×10,如图 1.15 所示。

　　② 示波器需要输入探头衰减系数。此衰减系数将改变仪器的垂直挡位比例,以使得测量结果正确反映被测信号的电平(默认的探头衰减系数设定值为×1)。

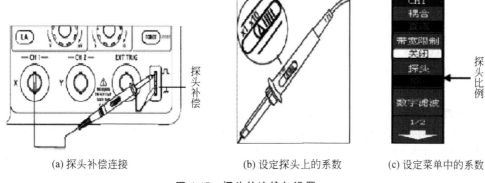

(a) 探头补偿连接　　　(b) 设定探头上的系数　　　(c) 设定菜单中的系数

图 1.15　探头的连接与设置

设置探头衰减系数的方法如下：按 CH1 功能键显示通道 1 的操作菜单，应用与探头项目平行的 3 号菜单操作键，选择与所使用的探头同比例的衰减系数，如图 1.15 所示，此时设定的衰减系数为 ×10。

③ 把探头端部和接地夹接到探头补偿器的连接器上。按 AUTO（自动设置）按钮。几秒钟内，可见到方波显示。

④ 以同样的方法检查通道 2(CH2)。按 OFF 功能按钮或再次按下 CH1 功能按钮以关闭通道 1，按 CH2 功能按钮以打开通道 2，重复步骤①和步骤②。

4. 探头补偿

在首次将探头与任一输入通道连接时，进行此项调节，使探头与输入通道匹配。未经补偿或补偿偏差的探头会导致测量误差或错误。调整探头补偿，请按如下步骤进行。

(1) 将示波器中探头菜单衰减系数设定为 ×10，将探头上的开关设定为 ×10，并将示波器探头与通道 1 连接。如使用探头钩形头，应确保探头与通道接触紧密。将探头端部与探头补偿器的信号输出连接器相连，基准导线夹与探头补偿器的地线连接器相连，打开通道 1，然后按 AUTO 键。

(2) 检查所显示波形的形状，对应的结果如图 1.16 所示。

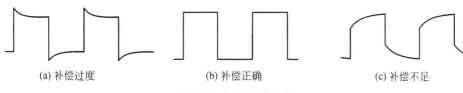

(a) 补偿过度　　　　　(b) 补偿正确　　　　　(c) 补偿不足

图 1.16　探头补偿调节

(3) 如必要，用非金属质地的改锥调整探头上的可变电容，直到屏幕显示的波形如图 1.16(b)所示"补偿正确"。

(4) 必要时，重复以上步骤。

5. 波形显示的自动设置

DS1000E-EDU 系列数字示波器具有自动设置的功能，根据输入的信号，可自动调整电压倍率、时基以及触发方式,使波形显示达到最佳状态。应用自动设置要求被测信号的频率大于或等于 50Hz,占空比大于 1%。使用自动设置步骤如下。

(1) 将被测信号连接到信号输入通道。

(2) 按 AUTO 键。

示波器将自动设置垂直、水平和触发控制。如需要,可手动调整这些控制使波形显示达到最佳。

6. 垂直控制区(VERTICAL)的设置

如图 1.17 所示,在垂直控制区有一系列的按键和旋钮,垂直系统的设置方法如下。

(1) 使用垂直 POSITION 旋钮在波形窗口居中显示信号。垂直 POSITION 旋钮控制信号的垂直显示位置。当转动垂直 POSITION 旋钮时,指示通道地(GROUND)的标识跟随波形而上下移动。

◇ 测量技巧:如果通道耦合方式为 DC,则可以通过观察波形与信号地之间的差距来快速测量信号的直流分量;如果耦合方式为 AC,信号里面的直流分量被滤除,这种方式方便用户用更高的灵敏度显示信号的交流分量。

◇ 双模拟通道垂直位置恢复到零点快捷键:通过按下垂直 POSITION 旋钮可以作为设置通道垂直显示位置恢复到零点的快捷键。

(2) 改变垂直设置:通过波形窗口下方的状态栏显示的信息,确定任何垂直挡位的变化。转动垂直 SCALE 旋钮改变 Volt/div(伏/格)垂直挡位,可以发现状态栏对应通道的挡位显示发生了相应的变化。按 CH1、CH2、MATH、REF 键,屏幕显示对应通道的操作菜单、标志、波形和挡位状态信息。按 OFF 键关闭当前选择的通道。

◇ Coarse/Fine(粗调/微调)快捷键:可通过按下垂直 SCALE 旋钮作为设置输入通道的粗调/微调状态的快捷键,调节该旋钮即可粗调/微调垂直挡位。

7. 水平控制区(HORIZONTAL)的设置

如图 1.18 所示,在水平控制区有一个按键、两个旋钮,水平系统的设置方法如下。

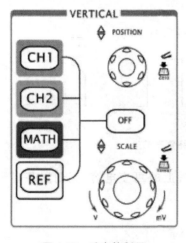

图 1.17 垂直控制区

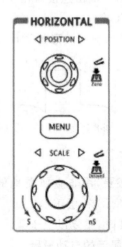

图 1.18 水平控制区

（1）使用水平 SCALE 旋钮改变水平挡位设置：转动水平 SCALE 旋钮改变 s/div(秒/格)水平挡位，可以发现状态栏对应通道的挡位显示发生了相应的变化。水平扫描速度从 2ns～50s，以 1-2-5 的形式步进。

◇ Delayed(延迟扫描)快捷键：按下水平 SCALE 旋钮切换到延迟扫描状态。

（2）使用水平 POSITION 旋钮调整信号在波形窗口的水平位置。水平 POSITION 旋钮控制信号的触发位移。当转动水平 POSITION 旋钮调节触发位移时，可以观察到波形随旋钮而水平移动。

◇ 触发点位移恢复到水平零点快捷键：按下水平 POSITION 旋钮可以使触发位移（或延迟扫描位移）恢复到水平零点处。

（3）按 MENU 键，显示 Time 菜单。在此菜单下，可以开启/关闭延迟扫描或切换 Y-T、X-Y 和 ROLL 模式，还可以设置水平触发位移复位。

8. 触发控制区(TRIGGER)的设置

如图 1.19 所示，在触发控制区有一个旋钮、三个按键，触发系统的设置方法如下。

（1）使用 LEVEL 旋钮改变触发电平设置：转动 LEVEL 旋钮，可以发现屏幕上出现一条橘红色的触发线以及触发标志随旋钮转动而上下移动。停止转动旋钮，此触发线和触发标志会在约 5 秒后消失。在移动触发线的同时，可以观察到在屏幕上触发电平的数值发生了变化。

◇ 触发电平恢复到零点快捷键：按下 LEVEL 旋钮可以设置为触发电平恢复到零点的快捷键。

（2）使用 MENU 键调出触发操作菜单，如图 1.20 所示，改变触发的设置，观察由此造成的状态变化。按 1 号菜单操作键，选择"边沿触发"选项。按 2 号菜单操作键，选择"信源选择"为 CH1。按 3 号菜单操作键，设置"边沿类型"为"上升沿"。按 4 号菜单操作键，设置"触发方式"为"自动"。按 5 号菜单操作键，进入"触发设置"二级菜单，对触发的耦合方式、触发灵敏度和触发释抑时间进行设置。

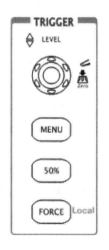

图 1.19　触发控制区

图 1.20　触发控制菜单

19

（3）按"50％"键，设定触发电平在触发信号幅值的垂直中点。

（4）按 FORCE 键：强制产生一个触发信号，主要应用于触发方式中的"普通"和"单次"模式。

9. 自动测量

在 MENU 控制区中，Measure 为自动测量功能按键。

按 Measure 自动测量功能键，系统将显示自动测量操作菜单。该系列示波器提供 20 种自动测量的波形参数，包括 10 种电压参数和 10 种时间参数：峰峰值、最大值、最小值、顶端值、底端值、幅值、平均值、均方根值、过冲、预冲、频率、周期、上升时间、下降时间、正占空比、负占空比、延迟 1 ┌ 2、延迟 1 ┐ 2、正脉宽和负脉宽。自动测量的结果显示在屏幕下方，最多可同时显示三个。

当显示已满时，新的测量结果会导致原结果左移，从而将原屏幕最左端的结果挤出屏幕之外。操作说明如下。

（1）选择被测信号通道：根据信号输入通道不同，选择 CH1 或 CH2。

按钮操作顺序为：Measure→"信源选择"→CH1 或 CH2。

（2）获得全部测量数值：按 5 号菜单操作键，设置"全部测量"项状态为"打开"，18 种测量参数值显示于屏幕下方。

（3）选择参数测量：按 2 号或 3 号菜单操作键选择测量类型，查找感兴趣的参数所在的分页。按钮操作顺序为：Measure→"电压测量"、"时间测量"→"最大值"、"最小值"……

（4）获得测量数值：应用 2、3、4、5 号菜单操作键选择参数类型，并在屏幕下方直接读取显示的数据。若显示的数据为" ＊ ＊ ＊ ＊ "，表明在当前的设置下，此参数不可测。

（5）清除测量数值：按 4 号菜单操作键选择"清除测量"选项。此时，屏幕下端所有的自动测量参数（不包括"全部测量"参数）从屏幕消失。

10. 光标测量

在 MENU 控制区中，Cursor 为光标测量功能按键。光标模式允许用户通过移动光标进行测量，使用前请首先将信号源设定成所要测量的波形。光标测量分为以下三种模式。

（1）手动模式：出现水平调整或垂直调整的光标线。通过旋转多功能旋钮，手动调整光标的位置，示波器同时显示光标点对应的测量值。

（2）追踪模式：水平与垂直光标交叉构成十字光标。十字光标自动定位在波形上，通过旋转多功能旋钮，可以调整十字光标在波形上的水平位置，示波器同时显示光标点的坐标。

（3）自动测量模式：在自动测量模式下，系统会显示对应的电压或时间光标，以揭示测量的物理意义。系统根据信号的变化，自动调整光标位置，并计算相应的参数值。此种方式在未选择任何自动测量参数时无效。

11. 使用执行按键

执行按键包括 AUTO（自动设置）和 RUN/STOP（运行/停止）两个按键。

（1）AUTO（自动设置）：自动设定仪器各项控制值，以产生适宜观察的波形显示。按

AUTO 键,快速设置和测量信号。

(2) RUN/STOP(运行/停止):运行和停止波形采样。在停止的状态下,对于波形垂直挡位和水平时基可以在一定的范围内调整,相当于对信号进行水平或垂直方向上的扩展。

12. 测量简单信号实例

观测电路中的一个未知信号,迅速显示和测量信号的频率和峰峰值。

(1) 欲迅速显示该信号,请按如下步骤操作。

① 将探头菜单衰减系数设定为×10,并将探头上的开关设定为×10。

② 将通道1的探头连接到电路被测点。

③ 按下 AUTO(自动设置)键。

示波器将自动设置使波形显示达到最佳状态。在此基础上,可以进一步调节垂直、水平挡位,直至波形的显示符合要求。

(2) 进行自动测量。示波器可对大多数显示信号进行自动测量。欲测量信号频率和峰峰值,请按如下步骤操作。

测量峰峰值:

① 按 Measure 键以显示自动测量菜单;

② 按1号菜单操作键以选择信源 CH1;

③ 按2号菜单操作键选择测量类型为"电压测量";

④ 在电压测量弹出菜单中选择测量参数为"峰峰值",此时,可以在屏幕左下角发现峰峰值的显示。

测量频率:

① 按3号菜单操作键选择测量类型为"时间测量";

② 在时间测量弹出菜单中选择测量参数为"频率",此时,可以在屏幕下方发现频率的显示。

注意:测量结果在屏幕上的显示会因为被测信号的变化而改变。

1.2.6　频谱分析仪

GA4032 是体积小、重量轻、高性价比的便携式频谱分析仪。它拥有易于操作的键盘布局;高清晰度的 8.5 英寸 TFT 彩色液晶显示屏;显示界面包含恰当的设置和提示信息;可扩展 USB、LAN 和 RS232 通信接口,可通过虚拟终端显示和控制以及远程网络访问;可广泛应用于教育科学、企业研发和工业生产等诸多领域中。

1. 主要性能特色

(1) 频率范围:9kHz～1.5GHz。

(2) 显示平均噪声电平(DANL):−160dBm(典型值)。

(3) 相位噪声:−95dBc/Hz(偏移 10kHz)。

(4) 频响误差<1.0dB。

(5) 最小分辨率带宽(RBW):1Hz。

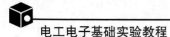

（6）标配前置放大器。

（7）具有丰富的测量功能和多种自动设置功能。

（8）8.5 英寸宽屏显示，界面简洁富有亲和力，操作人性化设计。

（9）多样的连接能力：LAN/USB Host/USB Device/RS232，升级方便、易于集成。

（10）设计紧凑，重量小于 7kg。

2. 开机检查

打开后面板电源开关，然后按下前面板的电源键打开频谱仪。开机会显示开机画面，等待几十秒后，屏幕出现扫频曲线。

3. 执行自校准

按前面板 System 键，在菜单中选择"校准"选项，然后选择"自动校准"选项。使用系统内部的校准源对系统进行自校正。

4. 前面板特性

仪器前面板如图 1.21 所示。各部分面板名称及功能如表 1.1 所示。

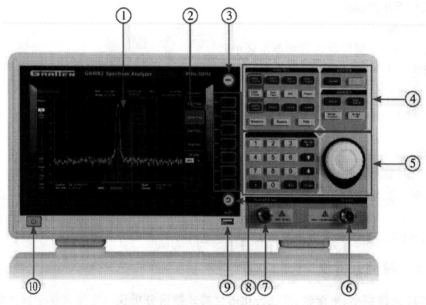

图 1.21　前面板视图

表 1.1　前面板说明

项目编号	名　称	描　述
①	LCD 显示屏	显示仪器测量信息、参数、状态、操作提示等
②	菜单选择键	菜单标签位于菜单按键的左侧，用于标识每个键的当前功能。所显示的功能依赖于当前所选模式和测量，并直接与最近所使用的按键相关

续表

项目编号	名　称	描　述
③	ESC 键	当用户还没有按单位键或 Enter 键时,ESC 键退出当前所选功能而不改变其值
④	功能键区域	设置当前模式、测量所使用的参数,设置测量数据的显示,控制整个系统的功能等
⑤	参数输入/修改键区域	为当前功能输入或步进数值。输入显示在屏幕左上方测量信息区域
⑥	射频信号输入接口	外部信号输入端。确保分析仪输入端信号总功率不超过＋30dBm（1W）
⑦	跟踪源输出接口	跟踪源输出 50Ω;跟踪信号源的输出可通过一个 N 型阳头连接器的电缆连接到接收设备中
⑧	RETURN 键	返回上次操作的菜单页
⑨	USB HOST 接口	标准的 USB1.1 端口,A 类型。连接外设如鼠标、USB 移动存储器。
⑩	电源待机键	打开频谱仪。红色背光表示仪器待机,绿色背光表示仪器已开机 注意待机键不是交流电源开关(断开设备)

1) 前面板功能键

仪器前面板功能键如图 1.22 所示。各功能键名称及功能如表 1.2 所示。

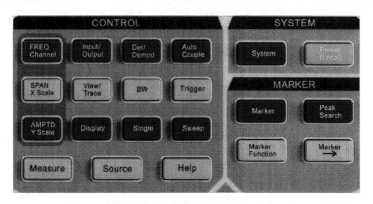

图 1.22　功能键示意图

表 1.2　前面板功能键描述

功能键	描　述	功能键	描　述
FREQ Channel	设置中心频率、起始频率、终止频率等	BW	分辨率带宽和视频带宽设置
AMPTD Y Scale	设置参考电平、前端衰减及放大、Y 轴刻度类型及单位等	Single	执行一次单次扫描,并把当前扫描模式置为单次扫描模式
Input/Output	参考频率选择	View/Trace	迹线设置

续表

功能键	描　述	功能键	描　述
Display	设置显示线、网格	Source	跟踪源设置
Det/Demod	检波设置	SPAN X Scale	设置扫描的频率范围
Measure	高级测量功能	Help	打开帮助界面
Auto Couple	参数自动耦合	Trigger	触发功能设置
Sweep	扫描类型、扫描时间和扫描点数设置	Preset	调用预设配置，将系统恢复到预设状态
Peak Search	执行峰值搜索功能、配置峰值参数	Marker	打开/关闭频标，设置频标类型
Marker Function	频标的特殊测量功能，如频率计数、相位噪声	Marker→	使用当前频标的频率或者幅度作为仪器其他参数的值
System	系统设置，如界面语言、时间日期、开机模式、校准、程控接口配置等		

2）前面板接口

仪器前面板接口如图 1.23 所示。其名称及功能如表 1.3 所示。

图 1.23　前面板接口

表 1.3　前面接口描述

接　口	描　述
USB Host	标准的 USB1.1 端口，A 类型。连接外设如鼠标、USB 移动存储器
RF OUTPUT 50Ω	跟踪源输出 50Ω：跟踪信号源的输出可通过一个 N 型阳头连接器的电缆连接到接收设备中。跟踪源为选件，用户可根据实际需要另行购买
RF INPUT 50Ω	射频输入 50Ω：射频输入可通过一个 N 型阳头连接器的电缆连接到被测设备中

3）LCD 用户界面

LCD 用户界面如图 1.24 所示。用户界面说明如表 1.4 所示。

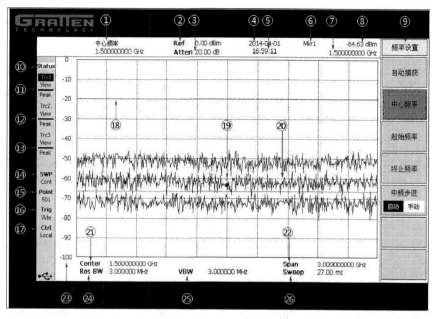

图 1.24　LCD 用户界面

表 1.4　用户界面说明

编号	名称	说　　明	编号	名称	说　　明
①	活动功能	当前操作的参数及参数值	⑧	频标 Y 值	频标处的幅度值
②	参考电平	参考电平的值	⑨	功 能 菜单栏	当前功能菜单栏
③	衰减	衰减值	⑩	参 数 状态栏	屏幕左侧的参数状态栏列出了一些系统参数当前设置状态
④	系统日期	格式为"YYYY-MM-DD"	⑪	迹 线 1 设置	指示迹线 1 的当前设置,包括迹线类型、检波方式、显示颜色以及是否为当前迹线。如果迹线 1 是当前迹线,还会高亮指示,如图 1.24 中"Tr1"文字是黄色背景高亮,表示迹线 1 是当前迹线
⑤	系统时间	24 小时制,格式为"HH：MM：SS"	⑫	迹 线 2 设置	同上,颜色为青色
⑥	频标参数显示区	显示频标名称及编号。如果有多个频标,从上往下列出,最上方的频标为当前频标	⑬	迹 线 3 设置	同上,颜色为绿色
⑦	频标 X 值	频标处的频率值	⑭	扫描类型	指示当前扫描类型：Cont——连续；Sing——单次

续表

编号	名称	说　明	编号	名称	说　明
⑮	扫描点数	指示当前扫描点数：501/1001/2001	㉑	频率范围	指示当前频率扫描范围，形式为中心频率/扫宽或者起始频率/终止频率
⑯	触发类型	指示当前触发类型：Free——自由触发；Vide——电平触发；Exte——外部触发	㉒		
⑰	程控状态	指示当前仪器是否处于程控状态：Local——非程控；Remot——程控	㉓	Y 轴刻度	Y 轴的刻度标注，指示 Y 轴每个刻度线对应的幅度值。其单位与参考电平单位一致
⑱	显示线	参考显示线，标注有对应的幅度值	㉔	分辨率带宽	指示分辨率带宽的值
⑲	频标标记	指示频标在迹线上的位置	㉕	视频分辨率带宽	指示视频分辨率带宽的值
⑳	触发电平	一根水平方向的线，指示触发电平的位置。只有在电平触发方式下才会显示出来	㉖	扫描时间	指示当前扫描时间的值。如果扫描时间不适当，前面还会有一圆点提示，圆点的颜色有两种：红色——扫描时间太短，扫描停止；黄色——扫描时间偏少，扫描数据可能不太准

5. 后面板特性

仪器后面板如图 1.25 所示。后面板各部分名称及功能如表 1.5 所示。

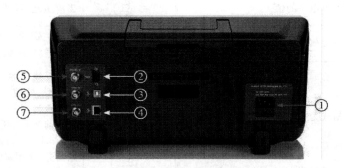

图 1.25　后面板视图

表 1.5　后面接口描述

编号	接口	描述	编号	接口	描述
①	AC 电源连接器（带保险丝盒）	可连接的 AC 电源类型：AC：100～240V,50/60/400Hz 保险丝规格：5×20mm，额定值为 1A、250V	②	RS232 接口	频谱仪可通过该接口进行远程控制

续表

编号	接口	描述	编号	接口	描述
③	USB Device 接口	频谱仪可作为"从设备"与外部 USB 设备连接	⑥	10MHz IN	参考时钟输入通过 BNC 电缆连接实现
④	LAN 接口	频谱仪可通过该接口连接至局域网中进行远程控制。 可快速搭建测试系统,轻松实现系统集成	⑦	10MHz OUT	参考时钟输出通过 BNC 电缆连接实现
⑤	TRIGGER IN	外部触发信号通过 BNC 电缆输入频谱仪中			

6. 按键及菜单操作

1）按键类型概述

前面板上的按键分为功能键、菜单键和数值输入/调整键三类。

功能键上标注有提示该功能的英文文字。菜单键位于 LCD 显示屏右侧,键上无文字。

按多数前面板功能键可以访问显示屏右侧显示的功能菜单。

菜单键列出的是通过前面板键最后访问的功能。这些还取决于当前选择的测量模式和应用。

如果菜单键的功能值可以修改,则称该功能为当前功能。选择功能键后,当前功能的功能菜单会突出显示,相关信息也会显示在左上角的活动功能区。

一些菜单键在它们的标签上有多个选择,如 on/off（打开/关闭）或 Auto/Man（自动/手动）。不同的选择通过多次按键挑选。

2）菜单结构

一个菜单栏由标题和 7 个菜单项组成,通过屏幕右侧的菜单键来选择。如果某个菜单对应一个子菜单,那么选择它还会切换到下一级子菜单栏。

3）菜单类型及操作方法

菜单项有 6 种类型,它们的执行和操作方式各有不同,有以下几种。

参数输入:选择相应的菜单项,可以通过键盘输入数字来改变参数值。

进入下一级子菜单:选择相应的菜单项,进入相应的下一级子菜单。

功能切换:选择相应的菜单项,可切换菜单项的子选项,例如子选项为"开启/关闭"。

功能切换＋参数输入:选择相应的菜单项,可切换菜单项的子选项。当切换到特定的子选项后可以通过键盘输入数字来改变参数值。例如子选项为"自动/手动",通常设置为"手动"时可以改变参数。

选项:菜单项为一组属性中的一种,选择相应的菜单项,设置对应的特定属性。如在 Trace 菜单栏中选择"最大保持"菜单项,就把当前迹线的类型设置为最大保持。

特定功能:选择相应的菜单项,执行特定功能。如选择 Peak 菜单栏的"峰值"菜单项,则执行一次峰值搜索。

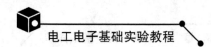

4）功能键和菜单键描述符号及方式约定

本说明将以下述格式符号描述两种按键。

"功能键"格式：按键字符。对应前面板硬键，如 FREQ 表示 FREQ 功能键。

"菜单键"格式：菜单文字。对应菜单键，如"中心频率"表示 FREQ 功能键的中心频率菜单项。

7．参数输入

参数直接输入可以通过数字键盘来完成，参数调整可以通过方向键和旋钮来完成，如图 1.26 所示。

图 1.26　数字、方向键盘与旋钮

数字键盘由以下几个部分组成。

数字键：数字键 0～9 用于直接输入数字。

小数点：输入一个小数点。

符号键：用于改变参数的正负。

Enter 键：结束参数输入，并为参数添加默认单位。

Bk Sp 键：向前删除一个字符。如果字符全部删除，则退出参数输入状态。

方向键：在参数输入时，对参数按一定步进递增或递减参数。向上箭头为递增，向下箭头为递减。

旋钮：在参数输入时，对参数按一定步进递增或递减参数。顺时针为递增，逆时针为递减。

8．在线帮助系统

在线帮助系统对前面板上的每个功能键及菜单选择键都提供了帮助信息。

（1）打开帮助系统：按下前面板的 Help 键，屏幕中间将会显示帮助系统界面。

（2）关闭帮助系统：在帮助系统已打开情况下，再按一次 Help 键则关闭帮助系统。

（3）获得帮助：在帮助系统已打开的情况下，按前面板任意一个功能键或菜单选择键，帮助系统中就会显示对应功能或菜单项的帮助信息。

注意：在帮助系统已打开情况下，数字输入功能不可用，按前面板上数字输入相关键将不会响应。

9．测量正弦信号

频谱仪最常用的功能是测量信号的频率和幅度。在下面的例子中，使用信号发生器输出的频率为500MHz、幅度为－10dBm的正弦信号作为被测信号。

操作步骤如下。

(1) 设备连接:将信号发生器的信号输出端连接到频谱仪前面板的RF INPUT射频输入端。

(2) 设置频谱仪:复位仪器,按Preset键;设置参数,按FREQ键,按"中心频率"菜单键,输入"500MHz",按SPAN键,设置扫宽为50MHz;使用频标测量频率和幅度,按Peak Search键,按"峰值"菜单键,激活频标1,频标1将定位于峰值处,从屏幕右上角可以读到频标1处对应的频率和幅度值。

(3) 读取测量结果:测得输入信号为500MHz,幅度为－10.65dBm,如图1.27所示。

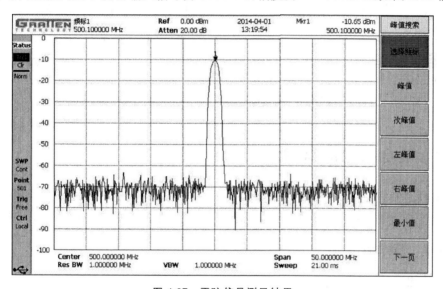

图1.27 正弦信号测量结果

10. 传输测试

测试一个中心频率为1GHz、带宽为30MHz的带通滤波器的传输特性。

操作步骤如下。

(1) 设备连接:用一根射频线缆把频谱仪前面板的TG SOURCE接口和RF IN接口直接连接起来。

(2) 设置频谱仪:复位仪器按Preset键;设置参数按FREQ键,按"中心频率"菜单键,输入"1GHz",按SPAN键,设置"扫宽"为200MHz;按Source键,把"跟踪源"设置为"开",设置"跟踪源幅度"为"－10dBm",把"归一化"设置为"开启",把"测试类型"设置为"S21/S11"。

(3) 接入被测滤波器:准备两根射频线缆,一根连接频谱仪TG SOURCE端口到滤波器IN端口,一根连接频谱仪RF IN端口到滤波器OUT端口。

(4) 读取测量结果:滤波器的传输特性测量结果如图1.28所示,从图1.28中可以看出,在滤波器通带内插入损耗基本接近0dB。

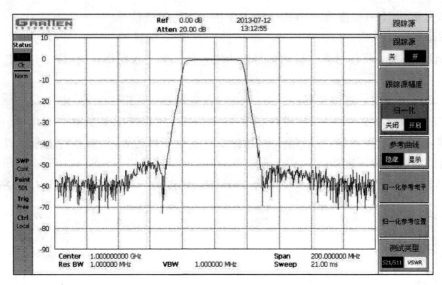

图 1.28　带通滤波器的传输特性测试结果

1.3　安全用电的常识

自 19 世纪人类发明了发电机以来,电在人类社会生产与生活中发挥着越来越重要的作用,电不仅是一种最方便有效的能源,也已成为现代人类生活中离不开的一个基本要素。

1.3.1　基本概念

1. 人体电阻

人体触电时,皮肤与带电体的接触面积越大,人体电阻越小。当人体接触带电体时,人体就被当作一电路元件接入回路。人体阻抗通常包括外部阻抗(与触电当时所穿衣服、鞋袜以及身体的潮湿情况有关,从几千欧～几十兆欧不等)和内部阻抗(与触电者的皮肤阻抗和体内阻抗有关)。一般在干燥环境中,人体电阻在 $2k\Omega\sim20M\Omega$ 范围内;皮肤出汗时,为 $1k\Omega$ 左右;皮肤有伤口时,为 800Ω 左右。一般认为,接触到真皮里,一只手臂或一条腿的电阻大约为 500Ω。一般情况下,人体电阻可按 $1000\sim2000\Omega$ 考虑。

2. 人体允许的电流

实验资料表明,对于不同的人引起感觉的最小电流,即感知电流是不一样的,成年男性平均约为 $1.01mA$,成年女性约为 $0.7mA$,这时人体由于神经受刺激而感觉轻微刺痛。同样,不同的人触电后能自主摆脱电源的最大电流,即摆脱电流也不一样,成年男性平均为 $16mA$,成年女性为 $10.5mA$。一般情况下,$8\sim10mA$ 以下的工频电流,$50mA$ 以下的直流电流可以当作人体允许的安全电流,但这些电流长时间通过人体也是有危险的(人体通电时间越长,电阻会越小)。在装有防止触电的保护装置的场合,人体允许的工频电流约 $30mA$;在空气中,在可能造成严重二次事故的场合,人体允许的工频电流应按不引起强烈痉挛的

5mA 考虑。

3. 安全电压标准

安全电压是为了防止触电事故而采用的特定电源的电压系列,是以人体允许电流与人体电阻的乘积为依据而确定的。其供电要求实行输出与输入电路的隔离,与其他电气系统的隔离。这个电压系列的上限值,在正常和故障情况下,任何两导体间、任一导体与地之间均不得超过交流(50~500Hz)有效值 50V。

人们可根据场所特点,采用我国安全电压标准规定的交流电安全电压等级。

(1) 42V(空载上限小于等于 50V),可供有触电危险的场所使用的手持式电动工具等场合下使用;

(2) 36V(空载上限小于等于 43V),可在矿井、多导电粉尘等场所使用的行灯等场合下使用;

(3) 24V、12V、6V(空载上限分别小于或等于 29V、15V、8V),三挡可供某些人体可能偶然触及的带电体的设备选用。在大型锅炉内、金属容器内工作或者在发器内工作时,为了确保人身安全一定要使用 12V 或 6V 低压行灯。当电气设备采用 24V 以上安全电压时,必须采取防止直接接触带电体的方式。其电路必须与大地绝缘。

4. 电击与电伤

人体触电有电击和电伤两类。

(1) 电击指电流通过人体时所造成的内伤。它可以使肌肉抽搐,内部组织损伤,造成发热发麻,神经麻痹等;严重时将引起昏迷、窒息,甚至心脏停止跳动而死亡。通常说的触电就是电击,触电死亡大部分由电击造成。

(2) 电伤指电流的热效应、化学效应、机械效应以及电流本身作用下造成的人体外伤。常见的有灼伤、烙伤和皮肤金属化等现象。

1.3.2 基本用电安全

基本用电安全包括人身安全、设备安全及电气火灾三方面,其涉及每个人和每项事务,主要通过常抓不懈的用电安全教育、不断完善的用电安全技术措施和严格遵守的安全制度来保障。

1. 人身安全

人是世间万物最宝贵的,安全保护首先是保护人身安全。人体是可以导电的,电流经过人体时会对人身造成伤害,即触电。因此防止触电是安全用电的核心。

(1) 安全制度。在工厂企业、科研院所、实验室等用电单位,几乎无一例外地制定有各种各样的安全用电制度,现场人员必须遵守制度。

(2) 安全措施。预防触电的措施很多,这里列举几条:对带电的输电线、配电盘、电源板等要加绝缘防护,置于人不易碰到的地方;所有金属外壳的电器应设置保护接地或保护接零;在所有用电场所装设漏电保护器;经常检查电器、设备的插头、电线,发现老化破损及时更换等。

(3) 安全操作。任何情况下检修电路和电器都要确保断开电源,仅仅断开设备上的开

关是不够的,还要拔下插头;不要湿手开关、插拔电器;遇到不明情况的电线,先认为它是带电的;尽量养成单手操作电工作业的习惯;不在疲倦、带病等不利状态下从事电工作业;遇到较大体积的电容器先行放电,再进行检修。

2. 设备安全

设备安全是个庞大的题目,这里只讨论在工作、生活、学习中的一般用电仪器、设备、电器的最基本安全用电常识。

(1)设备接电前检查。将用电设备接入电源前,应先查看设备的铭牌、说明书,检查环境电源是否与设备要求吻合,检查设备本身有无破损等情况。

(2)电气设备基本安全防护。所有使用交流电源的电气设备均存在因绝缘损坏而漏电的问题,按电工标准将电气设备分为4类,每一类都对应有基本的安全防护要求。

(3)设备使用异常的处理。在使用中设备外壳或手持部位有麻电感觉,熔断丝烧断或跳闸,出现异常声音,有异味,机内打火,出现烟雾,仪表超出正常范围等异常情况应尽快断开电源,拔下电源插头,做好故障点标识,分析原因,对设备进行检修。

3. 电气火灾

据统计,目前电气火灾发生原因集中在电气线路和电气设备两方面,针对的预防措施:

(1)用电负荷不得超过导线的允许载流量,发现导线有过热情况,必须立即停止用电,并及时处理;

(2)线路铺设规范,连接可靠,线径符合使用要求;

(3)完善短路保护和过载保护,安装断路器和漏电保护器;

(4)不得随意加大熔断体的规格,不得以其他金属导体代替熔断体;

(5)用电设备完好,设备与电源连接可靠,不超载使用电气设备;

(6)安装使用合格的电气元件和设备;

(7)注意各电气设备间的间距、隔离、通风与散热;

(8)定期检查绝缘性能、电器元件功能及设备状况,特别是短路保护和过载保护的可靠性。

1.3.3　电子电路的接地

为了电子电路的安全可靠工作,需接地,按接地目的不同,接地可分为安全接地和工作接地。

1. 安全接地

一般分为三种,第一种是把三孔插座的地与电源线的中线直接接地,这种接法不是绝对安全的,可能会引起较大的50Hz交流信号干扰;第二种是把地连到大楼的钢骨架上,用大楼的钢骨架作为地线,由于它电阻大,接地不好,也可能感应各种干扰;第三种是在地下深埋一块较大的金属板,用与金属板焊接的粗铜线作为信号地线,此地线上的干扰信号最小。

当机壳与大地相连后,如果电子设备漏电或机壳不慎碰到高压电源线,即使人体触摸到机壳,由于机壳电阻小,短路电流经过机壳直接流入大地,可避免人身触电危险。另外,机壳接地还可屏蔽雷击闪电的干扰,因而保护了人、机的安全。

接地的符号如图 1.29 所示。

图 1.29 接地符号

2. 工作接地

电子设备在工作和测量时,要求有公共的电位参考点。一般是把直流电源的某一端作为公共点,叫作工作接地点。工作接地点一般是指机壳或底板,并不一定要与大地相连接。工作接地的符号如图 1.30 所示。

图 1.30 接机壳或底板符号

第 2 章　电路原理实验

2.1　电路实验综述

1. 电路原理实验的目的要求

电路原理实验是电路原理教学中的实践性环节,是对电类学生实验技能的基本训练。它的目的要求主要是以下几个方面。

(1) 通过实验,获得感性认识,验证和巩固所学的基本理论,加强对基本概念和基本定律的理解。

(2) 通过实验,对于常用电工仪表和仪器设备,具有选择、调整和熟练使用的能力。

(3) 培养分析问题和解决问题的能力。要求能根据实验目的和实验电路,选用合适的仪器仪表,通过合理的布线,进行实验;能观察现象和描绘图像,正确测量。并用基本理论分析实验数据,分析产生误差的原因,从而做出正确的实验结论,写出完整的实验报告;对于实验中出现的故障应能及时分析和排除,保证实验的完成。

(4) 逐步提高学生设计实验的能力,使其能根据实验任务,设计实验电路图、自选实验设备、拟定步骤、内容,设计记录表格等,并撰写出设计性实验报告。

(5) 培养理论联系实际,实事求是的科学态度;培养严肃认真、踏实细致的工作作风和团结互助的思想品德。

2. 电路实验的主要步骤

1) 预习

在实验前必须进行预习,认真阅读实验指导书,复习相关理论知识;要明确实验目的,掌握实验原理,了解实验内容和步骤;并完成实验预习报告。

2) 检查仪器设备

实验前首先检查本次实验所需仪器设备是否完好。

3）连接线路

断开电源,按实验电路图接线。接线是实验中重要的步骤,一般先连接主要的串联电路,后连接分支电路。为接线方便,仪器设备布局要清楚合理。

4）接通电源

线路经检查无误后,再接通电源。若有异常,立即切断电源,查出原因,排除故障。操作时绝不可用手触及带电部分。改接线路,变换仪表量程时都应切断电源。

5）读取数据

合理选择指示仪表的量程,力求指针偏转大于满量程的 2/3。读数姿势要正确,做到"眼、针"成一线。根据仪表的准确度,读出足够的有效数字(一般保留一位欠准数字),如果读取的是一组用来描绘曲线的数据,则应掌握被测曲线趋势,合理取点,找出特殊点,以使曲线能真实反映客观情况。

6）排除实验故障的方法

实验中会遇到各种故障,例如断线、短路、接错线、接触不良等,使电路不能正常工作,甚至损坏仪器设备。凡属遇到故障,一般应立即切断电源,检查电路,排除故障。

（1）用欧姆表检查法:必须在切断电源后,用欧姆表检查连接导线是否断线或接触不良,检查元件是否完好。

（2）用电压表检查法:如果不是短路故障,可以在降低电源电压后,用电压表分段检查电压的大小和有无来判断故障点。

7）审查数据

利用所学的理论知识,对测得的数据、曲线或观察到的现象进行整理、分析,并交指导教师审查。

8）实验结束工作

完成全部实验项目后,经指导教师验收后,拆除线路。整理好导线、仪器设备后,方可离开实验室。

3. 编写实验报告

每项实验后,根据实验数据和观察到的曲线及现象为基础,按照实验目的和实验内容,认真分析,实事求是地写出实验报告。

实验报告要求:

（1）实验目的;　　　　（2）实验原理;　　　　（3）实验仪器设备(数量、规格、型号);

（4）实验内容与步骤(包括测得的原始数据、曲线及计算数据等);

（5）实验报告题目;　　（6）注意事项。

2.2　电路实验实例

2.2.1　电路元件伏安特性的研究

1. 实验目的

(1)学会识别常用元件的方法。

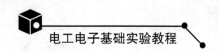

（2）掌握线性电阻、非线性电阻元件的伏安特性逐点测试方法。

（3）了解电压源、电流源的伏安特性。

（4）掌握 DGJ-3 型电工技术实验装置的使用。

2. 实验原理

1）电阻的伏安特性

电阻根据其伏安特性可分为线性电阻和非线性电阻。

线性电阻：当加在电阻两端的电压改变时，通过电阻的电流成正比例地变化，即 $R = U_1/I_1 = U_2/I_2 = U_3/I_3 = \cdots = U/I$ 为一常数，该电阻称为线性电阻，它的伏安特性是一条过原点的直线（如图 2.1 中的 1 所示），直线的斜率即是该电阻的阻值。

非线性电阻：当加在电阻两端的电压改变时，其电阻值发生变化，即 $U_1/I_1 \neq U_2/I_2 \neq U_3/I_3 \neq \cdots \neq U/I$ 不为常数，该电阻称为非线性电阻，它的伏安特性是一条曲线（如图 2.1 中的 1′所示）。

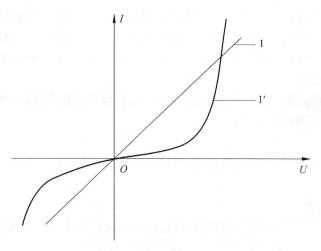

图 2.1　电阻的伏安特性

一般的白炽灯、半导体二极管、稳压二极管等都是非线性电阻。

2）电压源与电流源的伏安特性

理想的直流电压源，它的两端电压不随负载电流的变化而变化，其伏安特性是一条平行于 I 轴的水平直线（如图 2.2 中的 a 所示）。目前国内已能制造出十分接近理想情况的电压源，如各种型号的稳压电源，它们的伏安特性十分接近一条水平直线。但大多数的电压源，如电池、发电机等，由于有内阻存在，当接触上负载后，在内阻上产生的电压降，使得电源两端电压比无负载时（$I = 0$）降低。所以实际电压源的伏安特性（即外特性）是一条以水平线为基准而向下倾斜的直线（如图 2.2 中的 b 所示）。其电路模型如图 2.3 所示，电源两端电压：$U = U_0 - Ir_0$。

理想电流源，它的输出电流是一个定值，与电源两端电压的大小无关，其伏安特性是垂直于电流坐标轴的一条直线（如图 2.4 中的 a 所示），科研与实验室中使用的稳流电源就具有这样的伏安特性。而对于普通的电流源，随负载电压的增加，电流略有减少，其外特性如

图 2.4 中的 b 所示。实际电流源的电路模型如图 2.5 所示。

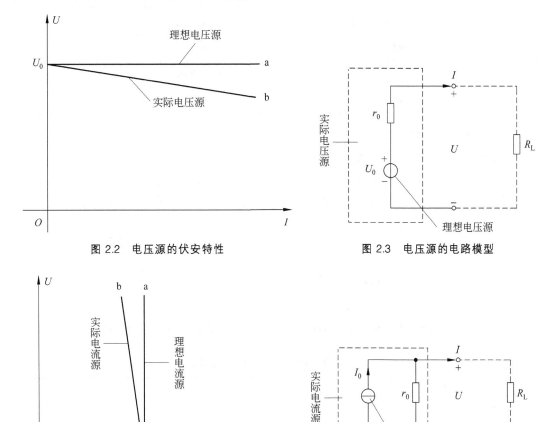

图 2.2 电压源的伏安特性　　　　　　图 2.3 电压源的电路模型

图 2.4 电流源伏安特性　　　　　　图 2.5 电流源的电路模型

其输出电流为：$I = I_0 - U/r_0$。式中 U、I 是接有负载时实际电流源两端的电压和电流，而 I_0 是负载短路时的短路电流,按上式公式计算,显然理想电流源的内阻为无穷大。

3. 实验设备与器材

实验设备与器材如表 2.1 所示。

表 2.1　实验所需设备与器材

序号	名　　称	型号与规格	数量
1	可调直流稳压电源	0～30V	1
2	可调直流恒流电源	0～200mA	1
3	直流数字毫安表		1
4	直流数字电压表		1

序号	名　称	型号与规格	数量
5	白炽灯泡	12/0.1A	1
6	线性电阻器	200Ω,1kΩ,51Ω	1
7	可调电阻箱	100Ω～1kΩ,1kΩ～10kΩ	1

4. 实验内容与步骤

1）测定线性电阻的伏安特性

以 1kΩ 电阻器为被测对象,按图 2.6 所示线路接线,调节直流稳压电源的输出电压 U,从 0 开始缓慢地增加,一直到 10V,按表 2.2 的要求记录相应的电压表和电流表的读数。

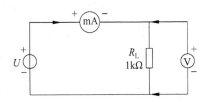 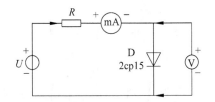

图 2.6　测定线性电阻的伏安特性接线图　　　图 2.7　测定二极管的伏安特性接线图

表 2.2　线性、非线性电阻伏安特性测试表

	$U(V)$	0	2	4	6	8	10
线性电阻	$I(mA)$						
小灯泡	$I(mA)$						

2）测定非线性白炽灯的伏安特性

将图 2.6 中的 R_L 换成一只 12V 的小灯泡,重复步骤 1),并将测量数据填入表 2.2 中。注意：小灯泡的额定电压为 12V,所以电压源输出电压不得超过此值。

3）测定二极管的伏安特性

按图 2.7 所示线路接线,R 为 200Ω 限流电阻,测二极管 D 的正向特性时,其正向电流不得超过 25mA,正向压降可在 0～0.75V 之间取值,特别是在 0.5～0.75V 之间多取几个测量点。按表 2.3 的要求记录相应的电流表的读数。

表 2.3　二极管的伏安特性测试表

$U(V)$	0	0.2	0.4	0.5	0.55	0.6	0.65	0.7	0.72	0.75
$I(mA)$										

4）测定理想电压源(稳压电源)的伏安特性

按图 2.8 所示线路接线,电压源 $U_S=6V$,按表 2.4 的要求测量并记录数据。

表 2.4　理想电压源伏安特性测试表

$R_L(\Omega)$	∞	1k	0.9k	0.8k	700	500	300	200
$I(\text{mA})$								
$U(\text{V})$								

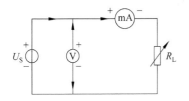

图 2.8　测稳压电源的伏安特性接线图

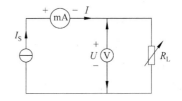

图 2.9　测稳流电源的伏安特性接线图

5）测定稳流电源的伏安特性

按图 2.9 所示线路接线,电流源 $I_S = 5\text{mA}$,按表 2.5 的要求测量并记录数据。

表 2.5　稳流电源的伏安特性测试表

$R_L(\Omega)$	0	200	600	800	1k	2k	5k
$I(\text{mA})$							
$U(\text{V})$							

6）测定实际电压源的外特性

按图 2.10 所示线路接线,虚线框可模拟为一个实际的电压源,调节 R_L 的阻值,按表 2.6 的要求测量与记录两表读数。

表 2.6　实际电压源的外特性测量表

$R_L(\Omega)$	∞	2k	1.5k	1k	800	500	300	200
$U(\text{V})$								
$I(\text{mA})$								

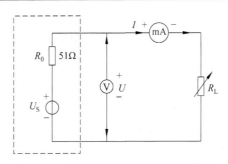

图 2.10　测实际电压源的外特性接线图

5. 实验注意事项

（1）测二极管正向特性时,稳压电源输出应由小到大逐渐增加,注意电流表读数不得超

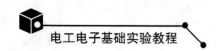

过 25mA,稳压源输出端切勿碰线短路。

(2) 进行不同实验时,应先估算电压、电流值,合理选择仪表的量程,勿使仪表超量程,仪表的极性不可接反。

(3) 测定小灯泡的伏安特性时,电压不允许超过 12V。

(4) 测定电压源的伏安特性时,负载端不允许短路。

6. 预习思考题

(1) 线性电阻与非线性电阻的概念是什么? 电阻器与二极管的伏安特性有何区别?

(2) 在电流很小时,小灯泡的电阻只有几个欧姆,测定它的伏安特性,应使电压表接在电流表前面,还是电流表后面?

7. 实验报告要求

(1) 根据各实验结果数据,分别绘制出各种电阻元件及电源的伏安特性曲线。

(2) 根据实验结果,总结、归纳被测各元件的特性。

(3) 进行必要的误差分析。

2.2.2　基尔霍夫定律与叠加定理的研究

1. 实验目的

(1) 验证基尔霍夫定律的正确性,加深对基尔霍夫定律的理解。

(2) 掌握复杂电路的接线方法。

(3) 验证线性电路叠加原理的正确性,从而加深对线性电路的叠加性和齐次性的认识和理解。

2. 实验原理

(1) 基尔霍夫定律是电路中的基本定律之一,它规定了电路中各支路电流之间和各支路电压之间必须服从的约束关系。无论电路元件是线性的还是非线性的,时变的还是非时变的,只要电路是集总参数电路,都必须服从这个约束关系。

基尔霍夫电流定律(KCL):在集总参数电路中,任何时刻,对于任一节点,所有支路电流的代数和恒等于零,即 $\sum \dot{I} = 0$。

基尔霍夫电压定律(KVL):在集总参数电路中,任何时刻,沿着任一回路内所有支路或元件电压的代数和等于零,即 $\sum \dot{U} = 0$。

通常约定:凡支路电压或元件电压的参考方向与回路的绕行方向一致者取正号,反之取负号。

运用上述定律时必须注意电流、电压的参考方向,此方向可预先任意设定。

(2) 叠加原理指出:在有几个独立源共同作用下的线性电路中,通过每一个元件的电流或其两端的电压,可以看成是由每一个独立源单独作用时在该元件上所产生的电流或电压的代数和。

线性电路的齐次性是指当所有激励信号(独立源的电压值与电流值)增加 K 倍或减小为原来的 $1/K$ 倍时,电路的响应(即在电路中其他各电阻元件上所产生的电流和电压值)也将增加

K 倍或减小为原来的 $1/K$。

3．实验设备

实验设备列于表 2.7 中。

表 2.7　实验所需设备

序号	名　　称	型号与规格	数量	备　注
1	直流稳压电源	＋6V，＋12V 切换	1	
2	可调直流稳压电源	0～30V	1	
3	直流数字电压表		1	
4	直流数字毫安表		1	
5	叠加原理实验线路板		1	DGJ－03

4．实验内容与步骤

验证基尔霍夫定理和叠加定理的实验线路板相同，如图 2.11 所示。

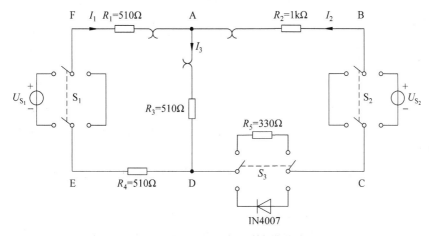

图 2.11　验证基尔霍夫定律实验线路图

1）基尔霍夫定理的验证

（1）按图 2.11 设定三条支路 I_1、I_2、I_3 的电流参考方向。（通过电流插座接向来设电流的参考方向，电流插座的红端为电流流进端，黑端为电流流出端。）

（2）双刀双掷开关 S_1 合向左，S_2 合向右，分别将两路直流稳压电源接入电路，令 $U_{S_1}=$ 6V，$U_{S_2}=$ 12V。

（3）熟悉电流表插头的结构，将电流表插头的两端接至直流数字毫安表的"＋"、"－"两端。

（4）将电流插头分别插入三条支路的三个电流插座中，按表 2.8 的要求记录电流值。

（5）用直流数字电压表分别测量两路电源及电阻元件上的电压值，按表 2.8 的要求记录之。（电压的参考方向由下标来确定，如 U_{FA} 表示 F 点相对于 A 点的电压差。）

表 2.8 验证基尔霍夫定律的数据表

被测量	I_1(mA)	I_2(mA)	I_3(mA)	U_{S_1}(V)	U_{S_2}(V)	U_{FA}(V)	$U_{AB(V)}$	U_{AD}(V)	U_{CD}(V)	U_{DE}(V)
计算值										
测量值										
相对误差										

2) 叠加定理的验证

(1) 按图 2.11 所示电路接线,U_{S_1} 为 +6V,+12V 切换电源,取 $U_{S_1}=+12V$,U_{S_2} 为可调直流稳压电源,调至 +6V。

(2) 令 U_{S_1} 电源单独作用时(将开关 S₁ 投向 U_{S_1} 侧,开关 S₂ 投向短路侧),用直流数字电压表和毫安表(接电流插头)测量各支路电流及各电阻元件两端电压,数据记入表 2.9 中。

表 2.9 验证叠加定理的测量数据表

测量项目 实验内容	U_{S_1} (V)	U_{S_2} (V)	I_1 (mA)	I_2 (mA)	I_3 (mA)	U_{AB} (V)	U_{CD} (V)	U_{AD} (V)	U_{DE} (V)	U_{FA} (V)
U_{S_1} 单独作用										
U_{S_2} 单独作用										
U_{S_1},U_{S_2} 共同作用										
$2U_{S_2}$ 单独作用										

(3) 令 U_{S_2} 电源单独作用时(将开关 S₁ 投向短路侧,开关 S₂ 投向 U_{S_2} 侧),重复实验步骤(2)的测量和记录。

(4) 令 U_{S_1} 和 U_{S_2} 共同作用时(开关 S₁ 和 S₂ 分别投向 U_{S_1} 和 U_{S_2} 侧),重复上述的测量和记录。

(5) 将 U_{S_2} 的数值调至 +12V,重复上述第(3)项的测量并记录。

(6) 将 R_5 换成一只二极管 IN4007(即将开关 S₃ 投向二极管 D 侧)重复(1)~(5)的测量过程,数据按表 2.9 形式记录。

5. 实验注意事项

(1) 所有需要测量的电压值,均以电压测量读数为准,不以电源表盘指示值为准。

(2) 防止电源两端碰线短路。

(3) 若用指针式电流表进行测量时,要识别电流插头所接电流表的"+"、"-"极性。按图 2.11 所示电路的电流参考方向及正确的电流表插头接线,电流表指针可能反偏(电流为负值时)。此时必须调换电流表插头的极性,重新测量,此时指针正偏,但读得的电流值记入表格时必须冠以负号。

(4) 注意仪表量程的及时更换。

6. 预习思考题

(1) 根据图 2.11 所示的电路参数,计算出待测电流 I_1、I_2、I_3 和各电阻上电压值,记入表中,以便实验测量时,可正确选定毫安表和电压表的量程。

(2) 原理中 U_{S_1}、U_{S_2} 分别单独作用,在实验中应如何操作? 可否直接将不作用的电源 (U_{S_1} 或 U_{S_2}) 置零(短接)?

(3) 电路中,若有一个电阻器改为二极管,试问叠加原理的叠加性与齐次性还成立吗? 为什么?

7. 实验报告要求

(1) 根据实验数据,选定实验电路中任一个节点,验证 KCL 的正确性。

(2) 根据实验数据,选定实验电路中任一个闭合回路,验证 KVL 的正确性。

(3) 进行误差原因分析。

(4) 根据实验数据验证线性电路的叠加性与齐次性。

(5) 电阻器所消耗的功率能否用叠加原理计算得出? 试用上述实验数据进行计算并做出结论。

(6) 由实验步骤(6)及分析表格中数据能得出什么样的结论?

(7) 体会及其他。

2.2.3 戴维南定理的研究

1. 实验目的

(1) 验证戴维南定理的正确性。

(2) 掌握测量有源二端网络等效参数的一般方法。

(3) 研究有源二端网络的最大功率输出条件。

2. 实验原理

(1) 任何一个线性有源一端口网络如图 2.12(a)所示。如果仅研究其对外电路的作用情况,则可将该有源一端口网络等效成电阻与电压源串联的戴维南等效电路,如图 2.12(b)所示,或等效成电阻与电流源并联的诺顿等效电路,如图 2.12(c)所示。

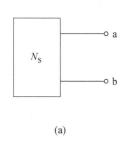
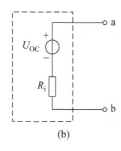
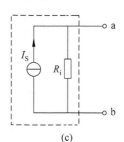

(a)　　　　　　　　(b)　　　　　　　　(c)

图 2.12　一端口网络的等效电路图

戴维南定理指出:任何一个线性有源网络,对外电路来说,总可以用一个电压源和电阻的串联组合来等效替换,此电压源的电压 U_S 等于这个有源一端口网络的开路电压 U_{OC},其电阻 R_i 等于该网络中所有独立源均置零(理想电压源视为短接,理想电流源视为开路)时的

等效电阻 R_{eq}。

U_{OC} 和 R_{eq} 称为有源一端口网络的等效参数。

（2）有源一端口网络等效电阻 R_{eq} 的测量方法。

① 开路电压、短路电流法。在有源一端口网络输出端开路时，用电压表直接测其输出端的开路电压 U_{OC}，然后将其输出端短路，用电流表测其短路电流 I_{SC}，则内阻为：

$$R_{eq} = \frac{U_{OC}}{I_{SC}}$$

② 伏安法。用电压表、电流表测出有源二端口网络的外特性如图 2.13 所示。根据外特性曲线求出斜率 $\tan\varphi$，则内阻

$$R_{eq} = \tan\varphi = \frac{\Delta U}{\Delta I} = \frac{U_{OC}}{I_{SC}}$$

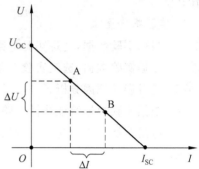

图 2.13　有源二端网络的伏安特性

伏安法主要是测量开路电压及电流为额定值 I_N 时的输出端电压值 U_N，则内阻为

$$R_{eq} = \frac{U_{OC} - U_N}{I_N}$$

若一端口网络的内阻很低时，则不宜测其短路电流。

③ 半电压法。如图 2.14 所示，当负载为被测网络开路电压一半时，负载电阻（由电阻箱的读数确定）即为被测有源二端网络的等效内阻值。

④ 零示法。在测量具有高内阻的有源二端网络的开路电压时，用电压表直接测量会造成较大的误差，为了消除电压表内阻的影响，往往采用零示测量法，如图 2.15 所示。

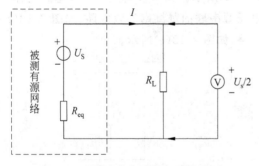

图 2.14　用"半电压法"测 R_{eq} 电路图

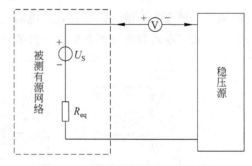

图 2.15　用"零示法"测 U_S 的电路图

零示法测量原理是用一低内阻的稳压电源与被测有源二端网络进行比较，当稳压电源的输出电压与有源二端网络的开路电压相等时，电压表的读数将为"0"，然后将电路断开，测量此时稳压电源的输出电压，即为被测有源二端网络的开路电压。

3. 实验设备
实验所需设备列于表 2.10 中。

表 2.10 实验所需设备

序号	名　称	型号与规格	数量	备注
1	可调直流稳压电源	0～30V	1	
2	可调直流恒流源	0～200mA	1	
3	直流数字电压表		1	
4	直流数字毫安表		1	
5	万用表		1	
6	可调电阻箱	0～99 999.9Ω	2	DG11-2
7	戴维南定理实验线路板		1	DG10-2

4. 实验内容与步骤

被测有源二端网络如图 2.16 所示。

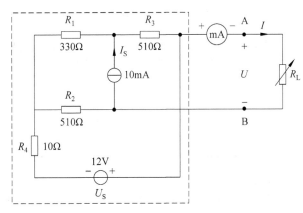

图 2.16　被测有源二端网络图

1）用开路电压、短路电流法测定戴维南等效电路的 U_{OC} 和 R_{eq}

图 2.16 电路接入稳压电源 U_S 和恒流源 I_S 及可变电阻箱 R_L，把 R_L 断开，测定 U_{AB}，则 $U_{OC}=U_{AB}$；在 A、B 两端接一条短路线，测出毫安表读数 I_{SC}，利用公式求出 R_{eq}。数据记录形式如表 2.11 所示。

表 2.11　测定戴维南等效电路的 U_{OC}、I_{SC} 和 R_{eq}

$U_{OC}(V)$	$I_{SC}(mA)$	$R_{eq}=U_{OC}/I_{SC}(\Omega)$

2）负载实验

按图 2.16 改变 R_L 阻值，测量有源二端网络的外特性，数据记录形式如表 2.12 所示。

3）验证戴维南定理

用一只变阻器将其电阻值调整到等于按步骤 1）所得的表 2.11 所示的等效电阻 R_{eq} 之值，然后令其与直流稳压电源（调到步骤 1）时所测得的开路电压之值）相串联，如图 2.17 所示，仿照步骤 2）测其外特性，对戴维南定理进行验证，同时测出对应的功率，记录于表 2.13 中。

表 2.12　有源二端网络的外特性测量数据表

$R_L(\Omega)$	0	100	1k	5k	10k	90k	∞
$U(V)$							
$I(mA)$							

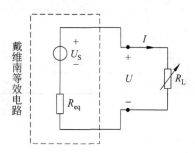

图 2.17　被测网络的戴维南等效电路图

表 2.13　研究戴维南等效电路外特性和最大功率传输条件数据表

$R_L(\Omega)$	0	100	400	500	550	600	1k	2k	5k	10k	90k
$U(V)$											
$I(mA)$											
$P(W)$											

4）最大功率传输条件的研究

根据实验内容 3）所得数据，绘制 R_L 上的功率 P 随 R_L 变化的曲线，即 $P = f(R_L)$。验证最大功率传输条件是否正确，即当 $R_L = R_{eq}$ 时，负载获得的功率是否最大。

5. 实验注意事项

（1）注意测量时电流表量程的更换。

（2）用万用表直接测 R_{eq} 时，网络内的独立电源必须先置零，以免损坏万用表；其次，欧姆挡必须经调零后再进行测量。

（3）改接线路时要先关掉电源。

6. 预习思考题

（1）在求戴维南等效电路时，进行短路实验，测 I_{sc} 的条件是什么？在本实验中可否直接进行负载短路实验？请在实验前对线路预先做好计算，以便在调整实验线路及测量时准确地选取电表量程。

（2）说明测量有源二端网络开路电压及等效电阻的几种方法，并比较其优缺点。

7. 实验报告要求

（1）根据步骤 2）、3）分别绘出曲线，验证戴维南定理的正确性，并分析产生误差的原因。

（2）归纳、总结实验结果。

（3）回答预习思考题。

（4）心得体会及其他。

2.2.4 受控源的实验研究

1. 实验目的

（1）加深对受控源的理解。

（2）熟悉由运算放大器组成受控源电路的分析方法，了解运算放大器的应用。

（3）掌握受控源特性的测量方法。

2. 实验原理

1）受控源

受控源向外电路提供的电压或电流受其他支路的电压或电流控制，因而受控源是双口元件：一个为控制端口，或称输入端口，输入控制量（电压或电流）；另一个为受控端口，或称输出端口，向外电路提供电压或电流。受控端口的电压或电流，受控制端口的电压或电流的控制。根据控制变量与受控变量的不同组合，受控源可分为 4 类，如图 2.18 所示。

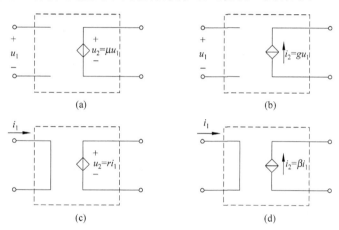

图 2.18 受控源的分类

（1）电压控制电压源（VCVS），如图 2.18(a)所示，其特性为：

$$u_2 = \mu u_1$$

其中，$\mu = \dfrac{u_2}{u_1}$ 称为转移电压比（即电压放大倍数）。

（2）电压控制电流源（VCCS），如图 2.18(b)所示，其特性为：

$$i_2 = g u_1$$

其中，$g = \dfrac{i_2}{u_1}$ 称为转移电导。

（3）电流控制电压源（CCVS），如图 2.18(c)所示，其特性为：

$$u_2 = r i_1$$

其中，$r = \dfrac{u_2}{i_1}$ 称为转移电阻。

(4) 电流控制电流源(CCCS),如图 2.18(d)所示,其特性为:

$$i_2 = \beta i_1$$

其中,$\beta = \dfrac{i_2}{i_1}$ 称为转移电流比(即电流放大倍数)。

2) 用运算放大器组成的受控源

运算放大器的电路符号如图 2.19 所示,它具有两个输入端,即同相输入端 u_+ 和反相输入端 u_-,一个输出端 $u_\circ$,放大倍数为 A,则 $u_\circ = A(u_+ - u_-)$。

对于理想运算放大器,放大倍数 A 为∞,输入电阻为∞,输出电阻为 0,由此可得出两个特性。

特性 1:$u_+ = u_-$。

特性 2:$i_+ = i_- = 0$。

(1) 电压控制电压源(VCVS)。图 2.20 所示电路是由运算放大器构成的电压控制电压源,图中 R_f 是反馈电阻,R_L 是负载电阻。因为

$$U_+ = U_- = U_1, \quad \text{且} \quad I_+ = I_- = 0$$

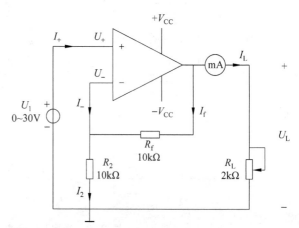

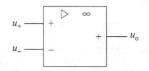

图 2.19　运算放大器电路符号　　　　　图 2.20　VCVS 电路

所以,

$$I_f = I_2 = \frac{U_-}{R_2} = \frac{U_1}{R_2}$$

又因为

$$U_L = R_f I_f + R_2 I_2 = (R_f + R_2) \cdot \frac{U_1}{R_2} = \left(1 + \frac{R_f}{R_2}\right) \cdot U_1$$

令 $\mu = 1 + \dfrac{R_f}{R_2}$,称为转移电压比或电压增益,是无量纲的常数,则 $U_L = \mu U_1$;

可见,运算放大器的输出电压 U_L 受输入电压 U_1 控制,其电路模型如图 2.18(a)所示,转移电压比:$\mu = \left(1 + \dfrac{R_f}{R_2}\right)$。

(2) 电压控制电流源(VCCS)。图 2.21 所示电路是由运算放大器构成的电压控制电流

源。因为 $I_+ = I_- = 0$,所以,

$$I_L = I_2 = \frac{U_-}{R_2} = \frac{U_1}{R_2}$$

令 $g = \frac{1}{R_2}$,称为转移电导,具有电导量纲,则

$$I_L = gU_1$$

可见 I_L 只受输入电压 U_1 控制,与负载 R_L 无关(实际上要求 R_L 为有限值)。其电路模型如图 2.18(b)所示。转移电导为:$g = \frac{1}{R_2}$。

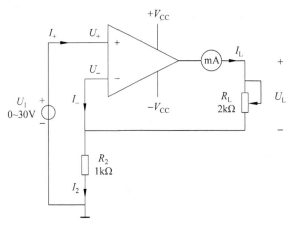

图 2.21 VCCS 电路

(3) 电流控制电压源(CCVS)。电流控制电压源的电路如图 2.22 所示。因为 $U_- = U_+ = 0$,$I_f = I_1$,所以 $U_L = R_f I_f = R_f I_1$。令 $r = R_f$,称为转移电阻,具有电阻的量纲,则 $f_L = rI_1$。

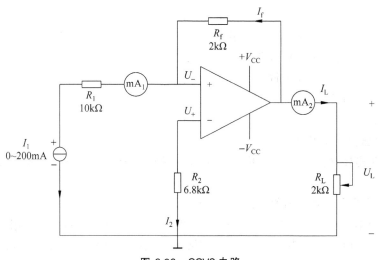

图 2.22 CCVS 电路

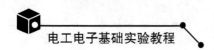

可见输出电压 U_L 受输入电流 I_1 的控制。其电路模型如图 2.18(c)所示。转移电阻为：$r = R_f$。

（4）电流控制电流源（CCCS）。电流控制电流源的电路如图 2.23 所示。因为

$$U_L = R_f I_f = R_f I_1, \quad I_2 = -\frac{U_L}{R} = -\frac{R_f}{R}I_1$$

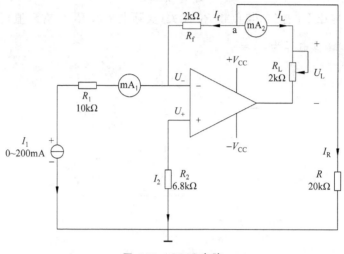

图 2.23　CCCS 电路

所以，$I_L = I_2 - I_f = -\left(1 + \dfrac{R_f}{R}\right)I_1$。令 $\beta = -\left(1 + \dfrac{R_f}{R}\right)$，称为转移电流比或电流增益，无量纲，则 $I_L = \beta I_1$。

可见输出电流 I_2 只受输入电流 I_1 的控制，与负载 R_L 无关。它的电路模型如图 2.18(d) 所示。转移电流比 $\beta = -\left(1 + \dfrac{R_f}{R}\right)$。

3. 实验设备

（1）直流数字电压表、直流数字电流表；

（2）恒压源（双路 $0 \sim 30\text{V}$ 可调）；

（3）恒流源（$0 \sim 200\text{mA}$ 可调）；

（4）NEEL-30B 组件。

4. 实验内容

1）测试电压控制电流源（VCVS）特性

按图 2.20 连接电路，图 2.20 中，U_1 用恒压源的可调电压输出端，调节负载电阻，使 $R_L = 2\text{k}\Omega$。

（1）测试 VCVS 的转移特性 $U_L = f(U_1)$。

调节恒压源输出电压 U_1（以电压表读数为准），使 U_1 输出 $0 \sim 6\text{V}$ 电压，用电压表测量对应的输出电压 U_L 值。记入表 2.14 中。在方格纸上绘出电压转移特性曲线，并在其线性部分求出转移电压比 μ。

表 2.14 VCVS 的转移特性数据

$U_1(V)$	0	1	2	3	4	5	6
$U_2(V)$							

(2) 测试 VCVS 的负载特性 $U_L = f(R_L)$。

保持 $U_1 = 2V$，负载电阻 R_L 用电阻箱，并调节其大小，用电压表测量对应的输出电压 U_L，将数据记入表 2.15 中。绘制负载特性曲线。

表 2.15 VCVS 的负载特性数据

$R_L(\Omega)$	50	70	100	200	300	400	500	1k	2k
$U_2(V)$									

2) 测试电流控制电压源（VCCS）特性

按图 2.21 连接电路，图 2.21 中，U_1 用恒压源的可调电压输出端，调节负载电阻，使 $R_L = 2k\Omega$。

(1) 测试 VCCS 的转移特性 $I_L = f(U_1)$。

调节恒压源输出电压 U_1（以电压表读数为准），使 U_1 输出 $0 \sim 4V$ 电压，用电流表测量对应的输出电流 I_L 值，将数据记入表 2.16 中。绘制 $I_L = f(U_1)$ 的曲线，并由其线性部分求出转移电导 g。

表 2.16 VCCS 的转移特性数据

$U_1(V)$	0	0.5	1	1.5	2	2.5	3	3.5	4
$I_L(mA)$									

(2) 测试 VCCS 的负载特性 $I_L = f(R_L)$。

保持 $U_1 = 2V$，负载电阻 R_L 用电阻箱，并调节其大小，用电流表测量对应的输出电流 I_L，将数据记入表 2.17 中。绘制负载特性曲线。

表 2.17 VCCS 的负载特性数据

$R_L(\Omega)$	200	500	1k	2k	3k	5k	10k	20k	50k
$I_L(mA)$									

3) 测试电压控制电压源（CCVS）特性

按图 2.22 连接电路，I_1 用恒流源，调节负载电阻，使 $R_L = 2k\Omega$。

(1) 测试 CCVS 的转移特性 $U_L = f(I_1)$。

调节恒流源输出电流 I_1（以电流表读数为准），使其在 $0 \sim 3.5mA$ 内取 8 个数值，用电压表测量对应的输出电压 U_L，将数据记入表 2.18 中。绘制 $U_L = f(I_1)$ 曲线，并由线性部分求出转移电阻 r。

表 2.18　CCVS 的转移特性数据

I_1(mA)	0	0.5	1	1.5	2	2.5	3	3.5
U_L(V)								

（2）测试 CCVS 的负载特性 $U_2 = f(R_L)$。

保持 $I_1 = 2$mA，负载电阻 R_L 用电阻箱，并调节其大小，用电压表测量对应的输出电压 U_L，将数据记入表 2.19 中。绘制负载特性曲线。

表 2.19　CCVS 的负载特性数据

R_L(Ω)	50	100	500	1k	5k	10k	20k	30k	50k
U_L(V)									

4）测试电流控制电流源（CCCS）特性

按图 2.23 连接电路，I_1 用恒流源，调节负载电阻，使 $R_L = 2$kΩ。

（1）测试 CCCS 的转移特性 $I_L = f(I_1)$。

调节恒流源输出电流 I_1（以电流表读数为准），使其在 0～3.5mA 范围内取 8 个数值，用电流表测量对应的输出电流 I_L，I_1、I_L 分别用 NEEL-30B 组件中的电流插座 I_1、I_2 测量，将数据记入表 2.20 中。绘制 $I_L = f(I_1)$ 曲线，并由其线性部分求出转移电流比 β。

表 2.20　CCCS 的转移特性数据

I_1(mA)	0	0.5	1	1.5	2	2.5	3	3.5
I_L(mA)								

（2）测试 CCCS 的负载特性 $I_L = f(R_L)$。

保持 $I_1 = 2$mA，负载电阻 R_L 用电阻箱，并调节其大小，用电流表测量对应的输出电流 I_L，将数据记入表 2.21 中。绘制负载特性曲线。

表 2.21　CCCS 的负载特性数据

R_L(Ω)	50	100	500	1k	5k	10k	20k	30k	50k
I_L(mA)									

5. 实验注意事项

（1）用恒流源供电的实验中，不允许恒流源开路。

（2）运算放大器输出端不能与地短路，输入端电压不宜过高（小于 5V）。

6. 预习与思考题

（1）什么是受控源？了解 4 种受控源的缩写、电路模型、控制量与被控量的关系。

（2）4 种受控源中的转移变量 μ、g、r 和 β 的意义是什么？如何测得？

（3）若受控源控制量的极性反向，试问其输出极性是否发生变化？

（4）如何由两个基本的 CCVC 和 VCCS 获得其他两个 CCCS 和 VCVS，它们的输入与输出如何连接?

(5) 了解运算放大器的特性,分析 4 种受控源实验电路的输入、输出关系。

7. 实验报告要求

(1) 根据实验数据,在方格纸上分别绘出 4 种受控源的转移特性和负载特性曲线,并求出相应的转移参量 μ、g、r 和 β。

(2) 参考实验数据,说明转移参量 μ、g、r 和 β 受电路中哪些参数的影响。如何改变它们的大小?

(3) 回答预习与思考题中的(3)、(4)题。

(4) 对实验的结果进行合理的分析和结论,总结对 4 种受控源的认识和理解。

2.2.5 一阶、二阶电路过渡过程的研究

1. 实验目的

(1) 测量一阶 RC 电路的时间常数 τ,了解电路参数对它的影响。

(2) 了解电路参数对二阶 RLC 并联电路响应的影响。

(3) 掌握有关微分电路和积分电路的概念。

(4) 进一步学会用示波器测绘图形。

2. 实验原理

1) 一阶 RC 电路

(1) 动态网络的过渡过程是十分短暂的单次变化过程,对时间常数 τ 较大的电路,可用慢扫描长余示波器观察光点移动的轨迹。然而能用一般的双踪示波器观察过渡过程和测量有关的参数,必须使这种单次变化的过程重复出现。为此,可以利用信号发生器输出的方波来模拟阶跃激励信号,只要选择方波的重复周期远大于电路的时间常数 τ 即可,电路在这样的方波序列脉冲信号的激励下,它的影响和直流电源接通与断开的过渡过程是基本相同的。

(2) RC 一阶电路的零输入响应和零状态响应分别按指数规律衰减和增长,其变化的快慢决定于电路的时间常数 τ。

(3) 时间常数 τ 的测定方法。

图 2.24 所示电路,用示波器测得零输入响应的波形如图 2.25 所示。根据一阶微分方程的求解得知

$$u_C(t) = u_S \mathrm{e}^{-\frac{t}{RC}} = u_S \mathrm{e}^{-\frac{t}{\tau}} \quad (t > 0)$$

当 t 经过一个 τ 秒时,$U_C(\tau) = 0.368U_m$。此时在时间轴上所对应的时间就等于 τ。

亦可用零状态响应波形增长到 $0.632U_m$ 所对应的时间测得,如图 2.26 所示。

(4) 微分电路和积分电路是 RC 一阶电路中较典型的电路,它对电路元件参数和输入信号的周期有着特定的要求。一个简单的 RC 串联电路,在方波序列脉冲的重复激励下,当满足 $\tau = RC \ll \dfrac{T}{2}$($T$ 为方波脉冲的重复周期),且由 R 端作为响应输出时,如图 2.27 所示,

$$u_R = Ri = RC\frac{\mathrm{d}u_C}{\mathrm{d}t} \quad \text{当满足 } \tau = RC \ll \frac{T}{2} \text{ 时,} \quad u_R \ll u_C$$

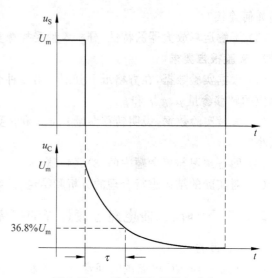

图 2.25 一阶电路的零输入响应

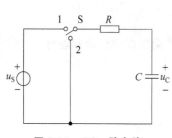

图 2.24 RC 一阶电路

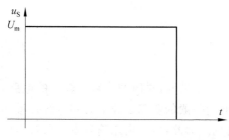

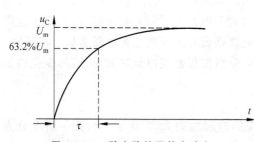

图 2.26 一阶电路的零状态响应

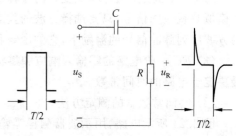

图 2.27 一阶 RC 微分电路

则 $u_C = u_S$，于是有：

$$u_R = RC\frac{\mathrm{d}u_C}{\mathrm{d}t} = RC\frac{\mathrm{d}u_S}{\mathrm{d}t}$$

这就构成了一个微分电路，因为此时电路的输出信号电压与输入信号电压的微分成正比。

若将图 2.27 中的 R 与 C 位置调换一下，即由 C 作为响应输出，且当电路参数的选择满足 $\tau = RC \gg T/2$ 条件时，如图 2.28 所示，

$$u_C = \frac{1}{C}\int i\mathrm{d}t, \quad 当\ \tau = RC \gg \frac{T}{2}\ 时，\quad u_C \ll u_R$$

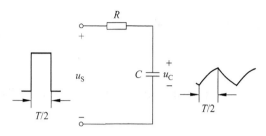

图 2.28　一阶 RC 积分电路

则 $u_S = u_R = Ri$，于是有：

$$u_C = \frac{1}{C}\int i\,\mathrm{d}t = \frac{1}{C}\int \frac{u_S}{R}\,\mathrm{d}t = \frac{1}{RC}\int u_S\,\mathrm{d}t$$

这就构成了一个积分电路，因为此时电路的输出信号电压与输入信号电压的积分成正比。

从输出波形来看，上述两个电路均起着波形变换的作用，请在实验过程中仔细观察与记录。

2）二阶 RLC 并联电路

一个二阶电路在方波正、负阶跃信号的激励下，可获得零状态和零输入响应，其响应的变化轨迹决定于电路的固有频率。当调节电路的元件参数值，使电路的固有频率分别为负实数、共轭复数及虚数时，可获得单调衰减、衰减振荡和等幅振荡的响应。在实验中可获得过阻尼、欠阻尼和临界阻尼这三种响应图形。

简单而典型的二阶电路是一个 RLC 串联电路或并联电路，这两者之间存在对偶关系。

本实验仅对 RLC 并联电路进行研究。

图 2.29 所示的二阶 RLC 并联电路，其微分方程为：

$$LC\frac{\mathrm{d}^2 i_L}{\mathrm{d}t} + \frac{R_1 + R_2}{R_1 R_2}L\frac{\mathrm{d}i_L}{\mathrm{d}t} + i_L = \frac{u_S}{R_1}$$

则特征方程为：

$$LCP^2 + \frac{R_1 + R_2}{R_1 R_2}LP + 1 = 0$$

如果设 $\dfrac{1}{R} = \dfrac{R_1 + R_2}{R_1 R_2}$，则可以推出，当 $R < \dfrac{1}{2}\sqrt{\dfrac{L}{C}}$ 时，动态过程为非振荡；

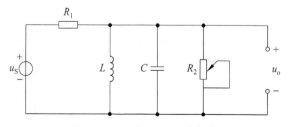

图 2.29　二阶 RLC 并联电路

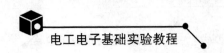

$R > \dfrac{1}{2}\sqrt{\dfrac{L}{C}}$ 时,动态过程为衰减振荡,此时电路的衰减系数为 $\delta = \dfrac{1}{2RC}$,而振荡角频率为 $\omega_d = \sqrt{\left(\dfrac{1}{LC}\right) - \delta^2}$。

如果把 u_o 输入示波器,从示波器屏上显示的波形,可以直接测出衰减振荡波形,例如图 2.30 所示的曲线。

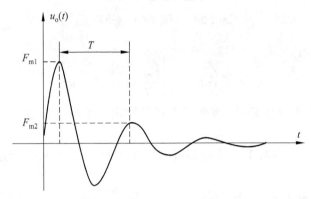

图 2.30 示波器显示的衰减振荡波形

设 $u_o(t) = Ae^{-\delta t}\sin(\omega_d t + \theta)$ 的衰减系数为 δ,振荡频率为 ω_d,则在图 2.30 所示的曲线中,从两个相邻的最大值之间距离可确定振荡周期 T,而振荡角频率 $\omega_d = \dfrac{2\pi}{T}$。再测任意相邻两个最大值 F_{m1}、F_{m2},其比值有如下关系:$\dfrac{F_{m1}}{F_{m2}} = e^{\delta t}$。由此可算得:

$$\delta = \dfrac{1}{T}\ln\dfrac{F_{m1}}{F_{m2}}$$

3. 实验设备

实验所需设备如表 2.22 所示。

表 2.22 实验设备列表

序号	名　　称	型号与规格	数量	备　注
1	函数信号发生器		1	
2	双踪示波器		1	
3	一阶实验线路板		1	DGJ-03

4. 实验内容与步骤

1) 一阶电路

实验线路板的结构如图 2.31 所示,认清 R、C 元件的布局及其标称值,各开关的通断位置等。

(1) 选择动态线路板上 R、C 元件,令

① $R = 10\text{k}\Omega$,$C = 3300\text{pF}$ 组成如图 2.28 所示的 RC 积分电路,u_S 为函数信号发生器输

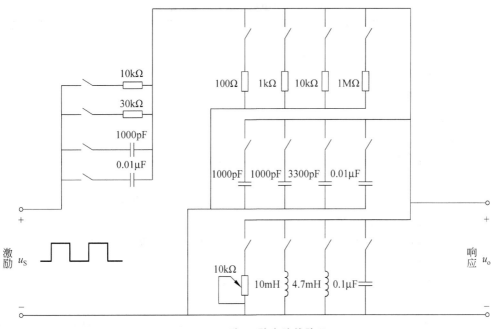

图 2.31 一阶、二阶实验线路图

出,取 $U_m=3\text{V},f=1.5\text{kHz}$ 的方波电压信号,并通过两根同轴电缆线,将激励源 u_S 和响应 u_C 的信号分别连至示波器的两个输入口 Y_A 和 Y_B,这时可在示波器的屏幕上观察到激励与响应的变化规律,求测时间常数 τ,并描绘 u_S 及 u_C 波形。

② 令 $R=10\text{k}\Omega,C=0.01\mu\text{F}$,观察并描绘响应波形,继续增大 C 值,定性观察对响应的影响。

(2) 选择动态板上 R、C 元件,组成如图 2.27 所示微分电路,令 $C=0.01\mu\text{F},R=1\text{k}\Omega$。

在同样的方波激励信号($U_m=3\text{V},f=1.5\text{kHz}$)作用下,观察并描绘激励与响应的波形。增加 R 之值,定性观察对响应的影响,并进行记录,当 R 增至 $1\text{M}\Omega$ 时,输入输出波形有何本质上的区别?

2) 二阶电路

二阶电路实验板与一阶电路相同,如图 2.31 所示。利用动态线路板中的元件与开关的配合作用,组成如图 2.29 所示的 RLC 并联电路。

令 $R_1=10\text{k}\Omega,L=4.7\text{mH},C=1000\text{pF}$,$R_2$ 为 $10\text{k}\Omega$ 可调电阻器,令函数信号发生器的输出为 $U_m=3\text{V},f=1\text{kHz}$ 方波脉冲信号,通过同轴电缆线接至图 2.31 中的激励端,同时用同轴电缆线将激励端和响应输出端接至双踪示波器的 Y_A,Y_B 两个输入口。

(1) 调节可变电阻器 R_2 之值,观察二阶电路的零状态响应 u_o 由过阻尼过渡到临界阻尼,最后过渡到欠阻尼的变化过程,分别定性地描绘、记录响应的典型变化波形。

(2) 调节 R_2 使示波器荧光屏上呈现稳定的波形,描绘 $u_o(t)$ 的衰减振荡波形,并定量测定此时电路的衰减常数 δ 和振荡频率 ω_d,记入表 2.23 中。

表 2.23 测量欠阻尼状态下的波形参数表

R_2 调至某一欠阻尼状态	R_1	L	C	测量			理论计算	
	10kΩ	4.7mH	1000pF	$F_{m1}=$	$F_{m2}=$	$T=$	$\delta=$	$\omega_d=$

5. 实验注意事项

(1) 示波器的辉度不要过亮。

(2) 调节仪器旋钮时,动作不要过猛。

(3) 调节示波器时,要注意触发开关和电平调节旋钮的配合使用,以使显示的波形稳定。

(4) 进行定量测定时,"t/div"和"v/div"的微调旋钮应旋置"校对"位置。

(5) 为防止外界干扰,函数信号发生器的接地端要连接在一起(称共地)。

(6) 观察双踪时,显示要稳定,如不同步,则可用同步法(看示波器说明)触发。

6. 预习思考题

(1) 什么样的电信号可作为 RC 一阶电路的零输入响应、零状态响应和全响应的激励信号?

(2) 已知 RC 一阶电路 $R=10$kΩ,$C=0.1\mu$F,试计算时间常数 τ,并根据值的物理意义,拟定测定的方案。

(3) 何谓积分电路和微分电路? 它们必须具备什么条件? 它们在方波序列脉冲的激励下,其输出信号波形的变化规律如何? 这两种电路有何作用?

7. 实验报告要求

(1) 根据实验观察结果,分别绘出 RC 一阶电路充放电时 U_C 的变化曲线,由曲线测的值,并与参数值的计算进行比较,分析误差原因。

(2) 根据一阶电路实验观察结果、归纳、总结积分电路和微分电路的形成条件,阐明波形变换的特征。

(3) 根据二阶电路实验观察结果,在方格纸上描绘二阶电路过阻尼、临界阻尼和欠阻尼的响应波形。

(4) 测算欠阻尼振荡曲线上的 δ 和 ω_d。

(5) 归纳、总结电路元件参数的改变对响应变化趋势的影响。

(6) 心得体会及其他。

2.2.6 正弦稳态交流电路的研究

1. 实验目的

(1) 研究正弦稳态交流电路中电压、电流相量之间的关系。

(2) 掌握日光灯线路的接线。

(3) 理解改善电路功率因数的意义并掌握其方法。

2. 实验原理

(1) 在单相正弦交流电路中,用交流电流表测得各支路的电流值,用交流电压表测得回

路各元件两端的电压值,它们之间的关系应满足相量形式的基尔霍夫定理,即

$$\sum \dot{I} = 0 \quad 和 \quad \sum \dot{U} = 0$$

(2) 如图 2.32 所示的 RC 串联电路,在正弦稳态信号 $\dot{U}$ 的激励下,$\dot{U}_R$ 与 $\dot{U}_C$ 保持有 $90°$ 的相位差,即当阻值 R 改变时,$\dot{U}_R$ 的相量轨迹是一个半圆,$\dot{U}$、$\dot{U}_R$ 与 $\dot{U}_C$ 三者形成一个直角形的电压三角形。R 值改变时,可改变角 φ 的大小,从而达到移相的目的。

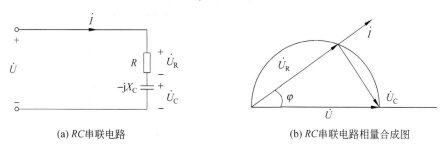

(a) RC串联电路　　　　　　　　(b) RC串联电路相量合成图

图 2.32　RC 串联电路中的相量关系

(3) 日光灯电路的结构及其发光原理。日光灯电路如图 2.33 所示,图 2.33 中 A 是日光灯、S 是启动器、L 是镇流器、G 是灯丝。

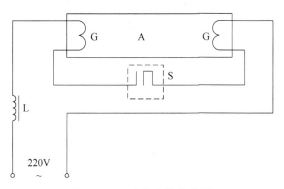

图 2.33　日光灯电路结构图

启动器 S 是一个充有氖气的玻璃泡,其中装有一个由静触片和双金属片制成的 V 形动触片。当开关刚合上时,灯管还没放电,启动器的触片也处于断开位置。此时电路中没有电流,电源电压全部加在启动器两个触片上,引起氖管中产生辉光放电而发热,从而使两触片接触,电路接通。于是有电流流过镇流器和灯管两端的灯丝上,使灯丝加热并发射电子。另一方面,静、动触片接触后,启动器两端电压变得很小,辉光放电停止,双金属片冷却收缩,两触片分开,使流过镇流器和灯丝的电流中断。镇流器是一个绕在硅钢片铁芯上的电感线圈,在电流断开瞬间,会产生很高的自感电压,它与电源电压串联后加在灯管两端,使充有少量氩气和水银蒸气,并且近似真空的灯管产生弧光放电,灯管内壁荧光粉便发出近似日光的可见光。灯管正常工作后,大部分电压降在镇流器上,灯管两端的电压,也就是启动器两触片之间的电压较低,不足以引起启动器氩管的辉光放电,因此它的两个触片仍然保持断开状

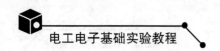

态,这样日光灯就正常工作了。

正常工作时,由于镇流器电感线圈串联在电路中,所以说日光灯是一种感性负载。

为了改善日光灯电路的功率因数(cosϕ 值),在电源两端并联补偿电容 C。

3. 实验设备

实验所需设备如表 2.24 所示。

表 2.24   实验设备列表

序号	名 称	型号和规格	数量	备 注
1	单相交流电源	0～220V	1	
2	三相自耦调压器		1	
3	交流电压表		1	
4	交流电流表		1	
5	功率表		1	DGJ-03
6	白炽灯	15/220V	2	DGJ-04
7	镇流器	与 30W 灯管配用	1	DGJ-04
8	电容器	1μF,2.2μF 4.7μF/450V		DGJ-04
9	启辉器	与 30W 灯管配用	1	DGJ-04
10	日光灯灯管	30W	1	
11	电门插座		3	DG10-2

4. 实验内容

1)RC 串联电路电压三角形测量

(1)用两只并联的白炽灯泡(220W,15W)和 4.7μF/450V 电容器组成如图 2.32(a)所示的实验电路,经指导教师检查后,接通市电 220V 电源,将自耦调压器输出调至 220V。按表 2.25 记录 U、U_R、U_C 值,验证电压三角形关系。

表 2.25   验证正弦稳态电路的电压三角形关系表

白炽灯盏数	测 量 值			计 算 值	
	U(V)	U_R(V)	U_C(V)	U(V)	φ
2					
1					

(2)改变 R 阻值(用一只灯泡)重复(1)内容,验证 U_R 相量轨迹。

2)日光灯路线接法与测量

按图 2.34 所示组成实验线路,经指导教师检查后,接通市电 220V 电源,调节自耦调压器的输出,使其输出电压缓慢增大,观察日光灯的启辉过程。然后将电压调至 220V,测量功

率 P，电流 I，电压 U，U_L，U_A 等值，并记录于表 2.26 中，验证 KVL 的相量形式。

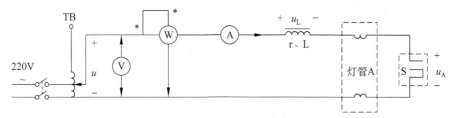

图 2.34　日光灯测量线路图

表 2.26　验证日光灯电路的 KVL 的相量形式表

	P(W)	$\cos\varphi$	P_L(W)	$\cos\varphi_L$	P_A(W)	$\cos\varphi_A$	I(A)	U(V)	U_L(V)	U_A(V)
正常工作值										

3）并联电路——电路功率因数的改善

按图 2.35 所示组成实验线路。

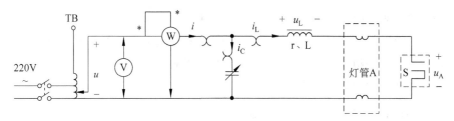

图 2.35　改善功率因数的并联电路

经指导教师检查后，接通市电 220V 电源，将自耦调压器的输出调至 220V。按表 2.27 记录功率表、电压表读数，通过一只电流表和三个电流插座分别测量三条支路的电流，改变电容值，进行重复测量。验证 KCL 的相量形式及 $I=f(C)$ 的关系。

表 2.27　验证日光灯电路的功率因数与并联电容 C 之间的关系

电容值(μF)	测 量 数 值					
	P(W)	U(V)	I(A)	I_L(A)	I_C(A)	$\cos\varphi$
0						
1						
2.2						
3.2						
4.7						
5.7						
6.9						

5. 实验注意事项

（1）本实验用交流市电 220V，务必注意用电和人身安全。

（2）在接通电源前，应先将自耦调压器手柄置在零位上。

（3）功率表要正确接入电路，读数时要注意量程和实际读数的折算关系。

（4）如线路接线正确，日光灯不能启辉时检查其接触是否良好。

6. 预习思考题

（1）在日常生活中，当日光灯上缺少了启辉器时，人们常用一根导线将启辉器的两端短接一下，然后迅速断开，使日光灯点亮；或用一只启辉器去点亮多只同类型的日光灯，这是为什么？

（2）为了提高电路的功率因数，常在感性负载上并联电容器，此时增加了一条电流支路，试问路的总电流是增大还是减小？感性元件上的电流和功率是否改变？

（3）提高电路功率因数为什么只采用并联电容器法，而不用串联法？所并的电容器是否越大越好？

7. 实验报告要求

（1）完成数据表格的计算，进行必要的误差分析。

（2）根据实验数据，分别绘出电压、电流相量图，验证相量形式的基尔霍夫定律。

（3）讨论改善电路功率因数的意义和方法，并画出曲线 $I = f(C)$。

（4）装接日光灯线路的心得体会及其他。

2.2.7　RC 电路的频率特性研究

1. 实验目的

（1）验证电阻、感抗、容抗与频率的关系，测定 $R \sim f$、$X_L \sim f$ 与 $X_C \sim f$ 特性曲线。

（2）加深理解 R、L、C 元件端电压与电流间的相位关系。

2. 实验原理

（1）在正弦交变信号作用下，电阻元件 R 两端电压与流过的电流有关系式

$$\dot{U} = R\dot{I}$$

在信号源频率 f 较低情况下，略去附加电感及分布电容的影响，电阻元件的阻值与信号源频率无关，其阻抗频率特性 $R \sim f$ 如图 2.36 所示。

如果不计线圈本身的电阻 r，又在低频时略去电容的影响，可将电感元件视为纯电感，有关系式

$$\dot{U}_L = \mathrm{j}X_L\dot{I}$$

其中感抗为：

$$X_L = 2\pi fL$$

感抗随信号源频率而变，感抗频率特性 $X_L \sim f$ 如图 2.36 所示。

在低频时略去附加电感的影响，将电容元件视为纯电容，有关系式

$$\dot{U}_{\mathrm{C}} = -\mathrm{j}X_{\mathrm{C}}\dot{I}$$

其中容抗为：

$$X_{\mathrm{C}} = \frac{1}{2\pi fC}$$

容抗随信号源频率而变,容抗频率特性 $X_{\mathrm{C}} \sim f$ 如图 2.36 所示。

（2）单一参数 R、L、C 阻抗频率特性的测试电路如图 2.37 所示。

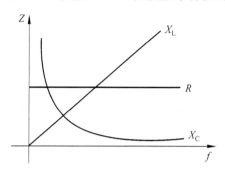

图 2.36 R、L、C 的阻抗特性曲线

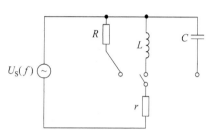

图 2.37 测试阻抗特性曲线的电路图

图 2.37 中 R、L、C 为被测元件,r 为电流取样电阻。改变信号源频率,测量 R、L、C 元件两端电压 U_{R}、U_{L}、U_{C},流过被测元件的电流则可由 r 两端电压除 r 得到。

（3）元件的阻抗角 φ（即相位差）随输入信号的频率变化而变化,同样可用实验方法测得阻抗角的频率特性曲线 $\varphi \sim f$。

用双踪示波器测量阻抗角（相位差）的方法。

将欲测量相位差的两个信号分别接到双踪示波器 Y_A 和 Y_B 两个输入端。调节示波器有关旋钮,使示波器屏幕上出现两条大小适中、稳定的波形,如图 2.38 所示,荧光屏上数得水平方向一个周期占 n 格,相位差占 m 格,则实际的相位差阻抗角 $\varphi = m \times \dfrac{360°}{n}$。

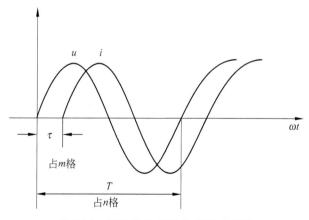

图 2.38 测量阻抗角（相位差）的示意图

3. 实验设备

实验所需设备如表 2.28 所示。

表 2.28　实验设备列表

序号	名　称	型号与规格	数量	备注
1	函数信号发生器		1	
2	交流毫伏表		1	
3	双踪示波器		1	
4	实验电路元件	$R=1\text{k}\Omega, L=10\text{mH}$ $C=1\mu\text{F}, R=200\Omega$	1	DGJ-07
5	频率计		1	

4. 实验内容

(1) 测量单一参数 R、L、C 元件的阻抗频率特性。

实验线路如图 2.37 所示，取 $R=1\text{k}\Omega, L=10\text{mH}, C=1\mu\text{F}, r=200\Omega$。通过电缆线将函数信号发生器输出的正弦信号接至电路输入端，作为激励源 $u_\text{S}(f)$，并用交流毫伏表测量，使激励电压的有效值为 $U_\text{m}=3\text{V}$，并在整个实验过程中保持不变。

改变信号源的输出频率从 200Hz 逐渐增至 5kHz，并使开关 S 分别接通 R、L、C 三个元件，用交流毫伏表分别测量 U_R、U_r；U_L、U_r；U_C、U_r，并通过计算得到各频率点时的 R、X_L 与 X_C 之值，记入表 2.29 中。

表 2.29　测量单一参数 R、L、C 元件的阻抗频率特性数据表

	频率 $f(\text{Hz})$	200	400	600	800	1.2k	1.6k	2k	3k	4k	5k
R	$U_\text{R}(\text{V})$										
	$U_\text{r}(\text{V})$										
	$I_\text{R}=U_\text{r}/r(\text{mA})$										
	$R=U_\text{R}/I_\text{R}(\text{k}\Omega)$										
L	$U_\text{L}(\text{V})$										
	$U_\text{r}(\text{V})$										
	$I_\text{L}=U_\text{r}/r(\text{mA})$										
	$X_\text{L}=U_\text{L}/I_\text{L}(\text{k}\Omega)$										
C	$U_\text{C}(\text{V})$										
	$U_\text{r}(\text{V})$										
	$I_\text{C}=U_\text{r}/r(\text{mA})$										
	$X_\text{C}=U_\text{C}/I_\text{C}(\text{k}\Omega)$										

（2）用双踪示波器观察 rL 串联和 rC 串联电路在不同频率阻抗角的变化情况,并按表 2.30 形式进行记录。

表 2.30　测量 rL 串联和 rC 串联电路的频率特性数据表

频率 $f(\text{Hz})$	200	400	600	800	1.2k	1.6k	2k	3k	4k	5k
n（格）										
m（格）										
φ（度）										

5．实验注意事项

（1）交流毫伏表属于高阻抗电表,测量前必须先调零。

（2）由于信号源内阻的影响,注意在调节输出信号频率时,应同时调节输出幅度,使实验电路的输入电压保持不变。

6．预习思考题

（1）图 2.37 中各元件流过的电流如何求得?

（2）怎样用双踪示波器观察 rL 串联和 rC 串联电路阻抗角的频率特性?

7．实验报告要求

（1）根据实验数据,在方格纸上绘制 R、L、C 三个元件的阻抗频率特性曲线,从中可得出什么结论?

（2）根据实验数据,在方格纸上绘制 rL 串联和 rC 串联电路阻抗角的频率特性,并总结、归纳结论。

2.2.8　电路元件等效参数的测量

1．实验目的

（1）学会用交流电压表、交流电流表和功率表测量元件交流等效参数的方法。

（2）学会功率表的接法和使用。

2．实验原理

（1）正弦交流激励下的元件值或阻抗值,可以用交流电压表、交流电流表及功率表,分别测量出元件两端的电压 U,流过该元件的电流 I 和它所消耗的功率 P,然后通过计算得到电路元件等效参数,这种方法称为三表法。

计算基本公式如下。

阻抗的模 $|Z| = U/I$;

电路的功率因数 $\cos\varphi = P/UI$;

等效电阻 $R = \dfrac{P}{I^2}$;

等效电抗 $X = |Z|\sin\varphi$。

如果被测元件为一个电感线圈,则有

$$X = X_{\mathrm{L}} = |Z| \sin\varphi = 2\pi fL$$

如果被测元件为一个电容器,则有

$$X = X_{\mathrm{C}} = |Z| \sin\varphi = \frac{1}{2\pi fC}$$

如果被测对象不是一个元件,而是一个无源一端口网络,虽然也可从 U、I、P 三个量中求得 $R = |Z|\cos\varphi$,$X = |Z|\sin\varphi$,但无法判定出 X 是容性还是感性。

(2) 阻抗性质的判断方法。在被测元件两端并联电容或串联电容的方法对阻抗性质加以判别,原理和方法如下。

① 在被测元件两端并联一只适当容量的试验电容,若串接在电路中的电流表的读数增大,则被测阻抗为容性,电流减小则为感性。

图 2.39(a)中,Z 为待测定的元件,C' 为试验电容器。图 2.39(b)是(a)的等效电路,图 2.39(b)中 G、B 为待测阻抗 Z 的电导和电纳,B' 为并联电容 C' 的电纳。在端电压有效值不变的条件下,按下面两种情况进行分析:

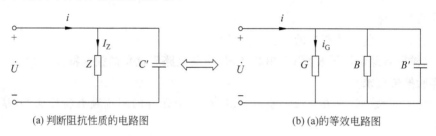

(a) 判断阻抗性质的电路图   (b)(a)的等效电路图

图 2.39 判断阻抗性质

a. 设 $B + B' = B''$,若 B' 增大,B'' 也增大,则电路中电流 I 将单调地上升,故可判断 B 为容性元件。

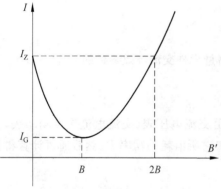

图 2.40 B 为感性元件时的 I~B'关系曲线

b. 设 $B + B' = B''$,若 B' 增大,而 B'' 先减小而后再增大,电流 I 也是先减小后上升,如图 2.40 所示,则可判断 B 为感性元件。

由上分析可见,当 B 为容性元件时,对并联电容 B' 值无特殊要求;而当 B 为感性元件时,$B' < |2B|$ 才有判定为感性的意义。$B' > |2B|$ 时,电流单调上升,与 B 为容性时相同,并不能说明电路是感性的。因此 $B' < |2B|$ 是判定电路性质的可靠条件,由此得判定条件为

$$C' < \left| \frac{2B}{\omega} \right|$$

即并联电容应小于某个值。

② 与被测元件串联一个适当容量的试验电容,若被测阻抗的端电压下降,则判为容性,若端电压上升则为感性,判定条件为

$$\frac{1}{\omega C'} < 2X$$

式中 X 为被测阻抗的电抗值，C' 为串联试验电容值，此关系式可自行证明。

判断待测元件的性质，除上述借助于试验电容 C' 测定法外还可以利用该元件电流、电压间的相位关系，若 i 超前于 u，则为容性；若 i 滞后于 u，则为感性。

(3) 功率表的结构、接线与使用。功率表(又称为瓦特表)是一种动圈式仪表，其电流线圈与负载串联，其电压线圈与负载并联。

功率表的正确接法：为了不使功率表指针反向偏转，在电流线圈和电压线圈的一个端钮上标有"＊"标记，连接功率表时，对有"＊"标记电流线圈一端，必须接在电流流入端，另一端接至电流流出端，对有"＊"标记电压线圈一端，可以接电流线圈"＊"端，另一端接到负载的另一端。如此功率表指针就一定能正向偏转。

图 2.41(a)所示的连接法，称并联电压线圈前接法，功率表读数中包括了电流线圈的功耗，它适用于负载阻抗远大于电流线圈阻抗的情况。

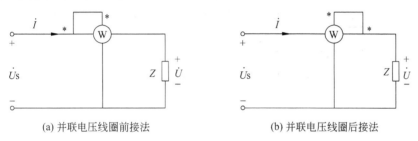

(a) 并联电压线圈前接法　　　　　　　　(b) 并联电压线圈后接法

图 2.41　功率表接法

图 2.41(b)所示的连接法，称并联电压线圈后接法，功率表读数中包括了电压线圈的功耗，它适用于负载阻抗远小于电流线圈阻抗的情况。

3. 实验设备

实验所需设备如表 2.31 所示。

表 2.31　实验设备列表

序号	名　称	型号与规格	数量	备　注
1	单相交流电源	0～220V	1	
2	三相自耦调压器		1	
3	交流电压表		1	
4	交流电流表		1	
5	单相智能型功率表		1	DGJ-07
6	电感线圈	30W 日光灯配用	1	DGJ-04
7	电容器	4.7μF /450V	1	DGJ-04
8	白炽灯	15W/220V	1	DGJ-04
9	判断小电容	1μF	1	DGJ-04

4．实验内容

测试线路如图 2.42 所示。

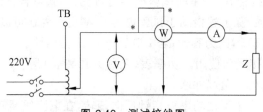

图 2.42　测试接线图

（1）按图 2.42 接线，并经指导教师检查后，方可接通交流电源。

（2）分别测量 15W 白炽灯（R），30W 日光灯的镇流器（L）和 4.7μF 电容器（C）的等效参数。要求 R 和 C 两端所加电压为 220V；L 中流过电流小于 0.4A。

（3）测量 L、C 串联与并联后的等效参数，数据按表 2.32 形式记录。

表 2.32　测量 R、L、C 等效参数以及 L、C 串联与并联后的等效参数

被测阻抗	测量值				计算值		电路等效参数		
	U (V)	I (A)	P (W)	$\cos\varphi$	Z (Ω)	$\cos\varphi$	R (Ω)	L (mH)	C (μF)
15W 白炽灯 R									
电感线圈 L									
电容器 C									
L 与 C 串联									
L 与 C 并联									

（4）用并接试验电容的方法判别 LC 串联和并联后阻抗的性质。

（5）观察并测定功率表电压并联线圈前接法与后接法对 15W 灯泡测量结果的影响。

5．实验注意事项

（1）本实验直接用市电 220V 交流电源供电，实验中要特别注意人身安全，不可用手直接触摸通电线路的裸露部分，以免触电。

（2）自耦调压器在接通电源前，应将其手柄置在零位上（逆时针旋到底），调节时，使其输出电压从零开始逐渐升高。每次改接实验线路或实验完毕，都必须先将其手柄慢慢调回零位，再断电源。必须严格遵守这一安全操作规程。

（3）注意功率表的正确接法。

（4）判断容感性的试验电容值取值不能太大。

（5）电感线圈 L 中流过电流不得超过 0.4A。

6．预习思考题

（1）在 50Hz 的交流电路中，测得一只铁芯线圈的 P、I、U，如何算得它的阻值及电感量？

（2）如何用串联电容的方法来判别阻抗性质？试用 I 随 X_c'（串联容抗）的变化关系进

行定性分析,证明串联试验时,C' 应满足

$$\frac{1}{\omega C'} < 2X$$

式中 X 为被测阻抗的电抗值。

7. 实验报告要求

(1) 根据实验数据,完成各项计算。

(2) 完成预习思考题(1)、(2)的任务。

(3) 分析功率表并联电压线圈前后接法对测量结果的影响。

(4) 总结功率表与自耦调压器的使用方法。

(5) 心得体会及其他。

2.2.9 *RLC* 串联谐振电路的研究

1. 实验目的

(1) 学习用实验方法测试 *RLC* 串联谐振电路的幅频特性曲线。

(2) 加深理解电路发生谐振的条件、特点,掌握电路品质因数的物理意义及其测定方法。

2. 实验原理

(1) 在图 2.43 所示的 *RLC* 串联电路中,当正弦交流信号源的频率 f 改变时,电路中的感抗、容抗随之改变,电路中的电流也随 f 而变。取电路电流 I 作为响应,当输入电压 U_S 维持不变时,在不同信号频率的激励下,测出电阻 R 两端电压 U_R 之值,则 $I = U_R/R$,然后以 f 为横坐标(取对数),以 I 为纵坐标,绘出光滑的曲线,此即为幅频特性曲线,亦称电流谐振曲线,如图 2.44 所示。

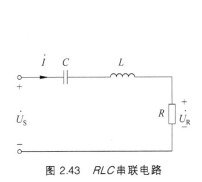

图 2.43 *RLC* 串联电路

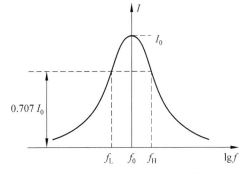

图 2.44 *RLC* 串联电路的幅频特性

(2) 在 $f = f_0 = \dfrac{1}{2\pi\sqrt{LC}}$ 处($X_L = X_C$),即幅频特性曲线尖峰所在的频率点,该频率称为谐振频率,此时电路呈纯阻性,电路阻抗的模为最小。在输入电压 U_S 为定值时,电路中的电流 I_0 达到最大值,且与输入电压 U_S 同相位,从理论上讲,此时 $U_S = U_{RO} = U_0$,$U_{LO} = U_{CO} = QU_S$,式中的 Q 称为电路的品质因数。

(3) 电路品质因数 Q 值的两种测量方法。一种方法是根据公式

$$Q = U_{LO}/U_S = U_{CO}/U_S$$

测定,U_{CO} 与 U_{LO} 分别为谐振时电容器 C 和电感线圈 L 上的电压;另一种方法是通过测量谐振曲线的通频带宽度

$$\Delta f = f_H - f_L$$

再根据

$$Q = f_0/(f_H - f_L)$$

求出 Q 值,式中 f_0 为谐振频率,f_H 和 f_L 是失谐时,幅度下降到最大值的 $\dfrac{1}{\sqrt{2}} = 0.707$ 倍时的上、下频率点。

Q 值越大,曲线越尖锐,通频带越窄,电路的选择性越好,在恒压源供电时,电路的品质因数、选择性与通频带只取决于电路本身的参数,与信号源无关。

3. 实验设备

实验所需设备如表 2.33 所示。

表 2.33　实验设备列表

序号	名　称	型号与规格	数量	备注
1	函数信号发生器		1	
2	晶体管毫伏表		1	
3	双踪示波器		1	
4	谐振电路实验线路板	$R=330\Omega$ 或 $1k\Omega$ $C=2400pF$ L 为几十毫亨	1	

4. 实验内容与步骤

(1) 按图 2.45 所示电路接线,取 $R=330\Omega$,调节信号源输入电压为 1V 正弦信号,并在整个实验过程中保持不变。

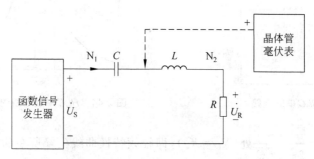

图 2.45　RLC 串联谐振实验线路图

(2) 找出电路的谐振频率 f_0,其方法是:将晶体管毫伏表跨接在电阻 R 两端,令信号源的频率由大逐渐变小(注意要维持信号源输出的幅度不变),当 U_R 的读数为最大时,记下此

时的频率值,即为电路的谐振频率 f_0,并测量 U_{RO},U_{LO},U_{CO} 之值(注意及时更换毫伏表的量程),记入表 2.34 中。

表 2.34 测量在谐振频率 f_0 作用下电路的各参数表

$R(k\Omega)$	$f_0(kHz)$	$U_{RO}(V)$	$U_{LO}(V)$	$U_{CO}(V)$	$I_0(mA)$	Q
0.33						
1						

(3) 在谐振点两侧,应先测出下限频率 f_L 和上限频率 f_H 及相应的 U_R 值,然后再逐点测出不同频率下 U_R 值,记入表 2.35 中。

(4) 取 $R=1k\Omega$,重复步骤(2),(3)的测量过程,将数据记录于表 2.35 中。

表 2.35 测量幅频特性曲线数据表

$R=0.33k\Omega$	$f(kHz)$	
	$U_R(V)$	
	$I(mA)$	
$R=1k\Omega$	$f(kHz)$	
	$U_R(V)$	
	$I(mA)$	

5. 实验注意事项

(1) 测试频率点的选择应在靠近谐振频率附近多取几点,在变换频率测试时,应调整信号输出幅度,使其维持在 1V 输出不变。

(2) 在测量 U_{CO} 和 U_{LO} 数值前,应及时改换毫伏表的量程,而且在测量 U_{CO} 与 U_{LO} 时毫伏表的"+"端接 C 与 L 的公共点,其他地端分别触及 L 和 C 的近地端 N_1 和 N_2。

(3) 实验过程中晶体管毫伏表电源线采用两线插头。

6. 预习思考题

(1) 根据实验电路板给出的元件参数值,估算电路的谐振频率。

(2) 改变电路的哪些参数可以使电路发生谐振?电路中 R 的数值是否影响谐振频率值?

(3) 如何判别电路是否发生谐振?测试谐振点的方案有哪些?

(4) 电路发生串联谐振时,为什么输入电压不能太大,如果信号源给出 1V 的电压,电路谐振时,用晶体管毫伏表测 U_L 和 U_C,应该选择多大的量程?

(5) 要提高 R、L、C、串联电路的品质因数,电路参数应如何改变?

(6) 谐振时,比较输出电压 U_O 与输入电压 U_S 是否相等,试分析原因。

(7) 谐振时,对应的 U_{CO} 与 U_{LO} 是否相等?如有差异,原因何在?

7. 实验报告

(1) 根据测量数据,绘出不同 Q 值时两条幅频特性曲线。

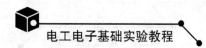

（2）计算出通频带与 Q 值，说明不同 R 值时对电路通频带与品质因数的影响。

（3）对两种不同的测 Q 值的方法进行比较，分析误差原因。

（4）通过本次实验，总结、归纳串联谐振电路的特性。

2.2.10 互感电路的研究

1. 实验目的

（1）学会互感电路同名端、互感系数以及耦合系数的测定方法。

（2）理解两个线圈相对位置的改变，以及用不同材料作线圈芯时对互感的影响。

2. 实验原理

1）判断互感线圈同名端的方法

（1）直流法。如图 2.46(a)所示，当开关 S 闭合瞬间，若毫安表的指针正偏，则可断定"1"、"3"为同名端；若指针反偏，则"1"、"4"为同名端。

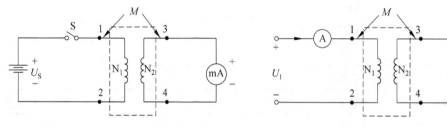

(a) 用直流法判断互感极性电路图　　　　(b) 用交流法判断互感极性电路图

图 2.46　判断互感线圈的同名端

（2）交流法。如图 2.46(b)所示，将两个线圈 N_1 和 N_2 的任意两端（如 2、4 端）连在一起，在其中的一个线圈（如 N_1）两端加一个低压交流电压（2V）左右，另一线圈（N_2）开路，用交流电压表分别测出端电压 U_{13}、U_{12} 和 U_{34}。若 U_{13} 是两个绕组端压 U_{12} 和 U_{34} 之差，则"1"、"3"为同名端；若 U_{13} 是两个绕组端压之和，则"1"、"4"为同名端。

2）两线圈互感系数 M 的测定

如图 2.47 所示，在 N_1 侧施加低压交流电压 U_1，N_2 侧开路，测出 I_1 和 U_2，根据互感电势 $E_{2M} \approx U_2 = \omega M I_1$，可算得互感系数为

图 2.47　测定两线圈互感系数 M 的电路图

$$M = \frac{U_2}{\omega I_1}$$

3）耦合系数 k 的测定

两个互感线圈耦合的松紧程度可用耦合系数 k 来表示，即

$$k = \frac{M}{\sqrt{L_1 L_2}}$$

如图 2.47 所示，先在 N_1 侧加低压交流电压 U_1，测出 N_2 侧开路时的电流 I_1；然后再在 N_2 侧加电压 U_2，测出 N_1 侧开路时的电流 I_2，求出各自的自感 L_1 和 L_2，即可算得 k 值（两个

线圈的内阻用万用表测得)。

3. 实验设备

实验所需设备如表2.36所示。

表2.36 实验设备列表

序号	名　　称	型号与规格	数量	备注
1	可调直流稳压电源	0～30V	1	
2	单相交流电源	0～220V	1	
3	三相自耦调压器		1	
4	直流数字电压表		1	
5	直流数字毫安表		1	
6	直流数字安培表		1	
7	交流电压表		1	
8	交流电流表		1	
9	空心互感线圈	N_1 为大线圈 N_2 为小线圈	1对	DGJ-04
10	可变电阻器	100Ω,3W	1	DG10-2
11	电阻器	510Ω,2W	1	DG10-2
12	发光二极管	红或绿	1	DG10-2
13	铁棒、铝棒		1	DGJ-04
14	滑线变阻器	200Ω,2A	1	DGJ-09

4. 实验内容与步骤

1) 分别用直流法和交流法测定互感线圈的同名端

(1) 直流法。实验线路如图2.48所示,将 N_1、N_2 同心式线圈(本实验约定 N_1 为大线圈,N_2 为小线圈)套在一起,并放入铁芯,N_1 侧串入5A量程直流数字电流表,U_S 为可调直流稳压电源,调至6V,使流过 N_1 侧的电流不超过 0.4A,N_2 侧直接接入2mA量程的毫安表。将铁芯迅速地拔出和插入,观察毫安表正、负读数的变化,来判断 N_1 和 N_2 两个线圈的同名端。把实验现象记于表2.37中。

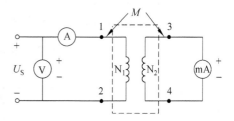

图2.48 用直流法测定互感线圈的同名端

(2) 交流法。按图2.49所示接线,将 N_1、N_2 同心式线圈套在一起。N_1 串接电流表(选0～2.5A量程的交流电流表),后接至自耦调压器的输出端,N_2 侧开路,并在两线圈中插入铁芯。

表 2.37   用直流法判断同名端

实验现象 铁芯运动情况	毫安表指针偏转情况	判断：接电源正极端"1"与接毫安表正极端"3"是否为同名端
铁芯迅速抽出		
铁芯迅速插入		

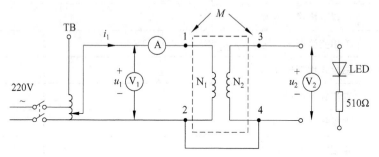

图 2.49   用交流法测定互感线圈的同名端

接至交流电源前，应先检查自耦调压器是否调至零位，确认后方可接通交流电源，令自耦调压器输出一个很低的电压(2V 左右)，使流过电流表的电流小于 1.5A，然后用 0～30V 量程的交流电压表测量 U_{13}、U_{12} 和 U_{34}，判定同名端。

拆去 2、4 连线，并将 2、3 相接，重复上述步骤，判定同名端。数据记录于表 2.38 中。

表 2.38   用交流法判断同名端

测量参数 2、4 连线	U_{12}	U_{13}	U_{34}	由 U_{13}、U_{12} 和 U_{34} 关系判断同名端
测量参数 2、3 连线	U_{12}	U_{14}	U_{34}	由 U_{12}、U_{14} 和 U_{34} 关系判断同名端

2) 自感系数 L、互感系数 M 与耦合系数 k 的测定

拆除图 2.49 电路中的 2、3 连线，测出 U_1、I_1 和 U_2，数据记录于表 2.39 中。为了使流过 N_1 侧的电流小于 1A，线圈 N_1 两端所加的交流电压 U_1 不要太大，可以取 $U_1 = 2V$。

表 2.39   测定自感系数 L、互感系数 M 与耦合系数 k

线圈 N_1 接电源，线圈 N_2 开路	测　　量					计　算			
	U_1	I_1	U_2	r_1	r_2	L_1	L_2	M	R
	$U_1 = 2V$								
线圈 N_2 接电源，线圈 N_1 开路	U_2	I_2	U_1						
	$U_2 = 10V$								

将低压交流电源加在 N_2 侧，N_1 侧开路，使流过 N_2 侧的电流小于 1A，线圈 N_2 两端所加

的交流电压 U_2 不要太大,可以取 $U_2=10$V。测出 U_2、I_2 和 U_1,数据记录于表 2.39 中。

利用数字万用表分别测出 N_1 和 N_2 线圈的电阻值 r_1 和 r_2,计算出 L、M、k 值。

3) 观察互感现象

将低压交流电源加在 N_1 侧,N_2 侧接入 LED 发光二极管与 510Ω 的电阻串联的支路。

(1) 将铁芯从两线圈中抽出和插入,观察 LED 的亮度变化及各电表读数的变化,记录现象。

(2) 改变两线圈的相对位置,观察 LED 的亮度变化及各电表读数的变化。

(3) 改用铝棒替代铁棒,重复(1)、(2)步骤,观察 LED 的亮度变化,记录现象。

5. 实验注意事项

(1) 为避免互感线圈因电流过大而烧毁,整个实验过程中,注意流过线圈 N_1 的电流不得超过 1.5A,流过线圈 N_2 的电流不得超过 1A。

(2) 测定同名端及其他测量数据的实验中,都应将小线圈 N_2 套在大线圈 N_1 中,并插入铁芯。

(3) 如实验室备有 200Ω、2A 的滑线变阻器或大功率的负载,则可接在交流实验时的 N_1 侧,作为限流电阻用。

(4) 做交流实验前,首先应检查自耦调压器,要保证手柄置在零位,因实验时所加的电压只有 2~3V 左右。因此调节时要特别仔细、小心,要随时观察电流表的读数,不得超过规定值。

6. 预习思考题

本实验用直流法判断同名端是用插、拔铁芯时观察电流表的正、负读数变化来确定的,这与实验原理中所叙述的方法是否一致?

7. 实验报告要求

(1) 总结对互感线圈同名端、互感系数的实验测试方法。

(2) 自拟测试数据表格,完成计算任务。

(3) 解释实验中观察到的互感现象。

(4) 心得体会及其他。

2.2.11　三相电路的研究

1. 实验目的

(1) 掌握三相负载作星形连接、三角形连接的方法。

(2) 根据三相负载的不同情况,验证星形连接、三角形连接时线电压与相电压,线电流与相电流之间的关系。

(3) 充分理解三相四线制供电系统中线的作用。

(4) 掌握用一瓦特表法测量三相电路的有功功率的方法。

2. 实验原理

图 2.50 所示为负载作星形连接时的三线制供电图。当线路阻抗不计时,负载的线电压

等于电源的线电压,若负载对称,则负载中性点 O′ 和电源中性点 O 之间的电压为零。其电压相量图如图 2.51(a)所示,此时负载的相电压对称,线电压 $\dot{U}_{线}$ 和相电压 $\dot{U}_{相}$ 满足 $U_{线}=\sqrt{3}\,U_{相}$ 的关系。若负载不对称,负载中性点 O′ 和电源中性点 O 之间的电压不再为零,虽然线电压仍对称,但负载端的各相电压不再对称,其数值可由计算得出,或者通过实验测得。其电压相量图如图 2.51(b)所示。

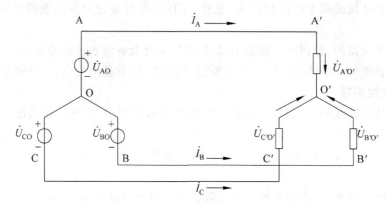

图 2.50　星形连接的三线制供电图

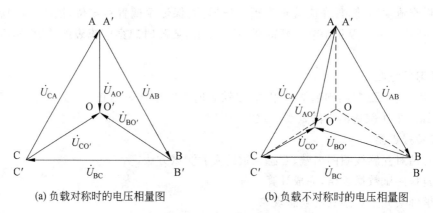

| (a) 负载对称时的电压相量图 | (b) 负载不对称时的电压相量图 |

图 2.51　电压相量图

在图 2.50 中,若把电源中性点和负载中性点之间用中线连接起来,就成为三相四线制。在负载对称时,中线电流等于零,其工作情况与三线制相同;在负载不对称时,忽略线路阻抗,则负载端相电压仍然对称,但这时中线电流不再为零,它可由计算或实验方法确定。

图 2.52 所示为负载作三角形连接时的供电图。若线路阻抗忽略不计,负载的线电压等于电源的线电压,且负载端线电压和相电压相等,即 $U_{线}=U_{相}$。若负载对称,线电流与相电流满足 $I_{线}=\sqrt{3}I_{相}$ 的关系。

3. 实验设备

实验所需设备如表 2.40 所示。

表 2.40 实验所需设备列表

序号	名 称	型号与规格	数量	备注
1	三相交流电源	3 相 0~220V	1	
2	三相自耦调压器		1	
3	交流电压表		1	
4	交流电流表		1	
5	三相灯负载	(25W/220V)白炽灯	2	DGJ-04

4. 实验内容与步骤

1）三相负载星形连接

按图 2.53 所示接线,三相电源线电压为 220V,按表 2.41 格式所列各项分别测量三相负载的线电压、相电压、线电流、相电流、中线电流、电源与负载中点间的电压,并依次记录之。观察各相灯组亮暗的变化程度,特别注意观察中线的作用。

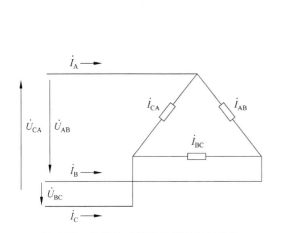

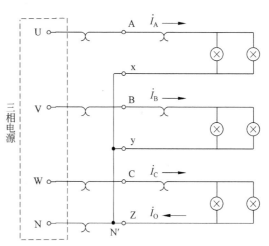

图 2.52 负载作三角形连接时的供电图　　　图 2.53 三相负载作星形连接电路图

注意:接线时将三相调压器的旋柄置于三相电压输出为 0 的位置,经指导教师检查后,方可合上三相电源开关,然后调节调压器的输出线电压为 220V。

表 2.41 测量三相负载作星形连接时各参数表

测量数据\负载情况	开灯盏数			线电流 (A)			线电压 (V)			相电压 (V)			中线电流 I_0 (A)	中点电压 $U_{NN'}$ (V)
	A相	B相	C相	I_A	I_B	I_C	U_{AB}	U_{BC}	U_{CA}	$U_{AN'}$	$U_{BN'}$	$U_{CN'}$		
负载对称 Y_0 接法	2	2	2											
负载对称 Y 接法	2	2	2											
负载不对称 Y_0 接法	1	2	2											
负载不对称 Y 接法	1	2	2											

2) 负载三角形连接

按图 2.54 所示接线。经教师检查后接通三相电源,调节调压器,使其输出线电压为 220V,按表 2.42 格式的内容进行测试。

表 2.42 三相负载作三角形连接时各参数表

测量数据 负载情况	开灯盏数			线电压=相电压(V)			线电流(A)			相电流(A)		
	A-B 相	B-C 相	C-A 相	U_{AB}	U_{BC}	U_{CA}	I_A	I_B	I_C	I_{AB}	I_{BC}	I_{CA}
负载对称 △ 接法	2	2	2									
负载不对称 △ 接法	1	2	2									

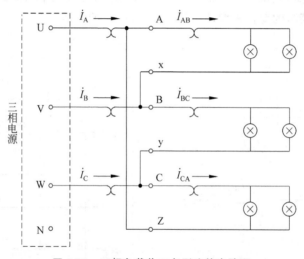

图 2.54 三相负载作三角形连接电路图

5. 实验注意事项

(1) 本实验采用三相交流电源,线电压为 220V,实验时应注意人身安全,不可触及导电部件,以防意外发生。

(2) 每次实验完毕,均需将三相调压器旋柄调回到零位,每改变线路,均需断开三相电源,以确保人身安全。

(3) 每次接线完毕,应自查一遍,然后由指导教师检查后,方可通电,必须严格遵守"先接线,后通电;先断电后拆线"的实验操作原则。

6. 预习思考题

(1) 根据什么条件判断三相负载作星形连接或三角形连接?

(2) 复习三相交流电路有关内容,分析三相星形连接不对称负载在无中线情况下,当某相负载开路或短路时会出现什么情况。如果接上中线情况又如何?

（3）本次实验中为什么要将 380V 的线电压降为 220V 来使用？

7．实验报告要求

（1）用实验数据验证对称三相电路中的 $\sqrt{3}$ 关系，并分析产生误差的原因。

（2）用实验数据和观察到的现象，总结三相四线制供电系统中线的作用。

（3）叙述对该设计性实验的心得体会及建议。

第 3 章 模拟电子技术实验

3.1 常用电子元件的使用与测量

1. 实验目的

(1) 熟练掌握万用表的使用。

(2) 学会用万用表测量电阻的数值,判别电容、电感的好坏。

(3) 学会用万用表判别二极管、三极管管脚、管型及好坏。

2. 实验原理

本实验使用的是数字万用表。万用表的熟练使用,是电类专业学生必须掌握的基本技能,希望同学们认真实验,在实验中掌握万用表的熟练使用。同时电类专业学生必须熟悉用万用表对电子电路中常用的电子元器件的好坏进行判别。

数字万用表电阻挡内部等效电路如图 3.1 所示。

由于电阻、电容、电感、二极管、三极管等元器件是在无电源的状态下进行测量的,而数字万用表响应的是电流量,表头回路内有电流万用表屏幕才会显示数字,因此在测这些无源元件时必须加电源 E_o,即 9V 电池。用万用表测电压、电流时,由于线路中有电流进入表内,因此就不用电池。注意:数字万用表的黑表笔输出的为内电源的负极,红表笔所输出的为内电源的正极。

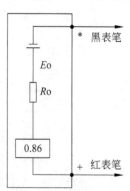

图 3.1 万用表电阻挡
内部等效电路

1) 电阻器的识别与测量

电阻按分类方法不同有很多种类,例如按功率大小分、按制造电阻的材料分、按用途分等,在此不一一细述。现按制造电阻的材料将其分类,常用的有碳膜电阻、金属膜电阻和线绕电阻,以碳膜电阻与金属膜电阻为例说明如何识别电阻阻值的大小。

（1）色标法：色标法的优点在于从任何方向均可读数，其标称值与误差的表示法如表 3.1 所示。

表 3.1　有效数字色标法列表

色　别	黑	棕	红	橙	黄	绿	蓝	紫	灰	白	金	银	无色
数值	0	1	2	3	4	5	6	7	8	9			
10 的 n 次方	0	1	2	3	4	5	6	7	8	9	-1	-2	
误差%		1	2			0.5	0.2	0.1			5	10	20

以五环电阻为例练习一下读数：

(颜色依次为：红、绿、黑、黄、棕)

五环电阻为精密电阻，四环电阻为普通电阻。间隔较大的一圈为误差，第 1、2、3 圈为数值。根据表 3.1，得到该电阻标称值为 $250 \times 10^4 \Omega$，误差 $\pm 1\%$，标作 2.5MΩ。而四环电阻则应是第 1、2 位为数值，第 3 位为倍乘率，间隔较大的一圈为误差。对于电类专业的学生，学会色环电阻的读数是一项基本功，一定要掌握。

（2）测量法：在一般情况下人们均采用万用表的电阻挡来测量电阻，测电阻时要注意以下事项。

① 测量前先检查万用表是否有电，若电量不足则应更换电池。注意，若万用表长期不用则应取出电池，以防电池内酸液溢出损坏万用表。

② 测量时禁止用手去拿电阻，以防接入人体电阻。

③ 万用表用毕后其左右旋钮应处于关闭的位置，测量前要先调好量程，切忌用电阻挡去测量电压、电流，切忌用电流挡去测量电压。

2）用万用表电阻挡判别电容的好坏

如图 3.2 所示，根据电容充放电原理，用万用表电阻挡可以判别 5000pF 以上电容的好坏（对于 5000pF 以下的电容，应用电桥或电容测量仪测量），先将电容两管脚短接，再用万用表两表笔分别搭接电容二极，屏幕显示的数字逐渐增大，直至超过量程，若显示的数字不能增大直至超出量程，则该电容不能使用。

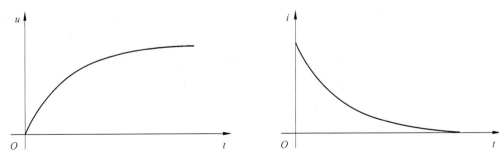

图 3.2　电容的充放电

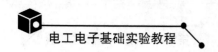

3）用万用表判别电感、变压器的好坏

电感与变压器一般均由漆包线绕制而成，而漆包线是用紫铜拉伸外涂油漆而成的，由于铜的电阻率很小，所以可用万用表测量其有否直流电阻，从而初步判断其是否为开路或短路，但要正确测出其电感量，需用电桥。

4）用万用表判别二极管的极性及好坏

（1）管脚极性判别。将万用表拨到欧姆挡，把二极管的两只管脚分别接到万用表的两根测试笔上，如图 3.3 所示。如果测出的电阻较小（约几百欧），则与万用表红表笔相接的一端是正极，另一端就是负极。相反，如果测出的电阻较大（约百千欧），那么与万用表红表笔相连接的一端是负极，另一端就是正极。测量电路如图 3.3 所示。

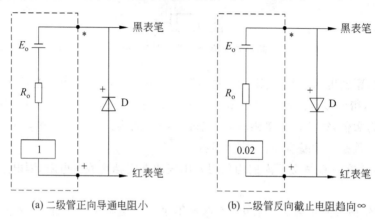

(a) 二级管正向导通电阻小　　　　　(b) 二级管反向截止电阻趋向∞

图 3.3　测二极管极性及好坏

（2）判别二极管质量的好坏。一个二极管的正、反向电阻差别越大，其性能就越好。如果双向电值都较小，说明二极管质量差，不能使用；如果双向阻值都为无穷大，则说明该二极管已经断路；如双向阻值均为零，说明二极管已被击穿。

利用数字万用表的二极管挡也可判别正、负极，此时红表笔（插在 V·Ω 插孔）带正电，黑表笔（插在 COM 插孔）带负电。用两支表笔分别接触二极管两个电极，若显示值在 0.6V 左右，说明管子处于正向导通状态，红表笔接的是正极，黑表笔接的是负极。若显示溢出符号“1”，表明管子处于反向截止状态，黑表笔接的是正极，红表笔接的是负极。

5）用万用表判别三极管的极性、管型及好坏

根据图 3.4 所示的等效图，只要掌握二极管极性判别方法，读者不难判别出三极管的基极，对 NPN 型管，基极是公共正极；对 PNP 型管，基极是公共负极。但集电极与发射极仍难判别。要判别 c 极与 e 极，可从图 3.5 得出，当 NPN 三极管接成共射基本放大电路后有 $I_c = \beta I_b$，即集电极与发射极间有较大电流流过，若 c、e 反接则 I_{ce} 很小，据此原理则可判别出 c 极与 e 极。而对 PNP 管，表笔接法则应反之，读者可自行研究。

3. 实验设备与器材

（1）数字万用表；

（2）电阻、电容、电感若干，变压器一只；

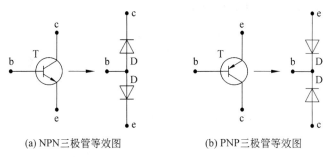

(a) NPN三极管等效图　　　　　　　　(b) PNP三极管等效图

图 3.4　三极管等效图

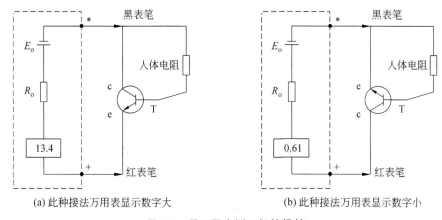

(a) 此种接法万用表显示数字大　　　　　(b) 此种接法万用表显示数字小

图 3.5　用万用表测三极管极性

（3）二极管、三极管若干。

4. 实验内容与步骤

（1）按表 3.2 测量电阻。

表 3.2　电阻的测量

电阻标号(从小到大)	R_1	R_2	R_3	R_4	R_5	R_6
色环(按数值、倍乘率、误差顺序)						
读数(Ω)						
测量量程						
测量值(Ω)						

（2）按表 3.3 测量电容。

表 3.3　电容的测量

电容容量	104(10×10^4)pF	100μF	470μF
观测现象			
判别好坏			

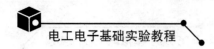
(3) 按表 3.4 测量电感、变压器的直流电阻。

表 3.4　电感、变压器的测量（R×1 挡）

标号	L_1	L_2	变压器 0～14 V	变压器 0～17 V	喇叭
直流电阻					

(4) 请标出二极管的正负极性并说明测量方法。

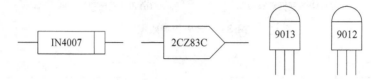

(5) 请标出三极管的管型、管脚名称,并用图说明你的测量过程。（用图示法较合适。）

5. 实验报告要求

(1) 测试并记录各实验内容。

(2) 据测试的结果整理数据,并进行误差分析。

6. 思考题

用数字万用表电阻档测二极管时,两表笔分别搭接二极管两管脚,当出现万用表显示较小电阻值时,红表笔所接的为正极。请说明其测量原理。

3.2　单相整流和滤波电路的测试

1. 实验目的

(1) 掌握单相桥式整流电路的接线,巩固基本元器件的测试技能,研究电容滤波和 π 型 RC 滤波元件参数对输出直流电压和纹波电压的影响。

(2) 掌握桥式整流电容滤波电路的外特性的测定方法。

(3) 观察整流滤波电路中的电压波形。

2. 实验原理

1) 实验电路

实验电路如图 3.6 所示。

2) 基本原理

(1) 整流电路。整流是把交流电转变为直流电的过程,利用二极管的单向导电特性可实现这个过程。整流电路可分为半波、全波、桥式整流电路。图 3.6 所示为桥式整流电路整流滤波电路。对于单相桥式整流电路,其输出直流平均电压为

$$U_L \approx 0.9 U_2$$

U_2 为电源变压器的次级电压有效值。但实际上由于整流电路具有内阻,故 U_L 常小于表达式。

(2) 滤波电路。为了平滑整流后电压波形,减小其纹波成分,必须在整流电路后面加滤

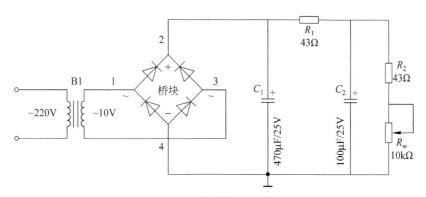

图 3.6 单相桥式整流滤波实验电路

波电路。滤波电路形式很多,对于负载电流不太大的情况下,常用电容滤波或 π 型 RC 滤波电路,如图 3.6 中所示。在整流电路内阻不太大和负载电阻 $R_L \geqslant 10 \dfrac{1}{\omega C}$ 的情况下,对于全波或桥式整流电容滤波电路,输出直流电压为 $U_L \approx 1.2 U_2$。ω 为电源角频率,U_L 为负载电阻上的电压,U_2 为变压器的副边电压有效值。R 和 C 越大,表明放电时间常数 $\tau = RC$ 越大,则 U_L 值越接近于 $2\sqrt{2}$,纹波成分越小。对于 π 型 RC 滤波电路,输出直流电压为 $U_L = U_{C_1}$ $\dfrac{R_L}{R_1 + R_L}$,U_{C_1} 为滤波电容 C_1 上的直流电压,这种滤波电路具有更小的纹波电压。

为了比较各种滤波电路及其元件参数对纹波电压的影响,可用示波器来观察其纹波波形的峰值大小,也可以用晶体管毫伏表测量有效值的大小进行比较。

(3) 外特性的研究。外特性是指输出直流电压 U_L 与输出负载电流 I_L 的函数关系。当负载越重(即负载电阻 $R_2 + R_w$ 越小),则放电时间常数 $\tau = RC$ 越小,使 U_L 下跌越快。

3. 实验仪器与设备

(1) 模拟电路实验箱;

(2) 数字万用表;

(3) 函数信号发生器;

(4) 双踪示波器;

(5) 交流毫伏表。

4. 实验内容与步骤

(1) 测量单相桥式整流电路的输出电压和观察输出波形。

将电路按图 3.7 所示接成桥式整流电路。接上电源后,调节负载电阻 R_w,测量在不同负载电流 I_L 下(见表 3.5)的输出直流平均电压 U_L,并记录于表 3.5 中,同时观察记录当 $I_L = 50\text{mA}$ 时的输出电压波形。

(2) 测量单相桥式整流电路用 C_1 滤波时的输出电压和观察输出波形。

将电路按图 3.8 所示接成桥式整流电路用 C_1 滤波,调节负载电阻 R_w,测量在不同负载电流 I_L 下(见表 3.5)的输出直流平均电压 U_L,并记录于表 3.5 中,同时观察记录当 $I_L = 50\text{mA}$ 时的输出电压波形。

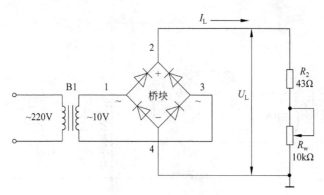

图 3.7 桥式整流电路

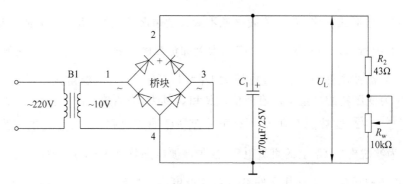

图 3.8 用 C 滤波的桥式整流电路

（3）测量单相桥式整流电路用 π 形滤波时的输出电压和观察输出波形。

将电路按图 3.6 所示接成桥式整流电路用 π 形滤波，调节负载电阻 R_w，测量在不同负载电流 I_L 下（见表 3.5）的输出直流平均电压 U_L，并记录于表 3.5 中，同时观察记录当 $I_L =$ 50mA 时的输出电压波形。

表 3.5　整流及滤波电路实验参数记录

序号	测试电路	电流 I_L (mA)	0	10	20	30	40	50	60	70	80	90	100	$I_L = 50$mA 时输出纹波电压	
														波形图	有效值 (mV)
1	桥式整流	电压 U_L (V)													
2	C_1 滤波	电压 U_L (V)													
3	π 形滤波	电压 U_L (V)													

5. 实验报告要求

（1）将表 3.5 测试的结果用方格坐标纸绘制各整流滤波电路的外特性 $U_L = f(I_L)$ 的函

数曲线。

（2）回答思考题内容。

6．思考题

（1）从实验数据和纹波电压波形分析，什么电路滤波效果好？为什么？

（2）纹波电压大小与什么因素有关？

3.3 稳压电源的测试

1．实验目的

（1）进一步掌握单相桥式整流电路的接线，巩固基本元器件的测试技能，学会三端固定式稳压集成电路的使用。

（2）掌握用 LED 用作指示灯的方法，学会限流电阻的计算方法。

（3）熟悉三端固定式稳压电源的外特性。

2．实验原理

1）实验电路

实验电路如图 3.9 所示。

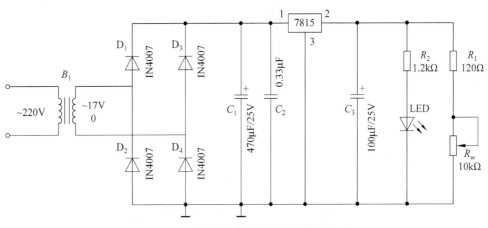

图 3.9 三端固定式稳压电源电路原理图

2）基本原理

（1）整流电路。整流电路可以有多种形式，实验 3.2 用的是桥块整流，（桥块：也称桥堆，分全桥、半桥，全桥用 4 个二极管接成整流形式加引线而成，半桥则用 2 个二极管构成。）而本实验采用分立的 4 个二极管搭接而成。C_1、C_3 为滤波电容，C_2 是为了防止自激振荡，R_2 为 LED 限流电阻，R_1 为防负载短路而设置的保护电阻，R_w 用来调节负载电流的大小。

（2）三端固定式稳压集成电路。随着电子设备精度的不断提高，对直流电源也提出了更高的要求，要求输出电压比较稳定，其脉动成分、漂移和噪声应该非常小，其带负载能力应比较强，即外特性应较硬，且应具备自动保护功能，即不怕负载短路。实验 3.2 的整流滤波电路是最基本的直流电源，其纹波系数较大，尤其是带负载能力很差，即外特性很软，仅适合一些简单的、要求不高的、负载电流不大的场合。为此推出了用稳压管稳压的电源、串联型直流稳压电源、固定式直流稳压电源、开关型直流稳压电源等众多的直流稳压电源。本实验中三端固定式稳压集成电路其内部电路实际由串联型直流稳压电源构成。其优点在于电路简单、使用方便、价格便宜、外特性硬，且不怕短路。典型使用的有7805、7905；7806、7906；7809、7909；7812、7912；7815、7915；7818、7918；7824、7924等。78系列为正电源，79系列为负电源。加散热片其输出电流可达1.5A。由于在众多的电子设备中普遍采用78、79系列集成电路作稳压电源，因此学会三端固定式稳压集成电路的使用就显得很有必要。

(3) 发光二极管(LED)显示原理。用发光二极管作指示灯，在各种电子设备中已普遍采用，它的优点在于消耗电能极少，过去一般用灯泡作指示灯，用灯泡作指示灯需消耗100mA以上的电流，且容易损坏。用发光二极管作指示灯，需加接限流电阻，例如本实验中R_2即为限流电阻，LED使用时必须把流过发光二极管电流限制在其允许通过的最大电流范围之内。本例中发光二极管允许通过的最大电流为20mA，发光二极管两端压降为1.8V，则$(15V-1.8V)\div1.2K=11mA$，符合要求，R的计算公式：

$$R = \frac{V_i - V_{LED}}{I_{DMAX}}$$

其中，V_i为输入电压，V_{LED}为发光二极管的压降，I_{DMAX}为发光二极管允许通过的最大电流。实践证明发光二极管只要有二分之一的允许通过的最大电流其亮度已足够。要注意发光二极管绝对不能不通过限流电阻直接接电源，以防发生永久性击穿。

3. 实验仪器与设备

(1) 模拟电路实验箱；

(2) 数字万用表；

(3) 双踪示波器；

(4) 交流毫伏表。

4. 实验内容步骤

(1) 按图3.9所示接线，注意二极管极性不能接错，接好桥式整流后用万用表直流电压50V挡测量，桥式整流后电压____V。

(2) 接上滤波电容C_1，注意极性千万不能接错，接上防自激振荡电容C_2，仍用万用表直流电压50V挡测量，滤波后电压为____V。

(3) 接上7815和R_2及LED，注意LED的极性不能接错，正常情况下LED亮，且7815的2#脚应输出15V电压。按表3.6对三端固定式稳压电源实验参数测量、记录。

表3.6　三端固定式稳压电源实验参数记录

电流 I_L(mA)	0	10	20	30	40	50	60	70	80	90	100	I_L=50mA 时输出纹波电压	
负载电压 U_{R_L} (V)												波形	有效值(mV)

(4) 用万用表直流电压10V挡对LED两端的压降进行测量，$U_{LED}=$____(V)。

5. 实验报告要求

(1) 根据表 3.6 测试的结果用方格坐标纸绘制三端固定式稳压电源电路的外特性 $U_L = f(I_L)$ 的函数曲线。与实验 3.2 的整流 π 形滤波相比较,该三端固定式稳压电源有什么优点?

(2) 为什么整流滤波后在不接负载的情况下电压会高些? 画出此时的电压波形并加以说明。

6. 思考题

若该电路中 D_1 开路,输出电压等于多少伏? 还能稳压吗? 若 D_1 短路,结果如何?(注意:千万不要用实验的方法将 D_1 短路,以防损坏元器件。)

3.4 单管放大电路的测试

1. 实验目的

(1) 学会放大器静态工作点的调试方法,分析静态工作点对放大器性能的影响。

(2) 掌握放大器电压放大倍数、输入电阻、输出电阻及最大不失真输出电压的测试方法。

(3) 进一步熟悉常用电子仪器及模拟电路实验设备的使用。

2. 实验原理

图 3.10 为电阻分压式工作点稳定的单管放大器实验电路图。

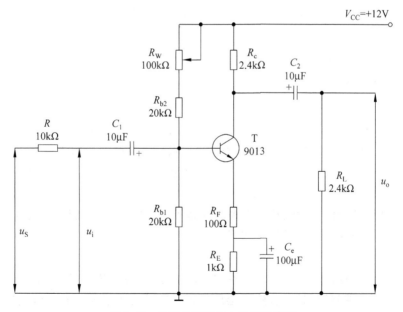

图 3.10 共射极单管放大器实验电路

它的偏置电路采用 R_{B_1} 和 R_{B_2} 组成的分压电路,并在发射极中接有电阻 R_e 与 R_F,以稳定放大器的静态工作点。当在放大器的输入端加入输入信号 u_i 后,在放大器的输出端便可得

到一个与 u_i 相位相反,幅值被放大了的输出信号 u_o,从而实现了电压放大。

在图 3.10 电路中,当流过偏置电阻 R_{b1} 和 R_{b2} 的电流远大于晶体管 T 的基极电流 I_b 时(一般 5~10 倍),则它的静态工作点可用下式估算:

$$V_B \approx V_{cc} \times [R_{b1}/(R_{b1}+R_{b2})], \quad I_E = (V_B-U_{BE})/R_E \approx I_c$$

$$U_{CE} = V_{cc} - I_c(R_c+R_E)$$

从图 3.11 交流微变等效电路可以得到下列动态参数。

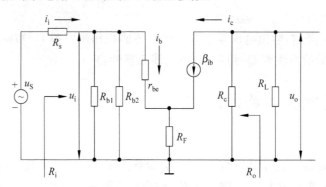

图 3.11　交流微变等效电路

电压放大倍数:$Au = -\beta \dfrac{R_c//R_L}{r_{be}+(1+\beta)R_F}$。

若不加负载 R_L 则为:$Au = -\beta \dfrac{R_c}{r_{be}+(1+\beta)R_F}$。此时电压放大倍数应大于加负载 R_L 时的电压放大倍数。

输入电阻:$R_i = R_{b1}//R_{b2}//[r_{be}+(1+\beta)R_F]$。

输出电阻:$R_o \approx R_c$。

由于电子器件性能的分散性比较大,因此在设计和制作晶体管放大电路时,离不开测量和调试技术。在设计前应测量所用元器件的参数,为电路设计提供必要的依据,在完成设计和装配以后,还必须测量和调试放大器的静态工作点和各项性能指标。一个优质的放大器,必定是理论设计与实验调整相结合的产物。因此除了学习放大器的理论知识和设计方法外,还必须掌握必要的测量和调试技术。

放大器的测量和调试一般包括:放大器静态工作点的测量与调试,消除干扰与自激振荡及放大器各项动态参数的测量与调试等。

1)放大器静态工作点的测量与调试

(1)静态工作点的测量。测量放大器的静态工作点,应在输入信号 $u_i=0$ 的情况下进行,即将放大器输入端与地端短接,然后选用量程合适的直流毫安表和直流电压表,分别测量晶体管的集电极电流 I_c 以及各电极对地的电位 V_B、V_C 和 U_E,一般实验中,为了避免断开集电极,所以采用测量电压,然后算出 I_C 的方法,如图 3.10 所示,只要测出 V_E,即可用 $I_C \approx \dfrac{V_E}{R_E+R_F}$ 计算出 I_C。也可根据 $I_C=(V_{cc}-V_C)/R_c$ 来确定 I_C。同时也能算出 $U_{BE}=V_B-V_E$。

为了减小误差,提高测量精度,应选用内阻较高的直流电压表。

(2) 静态工作点的调试。放大器静态工作点的调试是指对管子集电极电流 I_C(或 U_{CE})的调整与测试。

静态工作点是否合适,对放大器的性能和输出波形都有很大的影响。如工作点偏高,放大器在加入交流信号以后易产生饱和失真,此时 u_o 的负半周将被削底,如图 3.12(a) 所示;如工作点偏低容易产生截止失真,即 u_o 的正半周被前顶(一般截止失真不如饱和失真明显),如图 3.12(b) 所示。这些情况都不符合不失真放大的要求。所以在选定工作点以后还必须进行动态调试,即在放大器的输入端加入一定的 u_i,检查输出电压 u_o 的大小和波形是否满足要求。如不满足,则应调节静态工作点的位置。

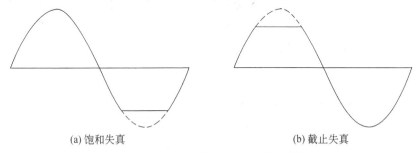

(a) 饱和失真　　　　　　　　　　　(b) 截止失真

图 3.12　静态工作点对 u_o 波形失真的影响

改变电路参数 V_{CC}、R_c、R_{b1}、R_{b2} 都会引起静态工作点的变化,如图 3.13 所示。但通常多采用调节上偏电阻 R_w 的方法来改变静态工作点,如减小 R_w 则可使静态工作点提高等。

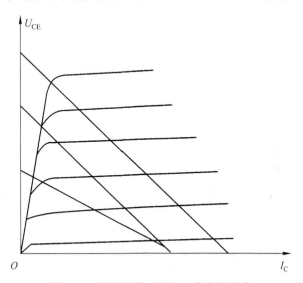

图 3.13　电路参数对静态工作点的影响

最后还要说明的是,上面所说的工作点偏高或偏低不是绝对的,应该是相对信号的幅度而言,如信号幅度很小,即使工作点较高或较低也不一定会出现失真。所以确切地说,产生波形失真是信号幅度与静态工作点设置配合不当所致。如需满足较大信号幅度的要求,静态工作点最好尽量靠近交流负载线的中点。

2) 放大器动态指标测试

放大器动态指标包括电压放大倍数、输入电阻、输出电阻、最大不失真输出电压(动态范围)和通频带等。

(1) 电压放大倍数 A_u 的测量。调整放大器到合适的静态工作点,然后加入输入电压 u_i,在输出电压 u_o 不失真的情况下,用交流毫伏表测出和 u_i 和 u_o 的有效值 U_i 和 U_o,则

$$A_u = \frac{U_o}{U_i}$$

(2) 输入电阻 R_i 的测量。为了测量放大器的输入电阻,按图 3.14 所示电路在被测放大器的输入端与信号源之间串入一已知电阻 R,在放大器正常工作的情况下,用交流毫伏表测出 U_s 和 U_i,则根据输入电阻的定义可得:

$$R_i = \frac{U_i}{I_i} \quad I_s = (U_s - U_i)/R$$

从上式可以方便地得到输入电阻阻值。

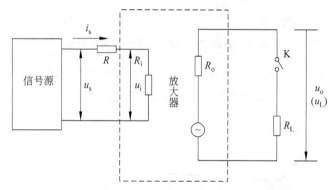

图 3.14　输入、输出电阻测量电路

测量时应注意:

① 由于电阻 R 两端没有电路公共接地点,所以测量 R 两端电压 U_R 必须分别测出 U_s 和 U_i,然后按 $I_s = (U_s - U_i)/R$ 求出 I_s 值。

② 电阻 R 的值不宜取得过大或过小,以免产生较大的测量误差,取 R 与 R_i 为同一数量级为好,本实验取 $R = 10\text{k}\Omega$。

(3) 输出电阻 R_o 的测量。按图 3.14 所示电路,在放大器正常工作条件下,测出输出端不接负载 R_L 的输出电压 U_o 和接入负载后的输出电压 U_L,根据 $U_L = \frac{R_L}{R_o + R_L} U_o$ 即可求出 R_o。

$$R_o = \left(\frac{U_o}{U_L} - 1\right) R_L$$

在测试中应注意,必须保持 R_L 接入前后输入信号的大小不变。

(4) 最大不失真输出电压 V_{pp} 的测量(最大动态范围)。如上所述,为了得到最大动态范

围,应将静态工作点调在交流负载线的中点。为此在放大器正常工作情况下,逐步增大输入信号的幅度,并同时调节 R_w(改变静态工作点),用示波器观察 u_o,当输出波形同时出现削底和削顶现象(如图 3.12 所示)时,说明静态工作点已调在交流负载线的中点。然后反复调整输入信号,使波形输出幅度最大且无明显失真时,用晶体管交流毫伏表测出 U_o(有效值),或用示波器直接读出 U_{pp}。

3. 实验设备与器件

(1) 模拟电路实验箱;

(2) 数字万用表;

(3) 函数信号发生器;

(4) 双踪示波器;

(5) 交流毫伏表;

(6) 工作点稳定的共射单管放大器实验板。

4. 实验内容与步骤

实验电路如图 3.10 所示,注意该实验板与两级放大电路及负反馈实验通用,接线时注意 V_{CC} 为 +12V,别忘了虚线处用连线连接,公共端接模拟实验箱的 GND。调试单管放大器使之为最大不失真输出。

(1) 在输出端不加 R_L,即 R_L 为 ∞;在输入端加入约 100mV、1kHz 的正弦波信号,用示波器 CH1 监视,用交流毫伏表测量其有效值,调节 R_w 与 u_i 使其输出 u_o 为最大不失真输出,用示波器 CH2 监视,用交流毫伏表测量其有效值,读数并填入表 3.7 中。

表 3.7　最大不失真输出时电压放大倍数测量表

U_i(mV)	U_0(V)$R_L=\infty$	A_o		U_o'(V)$R_L=2.4k\Omega$	A_u	
		估算	实测		估算	实测

(2) 其他条件不变,在输出端加 $R_L=2.4k\Omega$,测量 U_0 填入表 3.7 中。

A_u 的估算公式为:

$$A_u = -\beta(R_c//R_L)/[r_{be}+(1+\beta)R_F]$$

在本实验中 β 取 80,r_{be} 取 1kΩ。做实验报告时要求误差分析。

(3) 输入电阻 R_i 的测量。在输出为最大不失真情况下,把 u_i 接到 u_s 处,用交流管毫伏表测出 U_s 与 U_i 填入表 3.8 中。实测计算公式:$R_i = \dfrac{U_i}{U_s - U_i} \times R$。

表 3.8　R_i 测量表

U_s(mV)	U_i(mV)	R_s(kΩ)	R_i(kΩ)	
			估算	实测

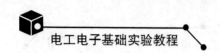

其估算公式：$R_i = R_{b1}//R_{b2}//[r_{be}+(1+\beta)R_F]$。

（4）输出电阻 R_o 的测量。仍在输出为最大不失真的情况下，在 $R_L = \infty$ 时测出 U_o，在接入 $R_L = 2.4 \text{k}\Omega$ 时测出 U_o' 填入表 3.9 中。实测计算公式：$R_o = \left(\dfrac{U_o}{U_o'} - 1\right) \times R_L$。

表 3.9　R_o 测量表

$U_o (\text{mV})$	$U_o' (\text{mV})$	$R_L (\text{k}\Omega)$	$R_o (\text{k}\Omega)$	
			估算	实测

估算公式：$R_o \approx R_c$。

（5）静态工作点的测量。在测完交流动态指标后，拆除输入信号并把原输入信号接入处接地（GND），注意：要求测量的是最大不失真时的静态工作点，所以不要去动 R_w。用万用表直流电压挡测出 V_B、V_C、V_E，填入表 3.10 中，其中后 5 项为计算值。

表 3.10　静态工作点的测量

测　量　值			计　算　值				
$V_B(\text{V})$	$V_C(\text{V})$	$V_E(\text{V})$	$U_{BE}(\text{V})$	$U_{BC}(\text{V})$	$U_{CE}(\text{V})$	$I_B(\text{mA})$	$I_C(\text{mA})$

5. 实验报告要求

（1）整理测量数据，并把实测的静态工作点、电压放大倍数、输入电阻、输出电阻之值与理论计算值比较，分析产生误差的原因。（设 $\beta = 80$。）

（2）讨论静态工作点变化对放大器输出波形的影响。

（3）分析讨论在调试中出现的问题。

6. 思考题

（1）什么叫最大不失真输出？如何调节最大不失真输出？

（2）改变静态工作点对放大器的输入电阻是否有影响？改变负载电阻对输出电阻是否有影响？

3.5　射极跟随器

1. 实验目的

（1）掌握射极跟随器的特性及测试方法。

（2）进一步学习放大器各项参数的测试方法。

2. 实验原理

射极跟随器的原理图如图 3.15 所示。它是一个电压串联负反馈放大电路，具有输入阻抗高、输出阻抗低、输出电压能够在较大范围内跟随输入电压作线性变化、输入输出信号同相等特点。

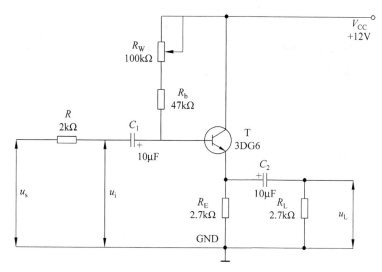

图 3.15 射极跟随器

射极跟随器的输出取自发射极,故称其为射极输出器。其特点如下。

1) 输入电阻 R_i 高

在图 3.15 所示电路中,

$$R_i = r_{be} + (1+\beta)R_E$$

如考虑偏置电阻 R_b 和负载电阻 R_L 的影响,则

$$R_i = R_B // [\, r_{be} + (1+\beta)(R_E // R_L)\,]$$

由上式可知射极跟随器的输入电阻 R_i 比共射极单管放大器的输入电阻 $R_i = R_B // r_{be}$ 要高得多。

输入电阻的测试方法同单管放大器,实验线路如图 3.15 所示。

$$R_i = \frac{U_i}{I_i} \quad I_i = \frac{U_s - U_i}{R}$$

2) 输出电阻 R_o 低

从图 3.15 可得:若不计信号源内阻,输出电阻为

$$R_o = \frac{r_{be}}{\beta} // R_E \approx \frac{r_{be}}{\beta}$$

由上式可知射极输出器的输出电阻 R_o 比共射极单管放大器的输出电阻 $R_o = R_c$ 要低得多,三极管的 β 越大,输出电阻 R_o 越小。输出电阻的测试方法亦同单管放大器,即先测出空载电压 U_o,再测接入负载电阻 R_L 后的输出电压 U_L,根据 $R_o = \dfrac{U_o - U_L}{I_L}$ 可求得输出电阻 R_o,式中 $I_L = \dfrac{U_L}{R_L}$。

3) 电压放大倍数近似等于1

从图 3.15 所示电路中可得

$$A_v = \frac{(1+\beta)(R_E//R_L)}{r_{be} + (1+\beta)(R_E//R_L)} \leqslant 1$$

上式说明射极跟随器的电压放大倍数小于等于1,且为正值,这是深度电压负反馈的结果。但它的射极电流仍是基极电流的$(1+\beta)$倍,所以它具有一定的电流和功率放大作用。

3. 实验设备与器件

(1) 模拟电路实验箱;

(2) 数字万用表;

(3) 函数信号发生器;

(4) 双踪示波器;

(5) 交流毫伏表;

(6) 射极跟随器实验板。

4. 实验内容与步骤

(1) 按图 3.15 所示接线,正确接入 12V 电源。在 u_i 处接入 1000Hz 的正弦波,反复调 R_w 与 u_i,使 u_o 为最大不失真输出。

(2) 求电压放大倍数 A_u。

用交流毫伏表测出 U_o 与 U_i,填入表 3.11 中,然后用公式 $A_u = \frac{U_o}{U_i}$ 计算出电压放大倍数。

表 3.11　电压放大倍数的测量

$U_i(V)$	$U_L(V)$	$A_u = \frac{U_L}{U_i}$

(3) 求输入电阻 R_i。

把 u_i 处信号接至 u_s 处,测 u_i,求 R_i。

$$R_i = u_i/I_i, \quad I_i = \frac{U_s - U_i}{R}$$

所以

$$R_i = \frac{U_i}{U_s - U_i}R$$

把所测数据填入表 3.12 中,并计算出 R_i。注意此地的 U_s 等于表 3.11 中的 U_i,而实测的 U_i 由于经过 $R=2k\Omega$ 电阻的降压则其值肯定小于 U_s。

表 3.12　输入电阻的测量

$U_s(mV)$	$U_i(mV)$	$R_i = \frac{U_i}{U_s - U_i}R(\Omega)$

(4) 求输出电阻 R_o。

不接负载电阻,即 R_L 为∞时的输出电压定义为 U_o,接入负载电阻 $R_L=2、7k\Omega$ 时的输出

电压定义为 U_L，则根据输出电阻的定义，计算输出电阻的公式为：

$$R_o = \frac{U_o - U_L}{I_L}$$

而 $I_L = \dfrac{U_L}{R_L}$，则 $R_o = \left(\dfrac{U_o}{U_L} - 1\right) R_L$。将结果记入表 3.13 中。

表 3.13　输出电阻的测量

$U_o(mV)$	$U_L(mV)$	$R_o = \left(\dfrac{U_o}{U_L} - 1\right) R_L(\Omega)$

（5）频率特性的测试。

改变输入正弦波的频率 f，注意保持输入信号幅度不变，用示波器监视输出波形，用交流毫伏表测量不同频率下的输出电压 U_L。测量方法：以 1kHz 为基准，每变化 50kHz 为一测量点，一直测至 $U_L = 0.707 U_L$（1kHz 时的数值）。将结果记入表 3.14 中。

表 3.14　幅频特性的测量

输入信号 f(Hz)	5	10	50	100	1 ×10³	50 ×10³	100 ×10³	500 ×10³	600 ×10³	700 ×10³	800 ×10³	900 ×10³	1000 ×10³
$U_L(mV)$													

5．实验报告要求

（1）整理测量数据，并把实测的电压放大倍数、输入电阻、输出电阻之值与理论计算值比较，分析产生误差的原因。

（2）根据表 3.14 所测数值画出射极输出器的幅频特性。

（3）分析射极输出器的性能和特点。

6．思考题

射极输出器一般用在哪些场合？

3.6　场效应管放大器的测试

1．实验目的

（1）了解结型场效应管的性能和特点。

（2）进一步熟悉放大器动态参数的测试方法。

2．实验原理

场效应管是一种电压控制型元件，按结构可分为结型和绝缘栅型两种。由于场效应管栅极处于绝缘或反向偏置状态，所以输入电阻一般可达上百兆欧；又由于场效应管是一种多数载流子控制器件，因此稳定性好，抗辐射能力强，噪声系数小；加之制造工艺较简单，便于大规模集成，因此得到越来越广泛的应用。

1）结型场效应管的特性和参数

场效应管的特性主要有输出特性和转移特性。

图 3.16 所示为 N 沟道结型场效应管 3DJ6F 的输出特性和转移特性曲线。

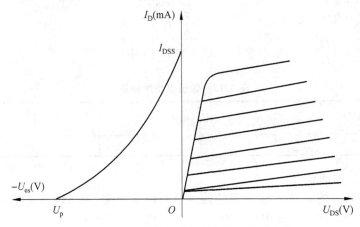

图 3.16　3DJ6F 的输出特性和转移特性曲线

其直流参数主要有饱和漏极电流 I_{DSS}，夹断电压 U_p 等；交流参数主要有低频跨导 $g_m = \frac{\Delta I_D}{\Delta U_{GS}} \mid U_{DS} =$ 常数。

表 3.15 列出了 3DJ6F 的典型参数值及测试条件。

表 3.15　3DJ6F 的典型参数值及测试条件

参数名称	饱和漏极电流 I_{DSS}(mA)	夹断电压 U_p(V)	跨导 $g_m(\mu A/V)$
测试条件	$U_{DS}=10V$ $U_{GS}=0V$	$U_{DS}=10V$ $I_{DS}=50\mu A$	$U_{DS}=10V$ $I_{DS}=3mA$ $f=1kHz$
参数值	$1\sim3.5$	$<\mid-9\mid$	>100

2) 场效应管放大器性能分析

结型场效应管组成的共源极放大电路如图 3.17 所示。

图 3.17 为结型场效应管组成的共源级放大电路，其静态工作点

$$V_{GS} = V_G - V_S = \frac{R_{g1}}{R_{g1}+R_{g2}}V_{DD} - I_D R = -\left(I_D R - \frac{R_{g2}}{R_{g1}+R_{g2}}V_{DD} \right)$$

$$I_D = I_{DSS}\left(1 - \frac{V_{GS}}{V_p}\right)^2$$

中频电压放大倍数

$$A_u = -g_m R_{L'} = -g_m(R_D//R_L)$$

输入电阻

$$R_i = R_G + (R_{g1}//R_{g2})$$

输出电阻

$$R_o \approx R_D$$

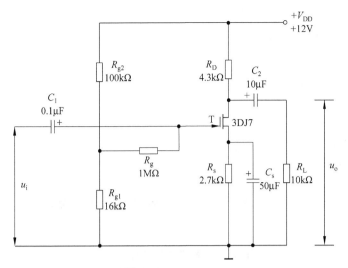

图 3.17 结型场效应管组成的共源级放大电路

式中跨导 g_m 可由特性曲线作图法求得,或用公式 $g_m = -\dfrac{2I_{DSS}}{V_p}\left(1 - \dfrac{V_{GS}}{V_p}\right)$ 计算。但要注意,计算时 V_{GS} 要用静态工作点处之数值。

3) 输入电阻的测量方法

场效应管放大器的静态工作点、电压放大倍数和输出电阻的测量方法,与 3.4 节中晶体管放大器的测量方法相同。其输入电阻的测量,从原理上讲,也可采用 3.4 节中所述方法,但由于场效应管的 R_i 比较大,如直接测输入电压 U_s 和 U_i,则限于测量仪器的输入电阻有限,必然会带来较大的误差。因此为了减小误差,常利用被测放大器的隔离作用,通过测量输出电压 U_o 来计算输入电阻。测量电路如图 3.18 所示。

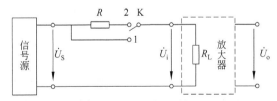

图 3.18 输入电阻测量电路

在放大器的输入端串入电阻 R,把开关 K 置于位置 1(即使 $R=0$),测量放大器的输出电压 $U_{o1} = A_u U_s$,保持 U_s 不变,再把 K 搬向 2(即接入 R),测量放大器的输出电压 U_{o2}。由于两次测量中 A_u 和 U_s 保持不变,故

$$U_{o2} = A_u U_i = \frac{R_i}{R + R_i} U_s A_u$$

由此可以求出

$$R_i = \frac{U_{o2}}{U_{o1} - U_{o2}} R, \quad R = 100\text{k}\Omega$$

3. 实验设备与器件

（1）模拟电路实验箱；

（2）数字万用表；

（3）函数信号发生器；

（4）双踪示波器；

（5）交流毫伏表；

（6）电阻若干。

4. 实验内容与步骤

1）静态工作点的测量

按图 3.17 所示电路原理图接线，接通＋12V 电源，用万用表直流电压挡测电位 V_G、V_S、V_D，把结果记入表 3.16 中。

表 3.16 静态工作点的测量

测　量　值						计　算　值		
$V_G(V)$	$V_S(V)$	$V_D(V)$	$U_{GS}(V)$	$U_{DS}(V)$	$I_D(mA)$	$U_{GS}(V)$	$U_{DS}(V)$	$I_D(mA)$

2）电压放大倍数 A_u、输入电阻 R_i 和输出电阻 R_o 的测量

（1）A_u 和 R_o 的测量。在放大器的输入端加入 $f=1kHz$ 的正弦波信号 u_i（50～100mV），用示波器 CH1 监测 u_i，用 CH2 监测 u_o。在输出电压 u_o 没有失真的情况下，用交流毫伏表分别测量 u_i、u_o，记入表 3.17 中。

表 3.17 A_u 和 R_o 的测量

测　量　值 负载	测　量　值				计算值		u_i 和 u_o 的波形
	$U_i(V)$	$U_o(V)$	A_u	R_o (kΩ)	A_u	R_o (kΩ)	u_i 波形
$R_L=\infty$							
$R_L=10k\Omega$							u_o 波形

（2）R_i 的测量。按图 3.18 改接实验电路，把 u_i 改接到 u_S，将开关 K 掷向"1"，测出 $R=0$ 时的输出电压 U_{o1}，然后将开关掷向"2"，（接入 R），保持 u_S 不变，再测出 U_{o2}，根据公式

$$R_i = \frac{U_{o2}}{U_{o1} - U_{o2}} R$$

求出 R_i，记入表 3.18 中。

表 3.18 R_i 的测量

测　量　值			计　算　值
$U_{o1}(V)$	$U_{o2}(V)$	$R_i(k\Omega)$	$R_i(k\Omega)$

5. 实验报告要求

(1) 整理实验数据,将测得的 A_u、R_i、R_o 和理论计算值进行比较。

(2) 把场效应管放大器与晶体管放大器进行比较,总结场效应管放大器的特点。

(3) 分析测试中的问题,总结实验收获。

3.7 低频 OTL 功率放大器的测试

1. 实验目的

(1) 进一步理解 OTL 功率放大器的工作原理。

(2) 学会 OTL 电路的调试及主要性能指标的测试方法。

2. 实验原理

图 3.19 为 OTL 低频功率放大器。其中由晶体三极管 T_1 组成推动级(也称前置放大级),T_2、T_3 是一对参数对称的 NPN 和 PNP 晶体三极管,它们组成互补推挽 OTL 功放电路。由于每一个管子都接成射极输出器形式,因此具有输出电阻低,带负载能力强等优点,适合于作功率输出级。T_1 管工作于甲类状态,它的集电极电流 I_C 由电位器 R_{w1} 进行调节。I_C 的一部分流经电位器 R_{w2} 及二极管 D,给 T_2、T_3 提供偏压,调节 R_{w2},可以使 T_2、T_3 得到合适的静态电流而工作于甲、乙类工作状态,以克服交越失真。静态时要求输出端中点 A 的电位 $V_A = \frac{1}{2}V_{CC}$,可以通过调节 R_{w1} 来实现,又由于 R_{w1} 的一端接在 A 点,因此在电路中引入交直流电压并联负反馈,一方面能够稳定放大器的静态工作点,同时也改善了非线性失真。

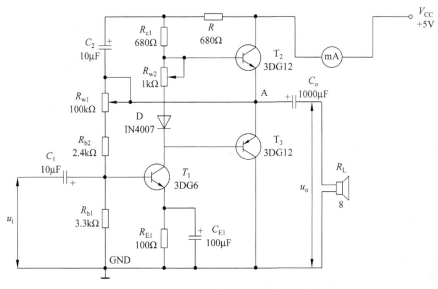

图 3.19 OTL 功率放大器实验电路

当输入正弦交流信号 u_i 时,经 T_1 放大、倒相后同时作用于 T_2、T_3 的基极,u_i 的负半周使 T_2 管导通(T_3 管截止),有电流通过 R_L,同时向电容 C_o 充电;在 u_i 的正半周,T_3 导通(T_2 截止),则已充好电的电容 $C_\circ$ 起着电源的作用,通过 R_L 放电,这样在 R_L 上就得到完整的正弦波。

C_2 和 R 构成自举电路,用于提高电源正半周的幅度,以得到大的动态范围。

OTL 电路的主要性能指标如下。

1) 最大不失真输出功率 P_{om}

理想情况下,$P_{om} = \dfrac{V_{CC}^2}{8R_L}$,在实验中可以通过测量 R_L 两端的电压有效值 $U_\circ$ 来求得实际的最大不失真输出功率

$$P_{om} = \frac{U_\circ^2}{R_L}$$

2) 效率 η

$$\eta = (P_{om}/P_E) \times 100\%$$

其中,P_E 为直流电源供给的平均功率。

在理想情况下,$\eta_{max} = 78.5\%$。在实验中可测量电源供给的平均电流 I_{dc},从而求得 $P_E = V_{CC} \times I_{dc}$,负载上的交流功率已用上述方法求得,因而也就可以计算实际效率了。

3) 放大器的频率特性测

放大器的频率特性是指放大器的电压放大倍数 A_u 与输入信号频率 f 之间的关系曲线。

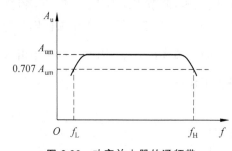

图 3.20 功率放大器的通频带

低频功率放大电路的幅频特性曲线如图 3.20 所示,A_{um} 为中频电压放大倍数,通常规定电压放大倍数随频率变化下降到中频放大倍数的 $0.707A_{um}$ 时所对应的频率分别称为下限频率 f_L 和上限频率 f_H,则通频带:$f_{BW} = f_H - f_L$。

放大器的幅频特性就是测量不同频率信号时的电压放大倍数 A_u。为此,可采用前述测 A_u 的方法,每改变一个信号频率,测量其相应的电压放大倍数,测量时应注意取点要恰当,在低频段与高频段应多测几点,在中频段可以少测几点。此外,在改变频率时要保持输入信号的幅度不变,且输出波形不得失真。

3. 实验设备与器件

(1) 模拟电路实验箱;

(2) 数字万用表;

(3) 函数信号发生器;

(4) 双踪示波器;

(5) 交流毫伏表;

(6) 低频 OTL 功率放大器实验板。

4. 实验内容与步骤

1) 最大不失真输出的调节

按图 3.19 所示电路接线,加入 5V 直流电源,短接电流表。接入 8Ω 电阻作为负载。从输

入端 u_i 处加入频率为 1kHz 的正弦波,调节 R_{w1} 使输出波形趋于上下对称,调节 R_{w2} 使输出趋于交越失真的交界处,也就是使输出在刚出现交越失真,但又无交越失真处。调节 u_i 使输出为最大不失真。上述过程需反复调节。测量 U_o 及 U_i 计算 A_v,数据填入表 3.19 中。

表 3.19　OTL 功放电压放大倍数的测量

输入电压 U_i(mV)	输出电压 U_o(mV)	电压放大倍数 A_v

2)效率 η 的测量

效率 $\eta = P_{om}/P_E$,$P_{om} = U_o^2/R_L$,　$P_E = V_{CC} \times I_{dc}$。

只要测出 I_{dc} 即可求出 η。测出 I_{dc} 填入表 3.20 中。I_{dc} 的测量:用万用表直流电流 100mA 挡,断开原短接线串入电流表,注意红表笔接 V_{CC},黑表笔接 T_2 的 c 极。

表 3.20　效率 η 的测量

最大输出功率 P_{om}(mW)	电源平均功率 P_E(mW)	效率 η

3)幅频特性的测量

以频率 1kHz 为中心值,按表 3.21 变更频率,测出输出电压 U_o 频率特性的测量值填入表 3.21 中,用公式 $f_{BW} = f_H - f_L$ 计算出该放大器的通频带。

表 3.21　频率特性的测量

f(kHz)	0.01	0.05	0.1	0.2	0.4	0.6	0.8	1	2	3	4	5	6	7	8
		f_L				f_0					f_H				
U_o(mV)															
A_u															

计算通频带 f_{BW},用描点法作出幅频特性图。

4)静态工作点的测量

拆除输入信号,输入端对地短接,用万用表 2.5V 直流挡测量三极管各极电位,填入表 3.22 中。

表 3.22　测量三极管各极电位

三极管 电位	T_1	T_2	T_3
V_B(V)			
V_C(V)			
V_E(V)			

5. 实验报告要求

(1) 整理实验数据,计算最大不失真功率 P_{om}、效率 η,并与理论值进行比较。分析产生误差的原因。

(2) 根据实验数据画出幅频特性曲线。

6. 思考题

(1) 交越失真产生的原因是什么? 怎样克服交越失真?

(2) 若电路出现自激现象,应如何消除?

3.8 差动放大电路的研究

1. 实验目的

(1) 加深对差动放大器性能及特点的理解。

(2) 学习差动放大器主要性能指标的测试方法。

2. 实验原理

图 3.21 是差动放大器的基本实验电路,它由两个元件参数相同的基本共射放大电路组成。当开关 K 拨向左边时,构成典型的差动放大器。调零电位器 R_w 用来调节 T_1、T_2 管的静态工作点,使得输入信号 $U_i = 0$ 时,双端输出电压 $U_o = 0$,也就是说 R_w 是用来调节零输入零输出的。R_E 为两管共用的发射极电阻,它对差模信号无反馈作用。因而不影响差模电压放大倍数,但对共模信号有较强的负反馈作用,故可以有效地抑制零漂,稳定静态工作点。

当开关 K 拨向右边时,构成具有恒流源的差动放大器。它用晶体管恒流源代替发射极电阻 R_E,可以进一步提高差动放大器抑制共模信号的能力。

1) 静态工作点的估算

(1) 对于典型电路,

$$I_E \approx \frac{V_{EE} - U_{BE}}{R_E + \dfrac{R_w}{2}} \quad (\text{认为 } U_{B1} = U_{B2} \approx 0)$$

$$I_{C1} = I_{C2} = \frac{1}{2} I_E$$

(2) 对于恒流源电路,

$$I_{C3} = I_{E3} \approx \frac{\dfrac{R_2}{R_1 + R_2}(V_{CC} + V_{EE}) - U_{BE}}{R'_E}$$

$$I_{C1} = I_{C2} = \frac{1}{2} I_{C3}$$

2) 差模电压放大倍数和共模电压放大倍数

当差动放大器的射极电阻 R_E 足够大时,或采用恒流源时,差模电压放大倍数 A_d 由输出端方式决定,而与输入方式无关。

(1) 双端输出,$R_E = \infty$,R_w 在中心位置时,

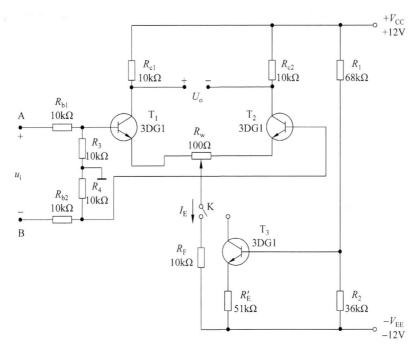

图 3.21　差动放大器实验电路

$$A_{\mathrm{d}} = \frac{\Delta U_{\mathrm{o}}}{\Delta U_{\mathrm{i}}} = -\frac{\beta R_{\mathrm{c}}}{R_{\mathrm{b}} + r_{\mathrm{be}} + \frac{1}{2}(1+\beta)R_{\mathrm{w}}}$$

（2）单端输出时，

$$A_{\mathrm{d1}} = \frac{\Delta U_{\mathrm{c1}}}{\Delta U_{\mathrm{i}}} = \frac{1}{2}A_{\mathrm{d}}$$

$$A_{\mathrm{d2}} = \frac{\Delta U_{\mathrm{c2}}}{\Delta U_{\mathrm{i}}} = -\frac{1}{2}A_{\mathrm{d}}$$

当输入共模信号时，若为单端输出，则有

$$A_{\mathrm{c1}} = A_{\mathrm{c2}} = \frac{\Delta U_{\mathrm{c1}}}{\Delta U_{\mathrm{i}}} = \frac{-\beta R_{\mathrm{c}}}{R_{\mathrm{b}} + r_{\mathrm{be}} + (1+\beta)\left(\frac{1}{2}R_{\mathrm{w}} + 2R_{\mathrm{E}}\right)} \approx -\frac{R_{\mathrm{c}}}{2R_{\mathrm{E}}}$$

若为双端输出，在理想情况下

$$A_{\mathrm{c}} = \frac{\Delta U_{\mathrm{o}}}{\Delta U_{\mathrm{i}}} = 0$$

实际上由于元件不可能完全对称，因此 A_{c} 也不会绝对等于零。

3）共模抑制比（K_{CMRR}）

为了表征差动放大器对有用信号（差模信号）的放大作用和对共模信号的抑制能力，通常用一个综合指标来衡量，即共模抑制比。

$$K_{\mathrm{CMRR}} = \left|\frac{A_{\mathrm{d}}}{A_{\mathrm{c}}}\right| \quad 或 \quad K_{\mathrm{CMRR}} = 20\log\left|\frac{A_{\mathrm{d}}}{A_{\mathrm{c}}}\right|(\mathrm{dB})$$

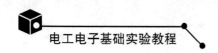

差动放大器的输入信号可采用直流信号也可用交流信号。本实验采用函数信号发生器产生的 $f=1\mathrm{kHz}$ 的正弦信号作为输入信号。

3. 实验设备与器件

(1) 模拟电路实验箱；

(2) 数字万用表；

(3) 函数信号发生器；

(4) 双踪示波器；

(5) 交流毫伏表；

(6) 差动放大器实验板。

4. 实验内容与步骤

1) 典型差动放大器性能测试

按图 3.21 所示电路接线,开关 K 拨向左边构成典型差动放大器。

(1) 测量静态工作点。

① 调节放大器零点。信号源不接入,将放大器输入端 A、B 与地短接,接通 $\pm12\mathrm{V}$ 直流电源,用万用表直流电压挡测量输出电压 U_o,调节调零电位器 R_w,使 $U_\mathrm{o}=0$。调节要仔细,力求准确。

② 测量静态工作点。零点调好以后,用万用表直流电压挡测量 T_1、T_2 管各极电位及射极电阻 R_e 两端电压 U_be,记入表 3.23 中。

表 3.23　静态工作点的测量

	$U_{C1}(V)$	$U_{B1}(V)$	$U_{E1}(V)$	$U_{C2}(V)$	$U_{B2}(V)$	$U_{E2}(V)$	$U_{RE}(V)$
测量值							
计算值	$I_C(mA)$		$I_B(mA)$			$U_{CE}(V)$	

(2) 测量差模电压放大倍数。

将函数信号发生器的输出端接放大器输入 A 端,地端接放大器输入 B 端构成双端输入方式(注意:此时信号源浮地)。调节输入信号频率 $f=1\mathrm{kHz}$ 的正弦信号,输出旋钮旋至零,用示波器监视输出端(集电极 c_1 或 c_2 与地之间)。

接通 $\pm12\mathrm{V}$ 直流电源,逐步增大输入电压 U_i(约 100mV),在输出波形不失真的情况下,用交流毫伏表测 U_i、U_{C1}、U_{C2},记入表 3.24 中。并观察 u_i,u_{c1},u_{c2} 之间的相位关系及 U_{RE} 随 U_i 改变而变化的情况。(如测 U_i 时因浮地有干扰,可分别测 A 点和 B 点对地电压,两者之差为 U_i。)

(3) 测量共模电压放大倍数。

将放大器 A、B 短接,与信号源红夹子连接,地与信号源黑夹子连接,构成共模输入方式,调节输入信号 $f=1\mathrm{kHz}$,$U_\mathrm{i}=1\mathrm{V}$,在输出电压无失真的情况下,测量 U_{C1}、U_{C2} 之值记入表 3.24 中,并观察 u_i、u_{c1}、u_{c2} 之间的相位关系及 U_{RE} 随 U_i 变化而改变的情况。

表 3.24　动态参数的测量

	典型差动放大电路		具有恒流源差动放大电路	
	双端输入	共模输入	双端输入	共模输入
$U_i(V)$				
$U_{C2}(V)$				
$A_{d1} = \dfrac{U_{C1}}{U_i}$				
$A_d = \dfrac{U_o}{U_i}$				
$A_{c1} = \dfrac{U_{C1}}{U_i}$				
$A_c = \dfrac{U_o}{U_i}$				
$K_{CMRR} = \left\| \dfrac{A_{d1}}{A_{c1}} \right\|$				

2) 具有恒流源的差动放大电路性能测试

将图 3.21 电路把开关 K 拨向右边,构成具有恒流源的差动放大电路。重复内容 1)～2)、1)～3)的要求,记入表 3.24 中。

5. 实验报告要求

(1) 整理实验数据,列表比较实验结果和理论估算值,分析误差原因。

(2) 静态工作点和差模电压放大倍数。

(3) 典型差动放大电路单端输出时的 K_{CMRR} 实测值与理论值比较。

(4) 典型差动放大电路单端输出时的 K_{CMRR} 实测值与具有恒流源的差动放大器 K_{CMRR} 理论值比较。

(5) 比较 u_i,u_{c1} 和 u_{c2} 之间的相位关系。

(6) 根据实验结果,总结电阻 R_E 和恒流源的作用。

6. 预习要求

(1) 根据实验电路参数,估算典型差动放大器和具有恒流源的差动放大器的静态工作点及差模电压放大倍数(取 $\beta_1 = \beta_2 = 100$)。

(2) 测量静态工作点时,放大器输入端 A、B 与地应如何连接?

(3) 实验中怎样获得双端和单端输入差模信号?怎样获得共模信号?画出 A、B 与地的连接图。

(4) 怎样进行静态调零?用什么仪表测 U_o?

(5) 怎样用交流毫伏表测双端输出的电压 U_o?

3.9 负反馈放大器的测试

1. 实验目的

(1) 研究电压串联负反馈对放大器性能的改善。

(2) 学习负反馈放大器技术指标的测试方法。

(3) 进一步熟悉用示波器测量正弦波相位、幅值的方法。

2. 实验原理

本实验在两级共射放大电路中引入电压串联负反馈。电压串联负反馈对放大器性能的影响主要有以下几点。

1) 负反馈使放大器的电压放大倍数降低

在图 3.22 所示电路中有

$$A_f = \frac{A_u}{1 + A_u \cdot F_u}$$

式中 F_u 是反馈系数,$F_u = U_f/U_o = R_{f1}/(R_{f1} + R_f)$;$A_u$ 是负反馈放大器的开环放大倍数。从式中可见,加上负反馈后闭环放大倍数比开环时降低了 $(1 + A_u F_u)$ 倍,且 $(1 + A_u F_u)$ 越大,放大倍数降低越多。

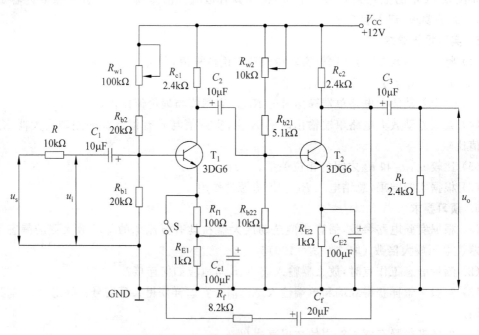

图 3.22 电压串联负反馈放大电路

2) 负反馈可提高放大倍数的稳定性

当 $A_F \gg 1$ 时,$A_f = 1/F$。可见加负反馈后的放大倍数 A_f 与基本放大器几乎无关,也就是说,与电路中的其他参数无关,A_f 仅仅取决于反馈网络的反馈系数 F。

当反馈深度一般时,有
$$dA_f/A_f = [1/(1+AF)] \times (dA/A)$$
该式表明:引进负反馈后,放大器闭环放大倍数 A_f 的相对变化量 dA_f/A_f 比开环放大倍数的相对变化 dA/A 减少了 $(1+AF)$ 倍。

3) 负反馈可扩展放大器的通频带

引入负反馈后,放大器闭环时的上、下限截止频率分别为:
$$f_{Hf} = (1+AF)f_H, \quad f_{Lf} = f_L/(1+AF)$$
可见,引入负反馈后,f_{Hf} 向高端扩展 $(1+AF)$ 倍,f_{Lf} 向低端扩展了 $(1+AF)$ 倍,从而使通频带得以扩展。

4) 负反馈对输入阻抗、输出阻抗的影响

负反馈对放大器输入阻抗和输出阻抗的影响比较复杂。不同的反馈形式,对阻抗的影响不一样。一般而言,凡是串联负反馈,其输入阻抗将增加;凡是并联负反馈,输入阻抗将减小;凡是电压负反馈,其输出阻抗将减小;凡是电流负反馈,其输出阻抗将增加。本实验引入的是电压串联负反馈,所以对整个放大器而言,输入阻抗增加了,而输出阻抗降低了。它们增加和降低的程度与反馈深度 $(1+AF)$ 有关。
$$R_{if} = R_i(1+AF), \quad R_{of} \approx R_o/(1+AF)$$
综上所述,在放大器引入电压串联负反馈后,不仅可以提高放大器放大倍数的稳定性,还可以扩展放大器的通频带,提高输入电阻和降低输出电阻。

3. 实验设备与器件

(1) 模拟电路实验箱;

(2) 数字万用表;

(3) 函数信号发生器;

(4) 双踪示波器;

(5) 交流毫伏表;

(6) 负反馈放大器实验板。

4. 实验内容与步骤

1) 开环、闭环电压放大倍数的测量

按图 3.22 所示连接电压串联负反馈电路,注意电源 V_{CC} 虚线、第一级输出与第二级输入虚线的连接,负反馈开关 S 处于断的位置,即电路处于开环放大状态。不接 R_L,即 R_L 为 ∞;输入电压 u_i 为 1kHz,调节 R_{w1}、R_{w2} 与 u_i(为 5mV 左右),使放大器输出处于最大基本不失真状态,测量放大器的输入电压、输出电压,填表 3.25。

表 3.25　电压串联负反馈电路电压放大倍数的测量

数值 状态	U_i(mV)	$R_L=\infty$		$R_L=2.4K$	
		V_o(mV)	A_u	V_o(mV)	A_u
开环					
闭环					

合上负反馈开关 S,即电路处于闭环状态,测量放大器的输入电压、输出电压,填表 3.25。

加上负载电阻 $R_L = 2.4$ kΩ,断开负反馈开关 S,测量放大器的输入电压、输出电压,填表 3.25。

加上负载电阻 $R_L = 2.4$ kΩ,合上负反馈开关 S,测量放大器的输入电压、输出电压,填表 3.25。

2)测量输入电阻

在上述实验的基础上,把 u_i 接至 u_s 处,(注意:此时的 U_s 值为上述最大不失真输出时输入电压 U_i)。测量经 R_S 降压后的 U_i 处电压,计算 R_i、R_{if} 填入表 3.26 中。计算公式:

$$R_i = U_i/I_i, \quad I_i = (U_S - U_i)/R_S$$

表 3.26　电压串联负反馈电路输入电阻的测量

开环放大器 R_i(kΩ)(断开 S)				闭环放大器 R_{if}(kΩ)(合上 S)			
U_S(mV)	U_i(mV)	R_S(kΩ)	R_i(kΩ)	U_S(mV)	U_i(mV)	R_S(kΩ)	R_{if}(kΩ)

3)测量输出电阻

把 u_i 接回原处,断开 S,当 $R_L = \infty$ 时测输出电压 U_o,当 $R_L = 2.4$ kΩ 测输出电压 U'_o,填入表 3.27 中;合上 S,当 $R_L = \infty$ 时测输出电压 U_o,当 $R_L = 2.4$ kΩ 测输出电压 U'_o,填入表 3.27 中。R_o、R_{of} 计算公式:

$$R_o = \frac{V_o - V'_o}{I_L}, \quad I_L = V'_o/R_L$$

表 3.27　电压串联负反馈电路输出电阻的测量

开环放大器 R_o(kΩ)(断开 S)				闭环放大器 R_{of}(kΩ)(合上 S)			
U_o(mV)	U'_o(mV)	R_L(kΩ)	R_o(kΩ)	U_o(mV)	U'_o(mV)	R_L(kΩ)	R_{of}(kΩ)

4)静态工作点的测量

拆除信号源,输入端对地短路,用万用表直流电压挡测量表 3.28 中各参数并填入。

表 3.28　静态工作点的测量

V_T	V_B(V)	$I_E \approx I_c = \dfrac{V_E}{R_E}$(mA)	U_{CE}(V)	U_{BE}(V)
T_1				
T_2				

5. 实验报告要求

(1)整理实验数据,将开环放大器和闭环放大器小动态参数的实测值和理论估算值列表进行比较。

(2) 根据实验结果,总结电压串联负反馈对放大器性能的影响。

6. 思考题

(1) 如输入信号存在失真,能否用负反馈来改善?

(2) 怎样判断放大器是否存在自激振荡? 如何进行消振?

3.10 *RC* 正弦波振荡器的研究

1. 实验目的

(1) 掌握 *RC* 桥式振荡器的组成及其振荡条件。

(2) 研究 *RC* 桥式振荡器中 *RC* 串并联网络的选频特性。

(3) 学会测量、调试 *RC* 桥式振荡器。

2. 实验原理

RC 桥式振荡器的实验电路如图 3.23 所示。

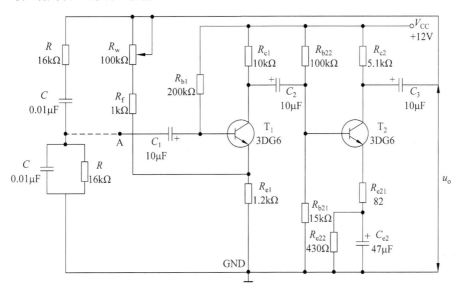

图 3.23 *RC* 桥式振荡电路

其工作原理解说如下。

1) 基本放大器

RC 桥式振荡电路以 T_1、T_2 为核心组成两级共射极基本放大器,其相位 $\varphi_a = 360°$。反馈电路为 *RC* 串并联网络。满足相位平衡条件 $\varphi_a + \varphi_f = 0$ 时的振荡频率为 $f_0 = \dfrac{1}{2\pi RC}$,因此该电路可以利用改变 *RC* 的办法来调节振荡频率。振荡时,正反馈系数 $F = \dfrac{1}{3}$,为了满足幅度平衡条件 $AF \geqslant 1$,则要求放大器的放大倍数 $A \geqslant 3$ 即可。对于两级放大电路,这种振荡电路

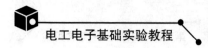

的振荡条件是很容易满足的。

2）RC 串并联正反馈网络的选频特性

电路结构如图 3.24 所示。一般取两电阻值和两电容值分别相等。由分压关系可得正反馈网络的反馈系数表达式：

$$F = \frac{V_F}{V_i} = \frac{Z_2}{Z_1 + Z_2} = \frac{R // \dfrac{1}{j\omega C}}{R + \dfrac{1}{j\omega C} + R // \dfrac{1}{j\omega C}} = \frac{\dfrac{R}{1 + j\omega C}}{R + \dfrac{1}{j\omega C} + \dfrac{R}{1 + j\omega C}}$$

$$= \frac{\dfrac{R}{1 + j\omega C}}{\dfrac{1 + j\omega RC}{j\omega C} + \dfrac{R}{1 + j\omega RC}} = \frac{j\omega RC}{(1 + j\omega RC)^2 + j\omega RC} = \frac{j\omega RC}{1 + 2j\omega RC - (\omega RC)^2 + j\omega RC}$$

$$= \frac{1}{3 + \dfrac{1}{j\omega RC} + j\omega RC}$$

令 $\omega_0 = \dfrac{1}{RC}$，则上式为

$$F = \frac{1}{3 + j\left(\dfrac{\omega}{\omega_0} - \dfrac{\omega_0}{\omega}\right)}$$

由上式可得：在 RC 串并联网络中，当 $\omega = \omega_0$ 时，有 $F = \dfrac{1}{3}$，而 $\Phi = 0$。

3）稳幅环节

该电路是利用负反馈来稳幅的，由 R_w 与 R_f 引入电压串联负反馈组成，调节 R_w 可以调节放大器的电压放大倍数，只要 $A_f \geqslant 3$，振荡器就能起振。引入负反馈后能使振荡器工作稳定，波形得到改善。

3. 实验设备与器件

（1）模拟电路实验箱；

（2）数字万用表；

（3）函数信号发生器；

（4）双踪示波器；

（5）交流毫伏表；

（6）正弦波振荡器实验板。

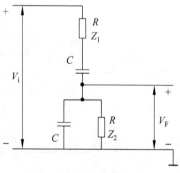

图 3.24　RC 选频网络

4. 实验内容与步骤

（1）按图 3.23 所示电路接线，从 A 点输入 V_i 为 1kHz 正弦波，调节 R_w 与 V_i，使 u_o 为最大不失真输出。测量 U_i 与 U_o，计算电压放大倍数 A_u，将结果记入表 3.29 中。

（2）拆除输入电压 V_i，把 A 点接入 RC 串并联网络，调节 R_w（逆时针方向）使电路起振，并达到最大不失真输出，用示波器 CH1 观察输出 u_o 波形，记录并计算振荡频率。

表 3.29　电压放大倍数的测量

输入电压 U_i(V)	输出电压 U_o(V)	电压放大倍数 A_u

（3）在上述线路的 C 端并联一个 $0.01\mu F$ 的电容，即 $C=0.02\mu F$，再按步骤（2）重做一遍，测试数据并填入表 3.30 中。

表 3.30　振荡波形及频率的测量

测量 电容	波形图	周期 $T(\mu s)$	频率 f(Hz)
$C=0.01\mu F$			
$C=0.02\mu F$			

5. 实验报告要求

（1）由给定实验参数计算振荡频率，并与实测值比较，分析误差产生的原因。

（2）总结 RC 桥式振荡器特点。

6. 预习要求

预习《模拟电子技术基础》理论教材有关 RC 振荡电路理论知识，重点搞清楚 RC 振荡电路工作原理。

3.11　集成运放的线性应用

1. 实验目的

（1）熟悉运算放大器集成块的引脚功能及其应用。

（2）掌握正负对称电源的连接方法。

（3）巩固由运放组成的深度负反馈条件下线性基本运算电路的基本知识。

2. 实验原理

集成运算放大器的电路符号如图 3.25 所示。作为一个半导体线性放大器，集成运算放大器是有其许多特点的。

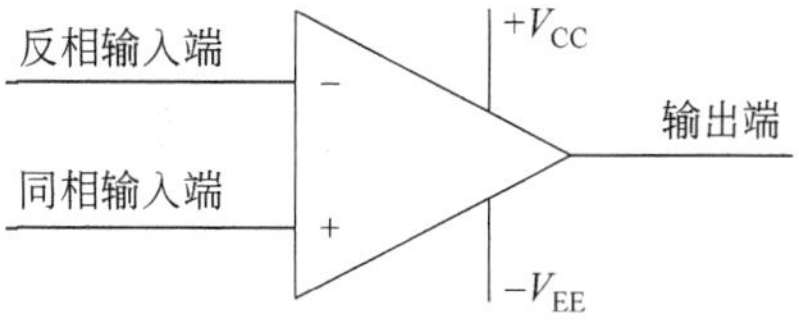

（1）由于内部线路输入级由复合差动放大级组成，因此两输入端有同相输入端和反相输入端之分；而且两输入端的输入电阻均很大，因此两端输入电流 IN_-、IN_+ 很小，可视为零。

图 3.25　集成运算放大器的电路符号

（2）集成运算放大器由几级电压放大器组成中间放大部分，且用电流源代替集电极电阻，其开环电压放大倍数达数十万倍以上。故在输出 V_o 为有限数值的情况下，$V_+ - V_-$ 的输入信号很小，近似等于零，特别是接成负反馈电路在线性范围内应用时，更有 $V_+ \approx V_-$，即"虚短."两输入端之间几乎无电流流动，称为"虚断"。利用"虚短"和"虚断"的概念分析电路的运算规律是有很大帮助的。

（3）集成运算放大器内部线路设有电平移动电路，以保证在两输入端均对地短路时，输出接近零。在要求严格的场合,可外接电位器进行严格调零。

（4）输出级采用推挽互补电路,其输出电阻很小,理论分析时,可视为零。

一般情况下,若一个运放的 $A_v \approx \infty$、$R_i \approx \infty$、$R_o \approx 0$,则称此运放为理想运放。

3. 实验设备与器件

（1）模拟电路实验箱；

（2）数字万用表；

（3）集成运放实验板。

4. 实验内容与步骤

1）反相比例运算

反相比例运算电路如图 3.26 所示,利用运算放大器虚地的概念,有

$$V_o = -\frac{R_F}{R_2}V_i$$

则

$$A_v = -\frac{V_o}{V_i} = -\frac{R_F}{R_2}$$

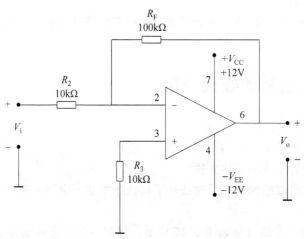

图 3.26　反相比例运算

按图 3.26 所示电路接线,输入 $V_i = +0.5\text{V}$,用万用表直流电压挡测量各参数,填入表 3.31 中。

表 3.31　反相比例运算参数测量

$V_i(\text{V})$	$V_o(\text{V})$	A_v（测量）	A_v（估算）	误　差

2）同相比例运算

同相比例运算电路如图 3.27 所示,有

$$V_{o} = \left(1 + \frac{R_F}{R_1}\right) V_i$$

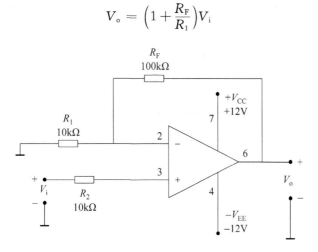

图 3.27 同相比例运算

按图 3.27 所示电路接线，输入 $V_i = +0.5V$，用万用表直流电压挡测量各参数，填入表 3.32 中。

表 3.32 同相比例运算参数测量

$V_i(V)$	$V_o(V)$	A_v(测量)	A_v(估算)	误　差

3）反相加法器

反相加法器电路如图 3.28 所示，有

$$V_{o} = -\left(\frac{R_F}{R_1} V_{i1} + \frac{R_F}{R_2} V_{i2}\right)$$

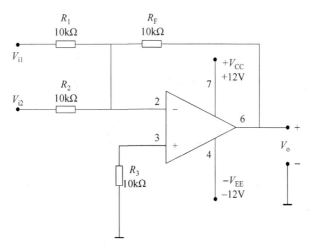

图 3.28 反相加法器

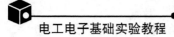

按图 3.28 所示电路接线,输入 $V_{i1} = +0.5\text{V}, V_{i2} = +0.5\text{V}$,用万用表直流电压挡测量各参数,填入表 3.33 中。

表 3.33　反相加法器参数测量

$V_{i1}(\text{V})$	$V_{i2}(\text{V})$	V_{o}(测量)	V_{o}(估算)	误　差

4) 差动运算电路(减法运算)

减法运算电路如图 3.29 所示。

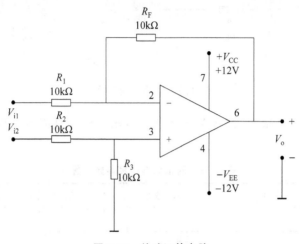

图 3.29　差动运算电路

根据理论推导

$$V_{o} = \frac{R_3(R_1+R_F)}{R_1(R_2+R_3)}V_{i2} - \frac{R_F}{R_1}V_{i1} = \frac{R_F}{R_1}\left[\frac{\frac{R_1}{R_F}+1}{\frac{R_2}{R_3}+1}V_{i2} - V_{i1}\right]$$

观察上式,取 $\dfrac{R_1}{R_F} = \dfrac{R_2}{R_3}$ 时,上式化为 $V_{o} = \dfrac{R_F}{R_1}(V_{i2}-V_{i1})$,取 $R_1 = R_F$,则 $V_{o} = V_{i2}-V_{i1}$,可见该电路具有减法功能。按图 3.29 所示电路接线,取 $V_{i2} = 1\text{V}$,取 $V_{i1} = 0.5\text{V}$,用万用表直流电压挡测量各参数,填入表 3.34 中。

表 3.34　减法器参数测量

$V_{i1}(\text{V})$	$V_{i2}(\text{V})$	V_{o}(测量)	V_{o}(估算)	误　差

5. 实验报告要求

将理论计算结果和实测数值相比较,分析产生误差的原因。

6. 思考题

为了不损坏集成块,实验中应注意什么问题?

第 4 章　数字电子技术实验

1. 集成电路使用须知

数字电子电路几乎已完全集成化了,因此,充分掌握和正确使用数字集成电路,用以构成数字逻辑系统,就成为数字电子技术的核心内容之一。

集成电路按集成度可分为小规模、中规模、大规模和超大规模等。小规模集成电路(SSI)是在一块硅片上制成约 1~10 个门,通常为逻辑单元电路,如逻辑门、触发器等。中规模集成电路(MSI)的集成度约为 10~100 门/片,通常是逻辑功能电路,如译码器、数据选择器、计数器等。大规模集成电路(LSI)的集成度约为 100 门/片以上,超大规模(VLSI)约为 1000 门/片以上,通常是一个小的数字逻辑系统。目前已制成规模更大的极大规模集成电路。

数字集成电路还可分为双极型电路和单极型电路两种。双极型电路中有代表性的是 TTL 电路,单极型电路中有代表性的是 CMOS 电路。国产 TTL 集成电路的标准系列为 CT54/74 系列或 CT10000 系列。其功能和外引线排列与国际 54/74 系列相同。国产 CMOS 集成电路主要为 CC(CH)4000 系列,其功能与外引线排列与国际 CD4000 系列相对应,74HC4000 系列与 CC4000 系列相对应。

必须正确了解集成电路参数的意义和数值,并按规定使用。

2. TTL 集成电路使用规则

(1) 接插集成块时,要认清定位标记,不得插反。

(2) 电源电压使用范围为 +4.5~+5.5V 之间,实验中要求使用 $V_{cc}=+5V$。电源极性绝对不允许接错。

(3) 闲置输入端处理方法如下。

① 悬空,相当于正逻辑"1",对于一般小规模集成电路的数据输入端,实验时允许悬空处理。但易受外界干扰,导致电路逻辑功能不正常。因此,对于接有长线的输入端、中规模以上的集成电路和使用集成电路较多的复杂电路,所有控制输入端必须按逻辑要求接入电

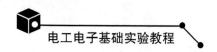

路,不允许悬空。

② 直接接电源电压 V_{cc}(也可以串入一只(1～10)kΩ 的固定电阻)或接至某一固定电压(2.4V≤V≤4.5V)的电源上,或与输入端为接地的多余与非门的输出端相接。

③ 若前级驱动能力允许,可以与使用的输入端并联。

(4)输入端通过电阻接地,电阻值的大小将直接影响电路所处的状态。对 74 系列 TTL 电路,当 $R≤680Ω$ 时,输入端相当于逻辑"0";当 $R≥4.7kΩ$ 时,输入端相当于逻辑"1"。对于其他系列的器件,要求的阻值不同。

(5)输出端不允许并联使用(集电极开路门(OC)和三态输出门电路(3S)除外)。否则不仅会使电路逻辑功能混乱,并会导致器件损坏。

(6)输出端不允许直接接地或直接接+5V 电源,否则将损坏器件,有时为了使后级电路获得较高的输出电平,允许输出端通过电阻 R 接至 V_{cc},一般取 $R=(3～5.1)kΩ$。

3. CMOS 集成电路使用规则

CMOS 集成电路是一种输入阻抗高、功耗低的器件,具有一些 TTL 集成电路所没有的特点,因此在使用时必须十分注意,以免造成器件损坏。

(1)CMOS 集成电路 V_{DD} 端接电源正极,V_{SS} 端接电源负极,绝对不允许接反,否则无论是保护电路或内部电路都有可能因电流过大而损坏。其次,CMOS 集成电路的 V_{DD} 一般选在电压允许变化的中间值较为妥当。

(2)CMOS 集成电路一定要先加 V_{DD},后加输入信号;先撤去输入信号,后去掉 V_{DD}。

(3)CMOS 集成电路的输入端不能悬空,应根据逻辑功能或接 V_{DD},或接 V_{SS},否则会造成逻辑混乱。多余输入端最好不要并联,因为并联使用将增加输入端的电容量,降低工作速度。

(4)输入信号 V_i 不得超过 V_{DD},也不得小于 0。在时序电路中 CP 信号的上升沿或下降沿时间不宜太长以免使器件失去正常功能。未接电源前不得加输入信号。

(5)CMOS 集成电路的输出端不允许短路,包括不允许对电源 V_{DD} 和对地短路,否则将导致器件损坏。

(6)测试时用仪表和焊接时用的电烙铁要有良好的接地端。

关于 TTL 和 CMOS 集成电路的其他一些使用规则,需要时请参阅相关资料与手册。

4.1 晶体二极管、三极管的开关特性仿真实验

1. 实验目的

(1)熟悉晶体二极管、三极管的开关特性。

(2)掌握晶体二极管、三极管开关特性的实际应用。

2. 实验原理

理想开关在电路中的作用是将某一支路完全接通或断开,而且这种接通或断开要迅速且不受外界因素的影响。

晶体二极管具有单向导电的特性,在脉冲电路中通常把二极管近似当作理想开关来分

析,利用其开关特性可以构成脉冲数字电路中的简单逻辑门、限幅器及箝位器。

在模拟电子线路中,晶体三极管通常当作线性放大元件或非线性元件来使用;而在脉冲数字电路中,晶体三极管通常近似当作开关元件来使用。利用三极管开关特性可以构成最常用、最基本的晶体三极管反相器等电路。

3. 预习内容

(1) 复习晶体二极管、三极管所具有的特性。

(2) 了解晶体二极管、三极管在数字电路中的应用。

4. 实验设备与器材

计算机、Multism 软件(电源库、二极管库、三极管库、基本元件库、指示器件库、示波器)。

5. 实验内容与步骤

1) 实验电路

(1) 二极管开关特性验证仿真电路,具体电路如图 4.1 所示,说明如下。

若 LED1 亮表示该电路接通,若 LED1 灭表示该电路断开。利用单刀双掷开关切换二极管 D1 和 D2 接入来验证二极管的开关单向通断特性。

(2) 并联双向限幅器的具体电路如图 4.2 所示,说明如下。

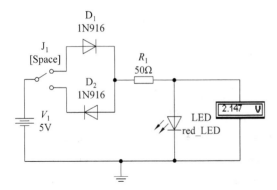 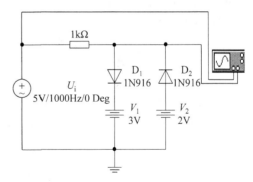

图 4.1 二极管开关特性验证仿真电路　　　　图 4.2 并联双向限幅器

它是由 D_1、V_1 构成的上限限幅器电路和 D_2、V_2 构成的下限限幅器电路并联而成的。设 $V_1>V_2$ 以及 D_1、D_2 导通电压约为 0.7V;当 $U_i\leqslant(V_2-0.7V=1.3V)$ 时,二极管 D_1 截止,D_2 导通,输出电压 $U_o=(V_2-0.7V=1.3V)$;当 $U_i\geqslant(V_1+0.7V=3.7V)$ 时,二极管 D_1 导通,D_2 截止,输出电压 $U_o=(V_1+0.7V=3.7V)$;当 $(V_2-0.7V=1.3V)<U_i<(V_1+0.7V=3.7V)$ 时,二极管 D_1 和 D_2 均截止,输出电压 $U_o\approx U_i$。

(3) 二极管箝位器的具体电路如图 4.3 所示,说明如下。

二极管箝位器能将脉冲波形的顶部和底部箝定在某一选定的电平上。可以利用电容充放电的原理和电容两端的电压不能突变特性对该电路进行分析。

(4) 三极管开关特性的测试,其具体电路如图 4.4 所示,说明如下。

输入端通过开关分别接+5V 电源和接地,观察相应情况下三极管输出状态。

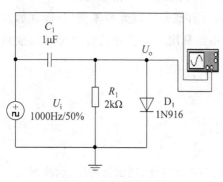

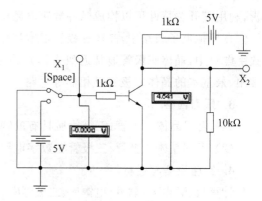

图 4.3　二极管箝位器　　　　　　　　　　　图 4.4　晶体三极管反相器

（5）晶体三极管反相器负载测试，具体电路如图 4.4 所示，说明如下。

反相器所带的负载一般有两种情况，一种是负载电流 i_c 流入反相器，叫作灌流负载，另一种是负载电流 i_c 从反相器流出，叫作拉流负载。带负载能力是指反相器正常工作条件下，所允许的最大灌流和最大拉流的数值。

图 4.4 中在输出端接入一负载电阻，当改变负载电阻值分别为 1kΩ、10kΩ、100kΩ 时观察相应输出端的电压变化。

2）实验步骤

（1）二极管开关特性验证仿真电路实验步骤如下。

① 按图 4.1 所示连接电路。

② 当切换单刀双掷开关让 D_1 接入，LED 亮，表明 D_1、LED 都处于导通状态，切换单刀双掷开关让 D_2 接入，LED 灭，表明 D_2、LED 都处于截止状态。已知二极管 IN916 导通电压约为 0.7V，LED 的导通电压约为 1.5V。将输入信号 V_1 的幅度以 0.1V 为步长递减，观察 LED 两端的电压变化情况，发现当输入信号 V_1 的幅度递减到 3.3V 时，LED 两端的电压为 1.48V 但不亮，表明 LED 处于截止状态。二极管导通条件是必须加正向电压，且所加的正向电压要求大于或等于其导通电压。

（2）并联双向限幅器仿真电路实验步骤如下：

① 按图 4.2 所示连接电路。

② 仿真得到如图 4.5 所示结果。结论分析：与理论分析结果基本吻合（当 $U_i \leqslant 1.3V$ 时，输出电压 $U_o = 1.3V$；当 $U_i \geqslant 3.6V$ 时，输出电压 $U_o = 3.6V$；当 $1.3V < U_i < 3.6V$ 时，输出电压 $U_o \approx U_i$）。由于示波器读数只能精确到小数点后一位和二极管 1N916 的导通电压约为 0.7V 的原因，引起结果存在一些偏差（3.7V 变为 3.6V）。

③ 分别修改 U_i、V_1、V_2 信号的幅度观察实验结果的变化情况。

（3）二极管箝位器仿真电路实验步骤如下。

① 按图 4.3 所示连接电路。

② 仿真得到如图 4.6 所示结果。结论分析：该电路为将输入脉冲波形顶部箝位于零电平的箝位器；进入稳定阶段后，输出 U_o 的波形与输入 U_i 的波形是相似的，不同点是 U_o 的波

形顶部被箝定于 0 上。

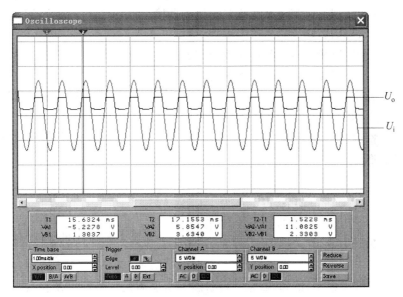

图 4.5　并联双向限幅器仿真结果

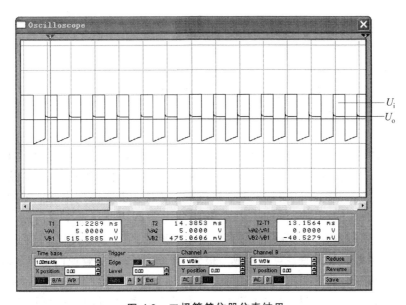

图 4.6　二极管箝位器仿真结果

③ 分别修改 R_1 的阻值和 C_1 的容值观察实验结果的变化情况。

（4）晶体三极管反相器仿真电路实验步骤如下。

① 按图 4.4 所示连接电路。

② 根据电压表所示结果和探测器 X_1、X_2 接替亮灭的情况，得知晶体三极管截止条件是：三极管的发射极及集电极均处于反向偏置的截止状态。晶体三极管饱和导通条件是：

三极管的发射极及集电极均处于正向偏置的导通状态。当输入信号处于高电平时输出低电平，所以该电路叫作反相器。当负载变化时对反相器输出电平大小有影响，因此需要考虑反相器实际负载能力，否则影响输出电平。

③ 将图 4.4 中的输入信号改用频率为 1kHz、占空比为 1：1、幅度为 5V 的方波信号，用示波器观察输入输出波形。

6. 实验报告要求

(1) 记录实验结果。

(2) 分析实验结果。

7. 思考题

(1) 幅度为 5V、周期为 2ms、占空比为 1：1 的方波，加在如图 4.7 所示电路的输入端，进行电路仿真且画出其输出信号 V_o 的波形（D_1 的导通电阻 $r_D \approx 100\Omega$）。

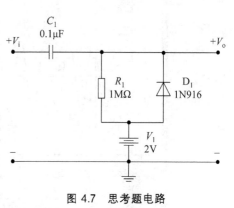

图 4.7　思考题电路

(2) 归纳三极管在放大、饱和、截止三种状态下所应满足的条件以及在该状态下电路所具有的特点。

4.2　分立元件门电路仿真实验

1. 实验目的

(1) 掌握各种分立元件门电路的分类及其逻辑功能。

(2) 学会分析各种分立元件门电路的工作原理。

2. 实验原理

用来实现基本逻辑关系的电子电路统称为逻辑电路，常用的逻辑电路有与门、或门、与非门、或非门、与或非门、异或门等。在逻辑门电路中，利用晶体二极管、三极管及 MOS 管的导通和截止、电平的高和低分别表示二值逻辑中的 1 和 0。由于采用半导体器件不同，逻辑电路分为 TTL 型和 CMOS 型两大类。分立元件门电路虽然现在很少应用，但它是集成门电路发展的基础，所以掌握分立元件门电路也是很必要的。

利用晶体二极管的开关特性可以构成二极管与门电路和二极管或门电路。利用晶体三极管的开关特性可以构成非门电路，与图 4.4 晶体三极管反相器相同。如果将二极管与门和三极管反相器连接起来，将构成与非门电路。如果将二极管或门和三极管反相器连接起来，将构成或非门电路。

3. 预习内容

复习各逻辑门的内部组成电路，以及各门电路输出与其输入的逻辑关系。

4. 实验设备与器件

计算机、Multisim 软件（电源库、二极管库、三极管库、基本元件库、指示器件库）。

5．实验内容与步骤

1）实验电路

（1）分立元件与门的具体电路如图4.8所示，说明如下。

① A、B、C 为信号输入端，其中 A、B、C 输入信号高电平为3V，低电平为0V。P 为信号输出端，其中高电平约为3.7V，低电平约为0.7V。1N916的导通电压约为0.7V。

② 当 A、B、C 三个输入信号有一个（或一个以上）为低电平0V时，其相对应的输入二极管导通，输出 P 端被箝位为低电平0.7V左右，此时输入信号为高电平的对应输入二极管截止。只要 A、B、C 三个输入信号全为高电平3V时，三个输入二极管均导通，输出 P 端被箝位为高电平3.7V左右。探测器 X_1 用来观察输出端 P 输出的高低电平情况。逻辑表达式为 $P = A \cdot B \cdot C$。

（2）分立元件或门的具体电路如图4.9所示，说明如下。

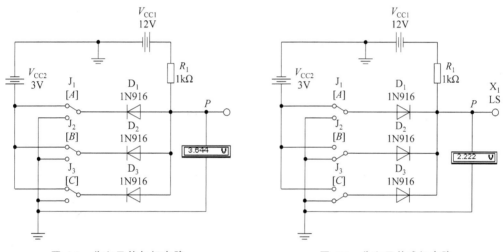

图4.8　分立元件与门电路　　　　图4.9　分立元件或门电路

① A、B、C 为信号输入端，其中 A、B、C 输入信号高电平为3V，低电平为0V。P 为信号输出端，其中高电平约为2.3V，低电平约为负0.7V。1N916的导通电压约为0.7V。

② 当 A、B、C 三个输入信号有一个（或一个以上）为高电平3V时，其相对应的输入二极管导通，输出 P 端被箝位为高电平2.3V左右，此时输入信号为低电平的对应输入二极管截止。只要 A、B、C 三个输入信号全为低电平0V时，三个输入二极管均导通，输出 P 端被箝位为低电平负0.7左右。探测器 X_1 用来观察输出端 P 输出的高低电平情况。逻辑表达式为 $P = A + B + C$。

（3）分立元件与非门的具体电路如图4.10所示，说明如下。

① 由 D_2、D_3、D_4、J_1、J_2、J_3、V_{CC4}、R_4 等构成与门电路，由 Q_1、R_1、R_2、R_3、D_1、V_{CC1}、V_{CC2}、V_{CC3} 等构成反相器（非门电路）。其中 P' 为与门输出端，P 为与非门输出端。

② 参照与门、反相器电路说明对本与非门电路进行分析。探测器 X_1、X_2 用来观察输出端 P、P' 输出的高低电平情况。逻辑表达式为 $\overline{P = A \cdot B \cdot C}$。

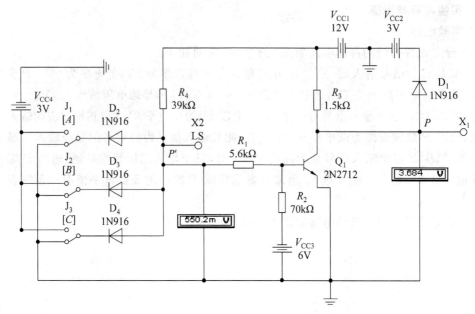

图 4.10　分立元件与非门电路

（4）分立元件或非门的具体电路如图 4.11 所示，说明如下。

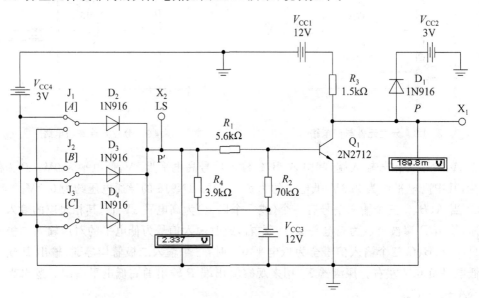

图 4.11　分立元件或非门电路

① 由 D_2、D_3、D_4、J_1、J_2、J_3、V_{CC4}、R_4 等构成或门电路，由 Q_1、R_1、R_2、R_3、D_1、V_{CC1}、V_{CC2}、V_{CC3} 等构成反相器（非门电路）。其中 P' 为或门输出端，P 为或非门输出端。

② 参照或门、反相器电路说明对本或非门电路进行分析。探测器 X_1、X_2 用来观察输出端 P、P' 输出的高低电平情况。逻辑表达式为 $P = \overline{A + B + C}$。

124

2）实验步骤

（1）分立元件与门电路仿真实验步骤如下。

① 按图4.8所示连接电路。

② 切换单刀双掷开关进行仿真实验，探测器 X_1 亮表示输出高电平"1"，X_1 灭表示输出低电平"0"，得到表4.1所示结果，记录电压表读数。

（2）分立元件或门电路仿真实验步骤如下。

① 按图4.9所示连接电路。

② 切换单刀双掷开关进行仿真实验，探测器 X_1 亮表示输出高电平"1"，X_1 灭表示输出低电平"0"，得到表4.2所示结果，记录电压表读数。

表 4.1　分立元件与门真值表

输 入 信 号			输出信号
A	B	C	P
0	0	0	0
0	0	1	0
0	1	0	0
0	1	1	0
1	0	0	0
1	0	1	0
1	1	0	0
1	1	1	1

表 4.2　分立元件或门真值表

输 入 信 号			输出信号
A	B	C	P
0	0	0	0
0	0	1	1
0	1	0	1
0	1	1	1
1	0	0	1
1	0	1	1
1	1	0	1
1	1	1	1

（3）分立元件与非门电路仿真实验步骤如下。

① 按图4.10所示连接电路。

② 切换单刀双掷开关进行仿真实验，探测器 X_1、X_2 亮表示输出高电平"1"，灭表示输出低电平"0"，得到表4.3所示结果，记录电压表读数。

表 4.3　分立元件与非门真值表

输 入 信 号			输 出 信 号	
A	B	C	P'	P
0	0	0	0	1
0	0	1	0	1
0	1	0	0	1
0	1	1	0	1
1	0	0	0	1
1	0	1	0	1
1	1	0	0	1
1	1	1	1	0

（4）分立元件或非门电路仿真实验步骤如下。

① 按图 4.11 所示连接电路。

② 切换单刀双掷开关进行仿真实验，探测器 X_1 亮表示输出高电平"1"，灭表示输出低电平"0"，得到表 4.4 所示结果，记录电压表读数。

表 4.4　分立元件或非门真值表

输 入 信 号			输 出 信 号	
A	B	C	P'	P
0	0	0	0	1
0	0	1	1	0
0	1	0	1	0
0	1	1	1	0
1	0	0	1	0
1	0	1	1	0
1	1	0	1	0
1	1	1	1	0

6. 实验报告要求

记录实验结果，分析实验结果。

7. 思考题

分析图 4.12 所示电路。它具有什么逻辑功能？有什么特点？二极管 D_4 和 D_5 的作用是什么？

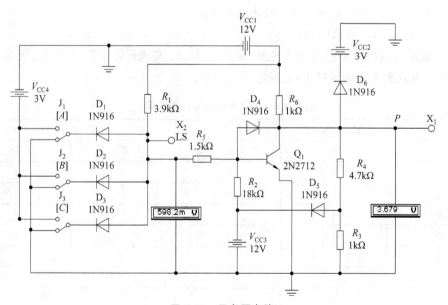

图 4.12　思考题电路

4.3　集成门的逻辑功能与参数测试

1．实验目的

（1）掌握集成 TTL 与非门和 CMOS 与非门的逻辑功能和主要参数的测试方法。

（2）掌握 TTL、CMOS 器件的使用规则。

（3）熟悉数字电路实验装置的结构、基本功能和使用方法。

2．实验原理

门电路是电子电路中应用十分广泛的一种器件，在电路设计中不仅要考虑到它的逻辑功能，还要考虑到它的内部参数对整个电路的影响，因此对门电路进行参数的测试十分重要，而且这一方法可以运用于其他集成电路中。

1）TTL 与非门

本实验采用四二输入与非门 74LS00，即在一块集成块内含有 4 个互相独立的与非门，每个与非门有两个输入端。其逻辑框图、符号及引脚排列如图 4.13(a)、(b)、(c)所示。

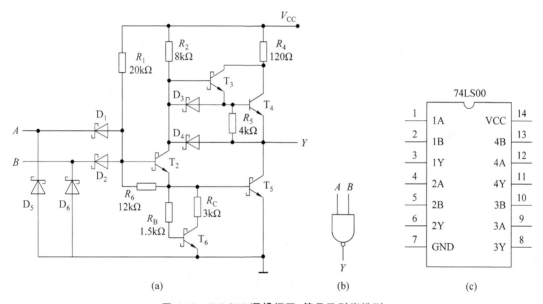

图 4.13　74LS00 逻辑框图、符号及引脚排列

（1）与非门的逻辑功能。与非门的逻辑功能是：当输入端中有一个或一个以上是低电平时，输出端为高电平；只有当输入端全部为高电平时，输出端才是低电平。（即有"0"得"1"，全"1"得"0"。）其逻辑表达式为 $Y=\overline{A \cdot B}$。

（2）TTL 与非门的主要参数。

① 低电平输出电源电流 I_{CCL} 和高电平输出电源电流 I_{CCH}。

与非门处于不同的工作状态，电源提供的电流是不同的。I_{CCL} 是指所有输入端悬空，输出端空载时，电源提供给器件的电流。I_{CCH} 是指输出端空载，每个门各有一个以上的输入端接地,其余输入端悬空,电源提供给器件的电流。通常 $I_{CCL} > I_{CCH}$,它们的大小标志着器件静态功耗的大小。器件的最大功耗为 $P_{CCL} = V_{CCL} I_{CCL}$。手册中提供的电源电流和功耗值是指整个器件总的电源电流和总的功耗。测试电路如图 4.14(a)、(b)所示。

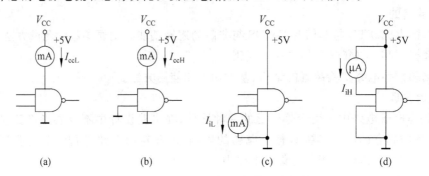

图 4.14　TTL 与非门静态参数测试电路图

＊**注意**:TTL 电路对电源电压要求较严,电源电压 V_{CC} 只允许在＋5V 的 10％ 范围内工作,超过 5.5V 将损坏器件;低于 4.5V 器件的逻辑功能将不正常。

② 低电平输入电流 I_{iL} 和高电平输入电流 I_{iH}。

I_{iL} 是指被测输入端接地,其余输入端悬空,输出端空载时,由被测输入端流出的电流值。在多级门电路中,I_{iH} 相当于前级门输出低电平时,后级向前级门灌入的电流,因此它关系到前级门的灌电流负载能力,即直接影响前级门电路带负载的个数,因此希望小些。

I_{iH} 是指被测输入端接高电平,其余输入端接地,输出端空载时,流入被测输入端的电流值。在多级门电路中,I_{iH} 相当于前级门输出高电平时,前级门的拉电流负载,其大小关系到前级门的拉电流负载能力,希望 I_{iH} 小些。由于 I_{iH} 较小,难以测量,一般免于测试。I_{iL} 与 I_{iH} 的测试电路如图 4.14(c)、(d)所示。

③ 扇出系数 N_o。扇出系数 N_o 是指门电路能驱动同类门的个数,它是衡量门电路负载能力的一个参数,TTL 与非门有两种不同性质的负载,即灌电流负载和拉电流负载,因此有两种扇出系数,即低电平扇出系数 N_{OL} 和高电平扇出系数 N_{OH}。通常 $I_{iH} < I_{iL}$,则 $N_{OH} > N_{OL}$,故常以 N_{OL} 作为门的扇出系数。

N_{OL} 的测试电路如图 4.15 所示,门的输入端全部悬空,输出端接灌电流负载 R_L,调节 R_L 使 I_{OL} 增大,V_{OL} 随之增高,当 V_{OL} 达到 V_{OLm}(手册中规定低电平规范值 0.4V)时的 I_{OL} 就是允许灌入的最大负载电流,则 $N_{OL} = I_{OL}/I_{iL}$,通常 $N_{OL} \geqslant 8$。

④ 电压传输特性。门的输出电压 V_o 随输入电压 V_i 而变化的曲线 $V_o = f(V_i)$ 称为门的电压传输特性,通过它可读得门电路的一些重要参数,如输出高电平 V_{OH}、输出低电平 V_{OL}、关门电平 V_{off}、开门电平 V_{ON}、阈值电平 V_T 及抗干扰容限 V_{NL}、V_{NH} 等值。其测试电路如图 4.16 所示,采用逐点测试法,即调节 R_w,逐点测得 V_i 及 V_o,然后绘成曲线。

a. 输出高电平 V_{OH}。输出高电平 V_{OH} 是指与非门有一个以上输入端接地或接低电平时的输出电平值。此时门电路处于截止状态。如输出空载,V_{OH} 大于 3.6V,当输出端接有拉电流负载时,V_{OH} 将下降。

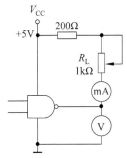

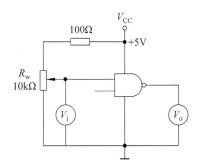

图 4.15　扇出系数测试电路　　　　　图 4.16　传输特性测试电路

b. 输出低电平 V_{OL}。输出低电平 V_{OL} 是指与非门的所有输入端均接高电平时的输出电平值。此时门电路处于导通状态。如输出空载,由于 T_5 管处于深度饱和,V_{OL} 小于 0.3V。当输出接有灌电流负载时,由于负载向门电路灌入电流,V_{OL} 将上升。

c. 开门电平 V_{ON}。开门电平 V_{ON} 是指输出低电平时,输入高电平的最低值。只要输入电平高于 V_{ON},与非门必定导通。一般 V_{ON} 为 2V。测量时可用 $V_{OL}=0.4V$ 所对应的输入电平作为开门电平 V_{ON}。

d. 关门电平 V_{off}。关门电平 V_{off} 是指保证输出为高电平时,输入低电平的最高值。只要输入低电平低于 V_{off},与非门必定截止。一般 V_{off} 为 0.8V。测量时可用 $V_{OH}=2.7V$ 所对应的输入电平作为关门电平 V_{off}。

实际上 TTL 门电路的开门电平和关门电平值比较接近。V_{off} 和 V_{ON} 越接近,说明门电路的抗干扰能力越强。

e. 阈值电平 V_{TH}。阈值电平 V_{TH} 是指与非门的工作点处于电压传输特性中输出电平迅速变化区(转折区)中点时的输入电平值。当与非门工作在这一电平时,电路中各晶体管均处于放大状态,输入信号若有微小变化,就会引起电路状态的迅速变化。不同电路的 V_{TH} 值略有差异,一般 74LS 系列门电路在 1.4V 左右。

TTL 与非门电压传输特性如图 4.17 所示。

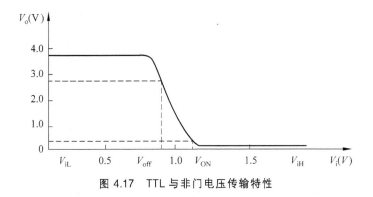

图 4.17　TTL 与非门电压传输特性

⑤ 平均传输延迟时间 t_{pd}。t_{pd} 是衡量门电路开关速度的参数,它是指输出波形边沿的 $0.5V_m$ 至输入波形对应边沿 $0.5V_m$ 点的时间间隔,如图 4.18 所示。

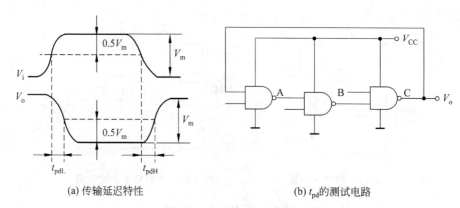

(a) 传输延迟特性　　　　　　　(b) t_{pd} 的测试电路

图 4.18　传输延时时间

图 4.18(a)中的 t_{pdL} 为导通延迟时间，t_{pdH} 为截止延迟时间，平均传输延迟时间为

$$t_{pd} = (t_{pdL} + t_{pdH})/2$$

t_{pd} 的测试电路如图 4.18(b)所示，由于 TTL 门电路的延迟时间较小，直接测量时对信号发生器和示波器的性能要求较高，故实验采用测量由奇数个与非门组成的环形振荡器的振荡周期 T 来求得。其工作原理是：假设电路在接通电源后某一瞬间，电路中的 A 点为逻辑"1"，经过三级门的延迟后，使 A 点由原来的逻辑"1"变为逻辑"0"；再经过三级门的延迟后，A 点电平又重新回到逻辑"1"。电路中其他各点电平也跟随变化。说明 A 点发生一个周期的振荡，必须经过 6 级门的延迟时间。因此平均传输延迟时间为

$$t_{pd} = T/6$$

TTL 电路的 t_{pd} 一般在 $10 \sim 40$ns 之间。

2）CMOS 与非门

图 4.19 为 CMOS 与非门 CD4011 的电路图和引脚图。CD4011 内部共集成了 4 个与非门，每个与非门的逻辑表达式为 $Y = \overline{A \cdot B}$。

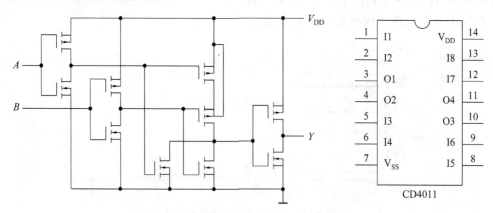

图 4.19　CD4011 四二输入与非门电路图和引脚图

CMOS 电路具有功耗低，电源电压范围宽，输入阻抗高，可靠性好等优点。CMOS 门电路的逻辑功能与 TTL 的完全一样，其参数含义大体上也与 TTL 相似，下面来介绍一下

CMOS 与非门的几个主要参数。

（1）功耗：CMOS 门电路的静态、动态功耗与 TTL 门电路相比,都很低,这是它的一个突出优点。

（2）电压传输特性：从传输特性曲线上可以读出输出高电平 V_{OH} 和输出低电平 V_{OL} 的数值,$V_{OH} \approx V_{CC}$,$V_{OL} \approx 0$,噪声容限 $V_n = 40\% V_{CC}$。

（3）扇出系数：CMOS 电路输入阻抗极高,大致相当于 $12^{12}\,\Omega$ 和 5pF 电容相并联,因此它的扇出系数很大。

（4）平均延时时间：CMOS 器件的传输延时时间比 TTL 器件长得多。如果负载电容增大,传输延时时间就增加,设计时可凭经验估计,每个 CMOS 门输入端为 5pF 再加上 5～15pF 的杂散布线电容。

3. 预习内容

（1）复习 TTL 与非门和 CMOS 与非门各参数的意义。

（2）预习 TTL 与非门和 CMOS 与非门各参数测试方法。

（3）预习 74LS00、CD4011 逻辑功能及外引线排列。

（4）阅读 TTL、CMOS 集成电路使用规则。

4. 实验设备与器件

（1）数字逻辑实验箱（＋5V 直流电源、逻辑电平开关、逻辑电平显示器）；

（2）数字万用表；

（3）74LS00 一片、CD4011 一片,1kΩ、10kΩ 电位器,200Ω 电阻器(0.5W)。

5. 实验内容与步骤

1）验证 TTL 集成与非门 74LS00 的逻辑功能

在合适的位置选取一个 14P 插座,按定位标记插好 74LS00 集成片。

按图 4.20 所示接线,门的两个输入端接逻辑电平开关插口,以提供"0"与"1"的电平信号,开关向上,输出逻辑"1",向下为逻辑"0"。门的输出端接由 LED 发光二极管组成的逻辑电平显示器（又称 0-1 指示器）的显示插口,LED 亮为逻辑"1",不亮为逻辑"0"。或直接用万用表的直流电压挡来测量输出端的电压值。按表 4.5 的真值表测试集成块中的任一个与非门的逻辑功能。

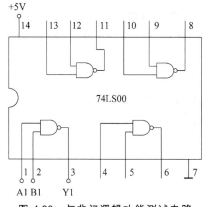

图 4.20　与非门逻辑功能测试电路

表 4.5　74LS00 功能测试表

输　入		输　出	
A	B	Y	$Y(V)$
0	0		
0	1		
1	0		
1	1		

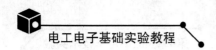

2) 74LS00 主要参数的测试

(1) 分别按照图 4.14、图 4.15、图 4.18(b)接线并进行测试,将测试结果记入表 4.6 中。

表 4.6　74LS00 主要参数测试表

参数名称	I_{CCL} (mA)	I_{CCH} (mA)	I_{iL} (mA)	I_{OL} (mA)	$N_{OL} = I_{OL}/I_{iL}$	$t_{pd} = T/6$ (ns)
参数范围	$\leqslant 2.2$	$\leqslant 0.8$	$\leqslant 0.24$	> 8	> 10	< 40
测试结果						

(2) 按图 4.16 接线,调节电位器 R_w,使 V_i 从 0 V 向高电平变化,逐点测量和 V_o 的对应值,记入表 4.7 中。

表 4.7　TTL 非门电压传输特性测试表

V_i(V)	0	0.6	0.8	1.0	1.2	1.4	2.0	2.2
V_o(V)								

3) CMOS 与非门电路的测试

测试 CD4011 的逻辑功能,将测试结果填入表 4.8 中。

表 4.8　CD4011 与非门逻辑功能表

输　　入		输　　出	
A	B	Y	Y(V)
0	0		
0	1		
1	0		
1	1		

6. 实验报告要求

(1) 记录、整理实验结果,并对实验结果进行判断。

(2) 画出实测的电压传输特性曲线,并从中读出各有关参数值。

(3) 比较分析 TTL 门与 CMOS 门的电压传输特性曲线。

7. 思考题

(1) 为什么 TTL 与非门输入端悬空相当于输入"1"电平?有何缺点?

(2) 总结 TTL 门电路和 CMOS 门电路的闲置输入端的处理方法。

(3) 如果与非门的一个输入端接连续脉冲,其余输入端在什么状态下,允许脉冲通过或禁止脉冲通过?

4.4　组合逻辑电路的设计与测试

1. 实验目的

（1）掌握 SSI 组合逻辑电路的设计方法、步骤。

（2）初步学会电路故障的检查和排除。

2. 实验原理

SSI 组合逻辑电路的设计，实际上是根据实际逻辑问题，用小规模集成电路（门电路）设计出能实现这一逻辑功能的电路。除了能完成要求的逻辑功能外，工程中还要求设计完成后的电路所用的器件种类最少、器件数量最少、器件之间的连线也最少。SSI 组合逻辑电路设计的一般步骤如下。

（1）根据实际问题对逻辑功能的要求、问题的因果关系进行分析，以确定输入、输出逻辑变量，然后列出真值表。输入、输出逻辑变量完全是人为定义的，一般把引起问题的原因定为输入变量，把问题的结果定义为输出变量。

（2）通过真值表或卡诺图化简可以得到输出最简与或表达式。

（3）根据给定器件，把最简与或表达式转换成与给定器件相一致的逻辑表达式。

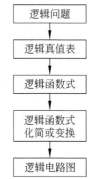

图 4.21　组合逻辑电路设计流程图

（4）画出逻辑电路图，并实现之，如图 4.21 所示。

根据设计任务的要求建立输入、输出变量，并列出真值表。然后用逻辑代数或卡诺图化简法求出逻辑表达式，并按实际选用逻辑门的类型修改逻辑表达式。根据简化后的逻辑表达式，画出逻辑图，用标准器件构成逻辑电路。最后，用实验来验证设计的正确性。

1）用 SSI 设计组合逻辑电路举例

用与非门设计一个表决电路。当 4 个输入端中有 3 个或 4 个为"1"时，输出端才为"1"。

设计步骤：根据题意列出真值表如表 4.9 所示，再填入卡诺图表 4.10 中。

表 4.9　表决电路的真值表

D	0	0	0	0	0	0	0	0	1	1	1	1	1	1	1	1
A	0	0	0	0	1	1	1	1	0	0	0	0	1	1	1	1
B	0	0	1	1	0	0	1	1	0	0	1	1	0	0	1	1
C	0	1	0	1	0	1	0	1	0	1	0	1	0	1	0	1
Z	0	0	0	0	0	0	0	1	0	0	0	1	0	1	1	1

由卡诺图得出逻辑表达式，并演化成"与非"的形式。

$$Z = ABC + BCD + ACD + ABD$$

$$= \overline{\overline{ABC} \cdot \overline{BCD} \cdot \overline{ACD} \cdot \overline{ABD}}$$

根据逻辑表达式画出用与非门构成的逻辑电路,如图 4.22 所示。

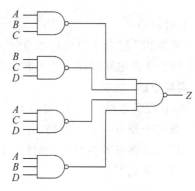

图 4.22　表决电路逻辑图

表 4.10　表决电路卡诺图结果

DA＼BC	00	01	11	10
00				
01			1	
11		1	1	1
10			1	

用实验验证逻辑功能。

在实验装置适当位置选定三个 14P 插座,按照集成块定位标记插好集成块 74LS20(二四输入与非门)。按图 4.23 所示接线,输入端 A、B、C、D 接至逻辑开关输出插口,输出端 Z 接逻辑电平显示输入插口,按真值表逐次改变输入变量,测量相应的输出值,验证逻辑功能,与表 4.9 进行比较,验证所设计的逻辑电路是否符合要求。

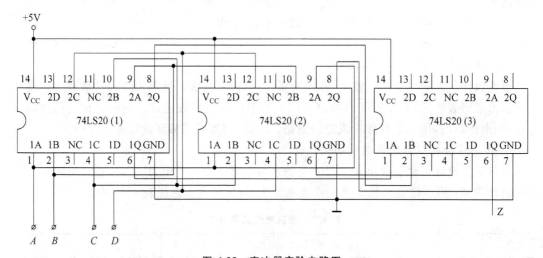

图 4.23　表决器实验电路图

2) 用 SSI 设计组合逻辑电路

要求:用与非门、异或门设计实现一个一位二进制全加器。

一位二进制全加器有三个输入端,两个输出端。

A、B:分别为加数和被加数。　　　　CI:由低位来的进位。

S:相加的和。　　　　　　　　　　　CO:是向高位的进位。

根据二进制加法规则列出全加器真值表,示于表 4.11 中,其符号如图 4.24 所示。

表 4.11　全加器真值表

输	入		输	出
A	B	CI	S	CO
0	0	0	0	0
0	0	1	1	0
0	1	0	1	0
0	1	1	0	1
1	0	0	1	0
1	0	1	0	1
1	1	0	0	1
1	1	1	1	1

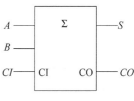

图 4.24　一位全加器

根据真值表写出逻辑函数。

$$S = \overline{A}\,\overline{B}CI + \overline{A}B\,\overline{CI} + A\overline{B}\,\overline{CI} + ABCI$$

$$CO = \overline{A}BCI + A\overline{B}CI + AB$$

若用与非门、异或门构成全加器,还必须进行逻辑转换。

3. 预习内容

(1) 复习组合逻辑电路的设计方法、步骤。

(2) 根据实验内容要求设计逻辑电路,拟定实验步骤。

(3) 熟悉所用器件外引线的排列及其逻辑功能,74HC86、74HC00 和 74HC20 外引线排列如图 4.25 所示。

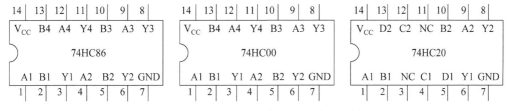

图 4.25　74HC86、74HC00、74HC20 外引线排列

(4) 根据所用器件及设计的逻辑电路,画出接线图。

4. 实验设备与器件

(1) 数字逻辑实验箱(+5V 直流电源、逻辑电平开关、逻辑电平显示器);

(2) 万用表;

(3) 74HC00、74HC86、74HC20。

5. 实验内容与步骤

(1) 用异或门 74HC86 和与非门 74HC00 设计一个一位二进制半加器。

① 分清器件的外引线,接通电源 $V_{cc} = +5V$,检查异或门、与非门逻辑功能正常与否。

② 按预习时设计的半加器连接电路,检查连线正确后,74HC86 与 74HC00 均接上电源。

③ 测试结果,并与真值表比较。半加器测试表列于表 4.12 中。

表 4.12　半加器测试表

输　　　入				输　　　出			
A		B		S		CO	
状态	电压(V)	状态	电压(V)	状态	电压(V)	状态	电压(V)
0		0					
0		1					
1		0					
1		1					

（2）用异或门 74HC86 和与非门 74HC00 设计一个一位二进制全加器。

① 分清器件的外引线,接通电源 $V_{CC}=+5V$,检查异或门、与非门逻辑功能正常与否。

② 按预习时设计的全加器连接电路,检查连线正确后,74HC86 与 74HC00 均接上电源。

③ 把 A、B、CI 端按表 4.13 所示分别接高或低电平,用万用表测出相应的 S、CO,记录在表 4.13 内,并与真值表比较。

表 4.13　全加器测试表

输　　　入			输　　　出	
A	B	CI	S(V)	CO(V)
0	0	0		
0	0	1		
0	1	0		
0	1	1		
1	0	0		
1	0	1		
1	1	0		
1	1	1		

（3）用与非门设计一个表决电路。

当 4 个输入端中有 3 个或 4 个为"1"时,输出端才为"1"。

① 分清器件的外引线,接通电源 $V_{CC}=+5V$,检查与非门逻辑功能正常与否。

② 按预习时设计的全加器连接电路,检查连线正确后,74HC20 接上电源。

③ 把 A、B、C、D 端按表 4.14 所示分别接高或低电平,用逻辑电平显示器测试输出 Z,记录在表 4.14 内,并与真值表比较。

表 4.14　四人表决器的测试表

D	0	0	0	0	0	0	0	0	1	1	1	1	1	1	1	1
A	0	0	0	0	1	1	1	1	0	0	0	0	1	1	1	1
B	0	0	1	1	0	0	1	1	0	0	1	1	0	0	1	1

C	0	1	0	1	0	1	0	1	0	1	0	1	0	1	0	1
Z																

6. 实验报告要求

(1) 写出组合逻辑电路一般设计过程。

(2) 根据实验内容,简要地写出设计过程,画出逻辑电路图,并注明所用集成电路的引脚号,画出实物接线图。

(3) 记录整理实验结果,并对实验结果进行分析。

(4) 实验体会。

7. 思考题

用其他功能集成芯片设计全加器的方法。

4.5　译码器的测试及其应用

1. 实验目的

(1) 熟悉显示译码器、数码管的使用。

(2) 掌握中规模集成译码器的逻辑功能和测试方法。

(3) 掌握变量译码器的简单应用。

2. 实验原理

译码器是一个多输入、多输出的组合逻辑电路。它的作用是把给定的代码进行"翻译",变成相应的状态,使输出通道中相应的一路有信号输出。译码器在数字系统中有广泛的用途,不仅用于代码的转换、终端的数字显示,还用于数据分配、存储器寻址和组合控制信号等。不同的功能可选用不同种类的译码器。

译码器可分为通用译码器和显示译码器两大类。前者又分为变量译码器和代码变换译码器。

1) 通用译码器

变量译码器(又称二进制译码器),用以表示输入变量的状态,如 2-4 线、3-8 线和 4-16 线译码器。若有 n 个输入变量,则有 2^n 个不同的组合状态,就有 2^n 个输出端供其使用。而每一个输出所代表的函数对应于 n 个输入变量的最小项。

以 3-8 线译码器 74HC138 为例进行分析,图 4.26(a)、(b)分别为其逻辑图及引脚排列。其中 A_2、A_1、A_0 为地址输入端,$\overline{Y}_0 \sim \overline{Y}_7$ 为译码输出端,S_1、$\overline{S}_2$、$\overline{S}_3$ 为使能端。

表 4.15 为 74HC138 功能表。当 $S_1 = 1$,$\overline{S}_2 + \overline{S}_3 = 0$ 时,器件使能,地址码所指定的输出端有信号(为 0)输出,其他所有输出端均无信号(全为 1)输出。当 $S_1 = 0$,$\overline{S}_2 + \overline{S}_3 = X$ 时,或 $S_1 = X$,$\overline{S}_2 + \overline{S}_3 = 1$ 时,译码器被禁止,所有输出同时为 1。

二进制译码器实际上也是负脉冲输出的脉冲分配器。若利用使能端中的一个输入端输入数据信息,器件就成为一个数据分配器(又称多路分配器),如图 4.27 所示。若在 S_1 输入端输入数据信息，$\overline{S}_2 = \overline{S}_3 = 0$，地址码所对应的输出是 S_1 端数据信息的反码；若从 $\overline{S}_2$ 端输入数据信息，令 $S_1 = 1$、$\overline{S}_3 = 0$，地址码所对应的输出是 $\overline{S}_2$ 端数据信息的原码。若数据信息是时钟脉冲，则数据分配器便成为时钟脉冲分配器。

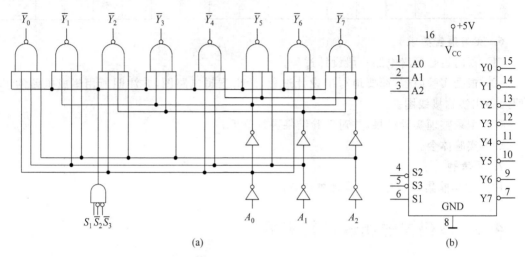

(a)   (b)

图 4.26   3-8 线译码器 74HC138 逻辑图及引脚排列

表 4.15   74HC138 功能表

输入					输出							
S_1	$\overline{S}_2 + \overline{S}_3$	A_2	A_1	A_0	$\overline{Y}_0$	$\overline{Y}_1$	$\overline{Y}_2$	$\overline{Y}_3$	$\overline{Y}_4$	$\overline{Y}_5$	$\overline{Y}_6$	$\overline{Y}_7$
1	0	0	0	0	0	1	1	1	1	1	1	1
1	0	0	0	1	1	0	1	1	1	1	1	1
1	0	0	1	0	1	1	0	1	1	1	1	1
1	0	0	1	1	1	1	1	0	1	1	1	1
1	0	1	0	0	1	1	1	1	0	1	1	1
1	0	1	0	1	1	1	1	1	1	0	1	1
1	0	1	1	0	1	1	1	1	1	1	0	1
1	0	1	1	1	1	1	1	1	1	1	1	0
0	×	×	×	×	1	1	1	1	1	1	1	1
×	1	×	×	×	1	1	1	1	1	1	1	1

    根据输入地址的不同组合译出唯一地址，故可用作地址译码器。接成多路分配器，可将一个信号源的数据信息传输到不同的地点。

    二进制译码器还能方便地实现逻辑函数，如图 4.28 所示，实现的逻辑函数是

$$Z = \overline{A}\,\overline{B}\,\overline{C} + \overline{A}B\overline{C} + A\overline{B}\overline{C} + ABC$$

    利用使能端方便地将两个 3-8 线译码器组合成一个 4-16 线译码器，如图 4.29 所示。

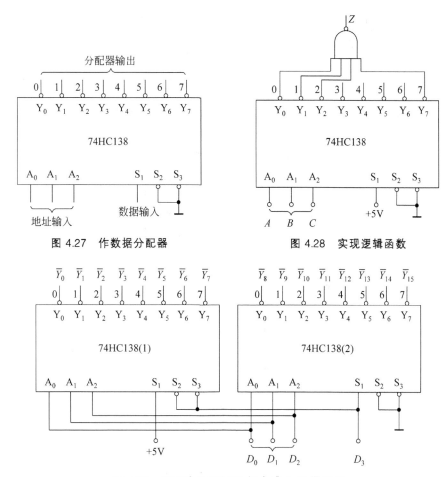

图 4.27 作数据分配器

图 4.28 实现逻辑函数

图 4.29 用两片 74HC138 组合成 4-16 译码器

2) 数码显示译码器

(1) 七段发光二极管(LED)数码管。LED 数码管是目前最常用的数字显示器,图 4.30(a)、(b)为共阴管和共阳管的电路,图 4.30(c)为两种不同出线形式的引出脚功能图。

一个 LED 数码管可用来显示一位 0～9 十进制数和一个小数点。小型数码管(0.5 寸和 0.36 寸)每段发光二极管的正向压降,随显示光(通常为红、绿、黄、橙色)的颜色不同略有差别,通常约为 2～2.5V,每个发光二极管的点亮电流在 5～10mA。LED 数码管要显示 BCD 码所表示的十进制数字就需要有一个专门的译码器,该译码器不但要完成译码功能,还要有相当的驱动能力。

(2) BCD 码七段译码驱动器。此类译码器型号有 74HC47(共阳)、74HC48(共阴)、CC4511(共阴)等,本实验系采用 CC4511 BCD 码锁存/七段译码/驱动器,驱动共阴极 LED 数码管。图 4.31 为 CC4511 引脚排列。

其中,A、B、C、D 为 BCD 码输入端;a、b、c、d、e、f、g 为译码输出端,输出"1"有效,用来驱动共阴极 LED 数码管;$\overline{LT}$ 为测试输入端,$\overline{LT}$ ="0"时,译码输出全为"1";$\overline{BI}$ 为消隐输入端,

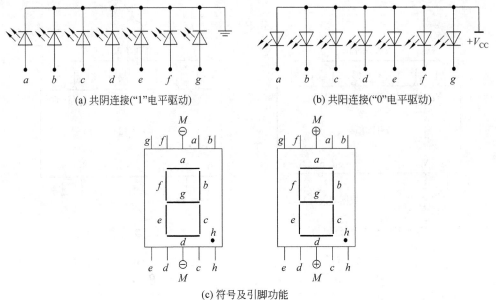

(a) 共阴连接("1"电平驱动)　　　　　(b) 共阳连接("0"电平驱动)

(c) 符号及引脚功能

图 4.30　LED 数码管

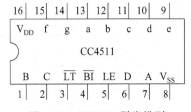

图 4.31　CC4511 引脚排列

BI＝"0"时,译码输出全为"0";LE 为锁定端,LE＝"1"时,译码器处于锁定(保持)状态,译码器输出保持在 LE＝0 时的数值,LE＝0 为正常译码。

　　表 4.16 为 CC4511 功能表。CC4511 内接有上拉电阻,故只需要在输出端与数码管各段端之间串入限流电阻即可工作。译码器还有拒伪码功能,当输入码超过 1001 时,输出全为"0",数码管熄灭。

表 4.16　CC4511 功能表

	输 入							输 出							字符
	$\overline{LT}$	$\overline{BI}$	LE	D	C	B	A	g	f	e	d	c	b	a	
测灯	0	×	×	×	×	×	×	1	1	1	1	1	1	1	8
灭零	1	0	×	×	×	×	×	0	0	0	0	0	0	0	消隐
锁存	1	1	1	×	×	×	×	显示 LE＝0→1 时数据							

续表

	输			入			输			出				字符
	$\overline{LT}$	$\overline{BI}$	LE	D	C	B	A	g	f	e	d	c	b	a	
译码	1	1	0	0	0	0	0	0	1	1	1	1	1	1	0
	1	1	0	0	0	0	1	0	0	0	0	1	1	0	1
	1	1	0	0	0	1	0	1	0	1	1	0	1	1	2
	1	1	0	0	0	1	1	1	0	0	1	1	1	1	3
	1	1	0	0	1	0	0	1	1	0	0	1	1	0	4
	1	1	0	0	1	0	1	1	1	0	1	1	0	1	5
	1	1	0	0	1	1	0	1	1	1	1	1	0	0	6
	1	1	0	0	1	1	1	0	0	0	0	1	1	1	7
	1	1	0	1	0	0	0	1	1	1	1	1	1	1	8
	1	1	0	1	0	0	1	1	1	0	0	1	1	1	9

在数字电路实验装置上已完成了译码器 CC4511 和数码管 BS202 之间的连接。实验时只要接通 +5V 电源和将十进制数的 BCD 码接至译码器的相应输入端 A、B、C、D 即可显示 0～9 的数字。4 位数码管可接受 4 组 BCD 码输入。CC4511 与 LED 数码管的连接如图 4.32 所示。

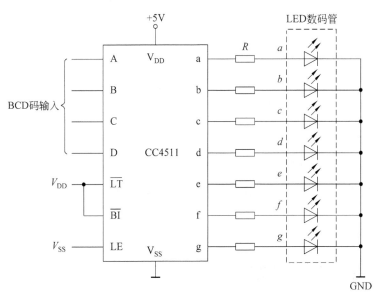

图 4.32　CC4511 驱动一位 LED 数码管

3．预习内容

（1）复习有关译码器和分配器的原理。

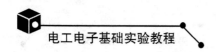

（2）根据实验内容,画出所需的实验线路及记录表格。

4. 实验设备与器件

（1）数字逻辑实验箱（+5V 直流电源、连续脉冲源、逻辑电平开关、逻辑电平显示器、拨码开关组、译码显示器）；（2）双踪示波器；（3）74HC138×2、CC4511、共阴 LED 显示数码管、电阻若干。

5. 实验内容与步骤

1）译码显示器的使用

将实验装置上的一个拨码开关的输出 A_i、B_i、C_i、D_i 分别接至显示译码/驱动器 CC4511 的对应输入口，LE、$\overline{BI}$、$\overline{LT}$ 接至三个逻辑开关的输出插口，接上+5V 显示器的电源，然后按功能表输入的要求撤动拨码开关的增减键（"+"与"−"键）和操作与 LE、$\overline{BI}$、$\overline{LT}$ 对应的三个逻辑开关，观测拨码盘上的数字与 LED 数码管显示的数字是否一致及译码显示是否正常。

2）74HC138 译码器逻辑功能测试

将译码器使能端 S_1、$\overline{S}_2$、$\overline{S}_3$ 及地址端 A_2、A_1、A_0 分别接至逻辑电平开关输出口，8 个输出端 $\overline{Y}_7 \sim \overline{Y}_0$ 依次连接在逻辑电平显示器的 8 个输入口上，拨动逻辑电平开关，按表 4.15 逐项测试 74HC138 的逻辑功能。

3）用 74HC138 构成时序脉冲分配器

参照图 4.26 和实验原理说明，时钟脉冲 CP 频率约为 10kHz，要求分配器输出端 $\overline{Y}_0$ 的信号与 CP 输入信号同相。

画出分配器的实验电路，用示波器观察和记录在地址端 A_2、A_1、A_0 分别取 000～111 这 8 种不同状态时 $\overline{Y}_0 \sim \overline{Y}_7$ 端的输出波形，注意输出波形与 CP 输入波形之间的相位关系。

4）扩展实验

用两片 74HC138 组合成一个 4-16 线译码器，并进行实验。

6. 实验报告要求

（1）画出实验线路，把观察到的波形画在坐标纸上，并标上对应的地址码。

（2）对实验结果进行分析、讨论。

7. 思考题

（1）总结 74HC138 有哪些应用。

（2）LED 数码管的正常发光工作条件是什么？如果所加信号电压太大，可采取什么措施解决？

（3）在选择译码、显示电路时应考虑哪些因素？

4.6 数据选择器的测试与应用

1. 实验目的

（1）掌握中规模集成数据选择器的逻辑功能及其使用方法。

（2）掌握用数据选择器构成组合逻辑电路的方法。

2. 实验原理

数据选择器又叫多路选择器或多路开关。其逻辑功能是在地址码的控制下,从一组数据输入中选择一个并将其送到输出端。常用的数据选择器有双四选一数据选择器 74HC153 和八选一数据选择器 74HC151。

1)双四选一数据选择器 74HC153

所谓双四选一数据选择器就是在一块集成芯片上有两个四选一数据选择器。其逻辑图如图 4.33 所示。

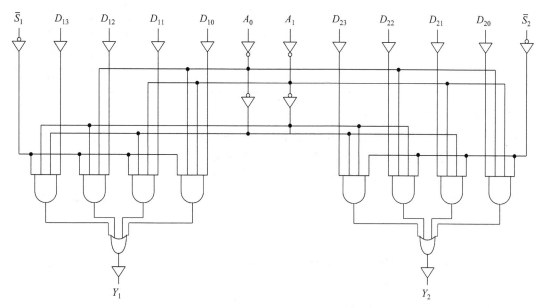

图 4.33　双四选一数据选择器 74HC153 逻辑图

两个数据选择器有公共的地址输入端,而数据输入端和输出端是各自独立的,通过给定不同的地址代码,也即 A_1、A_0 的状态,即可分别从输入数据中选出所要的一个,送至输出端 Y。图中的 $\bar{S}_1$ 和 $\bar{S}_2$ 是附加控制端,用于控制电路工作状态和扩展功能。

输出的逻辑表达式可写为

$$Y_1 = (\bar{A}_1 \bar{A}_0 D_{10} + \bar{A}_1 A_0 D_{11} + A_1 \bar{A}_0 D_{12} + A_1 A_0 D_{13}) \cdot S_1$$
$$Y_2 = (\bar{A}_1 \bar{A}_0 D_{20} + \bar{A}_1 A_0 D_{21} + A_1 \bar{A}_0 D_{22} + A_1 A_0 D_{23}) \cdot S_2$$

其功能表如表 4.17 所示。

表 4.17　74HC153 功能表

输　　入							输　　出
A_1	A_0	D_0	D_1	D_2	D_3	$\bar{S}$	Y
×	×	×	×	×	×	H	L
L	L	L	×	×	×	L	L

续表

输入							输出
A_1	A_0	D_0	D_1	D_2	D_3	$\overline{S}$	Y
L	L	H	×	×	×	L	H
L	H	×	L	×	×	L	L
L	H	×	H	×	×	L	H
H	L	×	×	L	×	L	L
H	L	×	×	H	×	L	H
H	H	×	×	×	L	L	L
H	H	×	×	×	H	L	H

其引脚排列如图 4.34 所示。

$\overline{S}_1$、$\overline{S}_2$ 为两个独立的使能端；A_1A_0 为公共的地址输入端；$D_{10} \sim D_{13}$ 和 $D_{20} \sim D_{23}$ 分别为两个四选一数据选择器的数据输入端；Y_1、Y_2 为两个输出端。

当使能端 $\overline{S}_1(\overline{S}_2)=1$ 时，多路开关被禁止，无输出，$Y=0$。

当使能端 $\overline{S}_1(\overline{S}_2)=0$ 时，多路开关正常工作，根据地址码 A_1A_0 的状态，将相应的数据 $D_0 \sim D_3$ 送到输出端 Y。

2）八选一数据选择器 74HC151

74HC151 为互补输出的八选一数据选择器，其引脚排列如图 4.35 所示，功能如表 4.18 所示。其输出逻辑表达式为

$$Q = (\overline{A_2}\,\overline{A_1}\,\overline{A_0}D_0 + \overline{A_2}\,\overline{A_1}\,A_0 D_1 + \overline{A_2}\,A_1\,\overline{A_0}D_2 + \overline{A_2}\,A_1\,A_0 D_3 + A_2\overline{A_1}\,\overline{A_0}D_4$$
$$+ A_2\overline{A_1}\,A_0 D_5 + A_2 A_1\,\overline{A_0}D_6 + A_2 A_1\,A_0 D_7)S$$

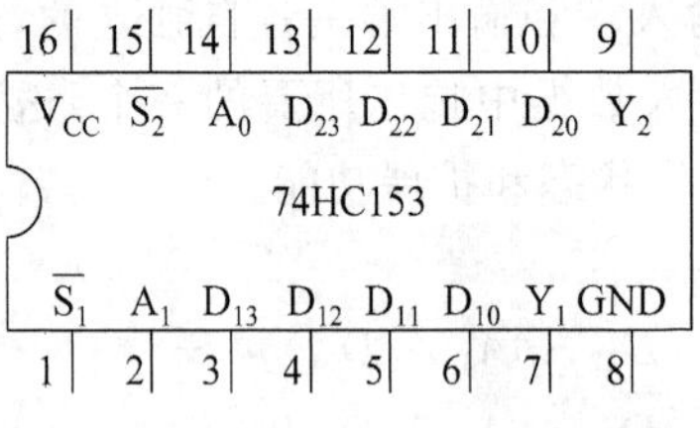

图 4.34　74HC153 的引脚排列图 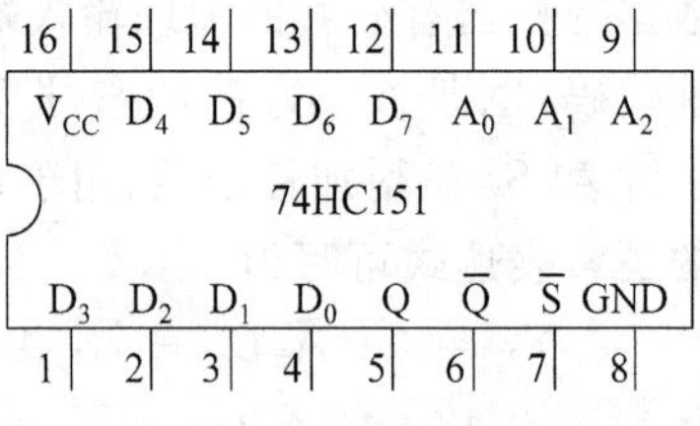　　图 4.35　74HC151 的引脚排列图

表 4.18　74HC151 功能表

输入				输出		输入				输出	
$\overline{S}$	A_2	A_1	A_0	Q	$\overline{Q}$	$\overline{S}$	A_2	A_1	A_0	Q	$\overline{Q}$
1	×	×	×	0	1	0	1	0	0	D_4	$\overline{D}_4$
0	0	0	0	D_0	$\overline{D}_0$	0	1	0	1	D_5	$\overline{D}_5$

输　　　入				输　出		输　　　入				输　出	
$\overline{S}$	A_2	A_1	A_0	Q	$\overline{Q}$	$\overline{S}$	A_2	A_1	A_0	Q	$\overline{Q}$
0	0	0	1	D_1	$\overline{D}_1$	0	1	1	0	D_6	$\overline{D}_6$
0	0	1	0	D_2	$\overline{D}_2$	0	1	1	1	D_7	$\overline{D}_7$
0	0	1	1	D_3	$\overline{D}_3$						

数据选择器的用途很多,例如多通道传输、数码比较、并行码变串行码以及实现逻辑函数等。

3) 数据选择器的应用——实现函数

例一：用八选一数据选择器 74HC151 实现函数

$$F = A\overline{B} + B\overline{C} + C\overline{A}$$

解：作出函数 F 的真值表,如表 4.19 所示。

表 4.19　函数 F 的真值表(一)

输　　　入			输　出	输　　　入			输　出
A	B	C	F	A	B	C	F
0	0	0	0	1	0	0	1
0	0	1	1	1	0	1	1
0	1	0	1	1	1	0	1
0	1	1	1	1	1	1	0

将函数 F 的真值表与八选一数据选择器的功能表相比较,可知：

(1) 输入变量 A、B、C 作为八选一数据选择器的地址码 $A_2 A_1 A_0$；

(2) 使八选一数据选择器的各数据输入 $D_0 \sim D_7$ 分别与函数 F 的输出值一一对应,即

$$A_2 A_1 A_0 = ABC, \quad D_0 = D_7 = 0, \quad D_1 = D_2 = D_3 = D_4 = D_5 = D_6 = 1$$

则,八选一数据选择器的输出 Q 便实现了函数 $F = A\overline{B} + B\overline{C} + C\overline{A}$。

接线图如图 4.36 所示。

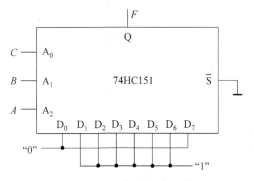

图 4.36　74HC151 实现函数 F 的逻辑图

例二：用四选一数据选择器 74HC153 实现函数
$$F = \overline{A}BC + A\overline{B}C + AB\overline{C} + ABC$$

解：列出函数 F 的功能表，如表 4.20 所示。

表 4.20 函数 F 的功能表（二）

A	B	C	F	A	B	C	F
0	0	0	0	1	0	0	0
0	0	1	0	1	0	1	1
0	1	0	0	1	1	0	1
0	1	1	1	1	1	1	1

函数 F 有三个输入变量 A、B、C，而数据选择器有两个地址端 A_1、A_0少于函数输入变量个数，可令 $A_1 = A$, $A_0 = B$；可得 $D_0 = 0, D_1 = D_2 = C, D_3 = 1$；则四选一数据选择器的输出便实现了函数 $F = \overline{A}BC + A\overline{B}C + AB\overline{C} + ABC$。接线图如图 4.37 所示。

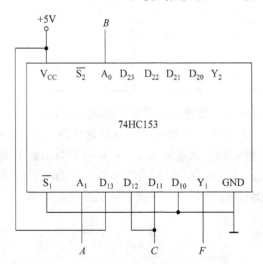

图 4.37 用四选一数据选择器实现 F 的逻辑图

当函数输入变量大于数据选择器地址端时，可能随着选用函数输入端作地址的方案不同，而使其设计结果不同，需对几种方案比较，以获得最佳方案。

3. 预习内容

（1）复习数据选择器的工作原理。
（2）根据实验内容要求设计逻辑电路，拟定实验步骤。
（3）熟悉所用器件外引线的排列及其逻辑功能。
（4）根据所用器件及设计的逻辑电路，画出接线图。

4. 实验设备与器件

(1) 数字逻辑实验箱（+5V 直流电源、逻辑电平开关、逻辑电平显示器）；

(2) 万用表；

(3) 74HC00、74HC86、74HC153、74HC151。

5. 实验内容与步骤

1) 测试数据选择器 74HC153 的逻辑功能

将数据选择器的使能端 $\overline{S}_1$、地址端 A_1、A_0 及数据输入端 $D_{10} \sim D_{13}$ 分别接至逻辑电平开关输出口，输出端 Y_1 连接到逻辑电平显示器，拨动逻辑电平开关，按表 4.17 逐项测试 74HC153 的第一个数据选择器的逻辑功能，记录测试结果；按同样的方法测试第二个四选一数据选择器的功能。

2) 用 74HC153 和与非门 74HC00 设计一个一位二进制全加器

(1) 按设计的电路图连接电路，检查接线正确后，接通电源 $V_{CC} = +5V$。

(2) 把 A、B、CI 端按表 4.21 所列分别接高或低电平，用逻辑电平显示器测出相应的 S、CO，记录在表 4.21 内，并与真值表比较。

表 4.21 用数据选择器和与非门设计全加器测试表

输　　　入			输　　　出	
A	B	CI	S	CO
0	0	0		
0	0	1		
0	1	0		
0	1	1		
1	0	0		
1	0	1		
1	1	0		
1	1	1		

3) 测试数据选择器 74HC151 的逻辑功能

测试方法同步骤 1)，并做记录。

4) 用 74HC151 设计三输入多数表决器

(1) 写出设计过程；

(2) 画出接线图；

(3) 验证逻辑功能。

6. 实验报告要求

(1) 用数据选择器对实验内容进行设计，写出设计全过程，画出逻辑电路图、接线图，记

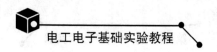

录实验结果,总结实验。

(2) 实验收获、体会。

7. 思考题

如何用一片双四选一数据选择器和合适的门电路构成一个八选一数据选择器?说明设计思路,画出电路图。

4.7　触发器及其应用

1. 实验目的

(1) 了解触发器构成方法和工作原理。

(2) 熟悉各触发器的功能和特性。

(3) 熟悉用触发器构成不同进制的计数器。

(4) 掌握触发器之间相互转换的方法。

2. 实验原理

在数字系统中经常需要存储各种数字信息,触发器是具有各种记忆功能、能存储数字信号的最常用的一种基本单元电路。它具有两个稳态,当触发器处于某一稳态时,能保持这个稳态。只有在一定的输入信号作用下,才可能翻转到另一稳态,并保持这一稳态,直到下一个触发信号使它翻转为止。因此,触发器是一种具有记忆功能的电路。

触发器一般可分为基本 RS 触发器、同步 RS 触发器、JK 触发器、D 触发器和 T 触发器。目前作为产品的时钟控制触发器主要有 JK 触发器和 D 触发器,利用它们就可以转换成其他功能的触发器。

1) D 触发器

从表 4.22 可见,集成 D 型触发器根据其功能可大致划分为 4 类。一类是同时带有清除端和预置端的双 D 触发器,这类触发器的时钟、清除和预置都是独立的。第二类是带有公共清除端的四 D、六 D 和八 D 触发器,这类触发器的时钟输入是公共的,除四 D 触发器为双边 $(Q、\overline{Q})$ 输出外,六 D 和八 D 触发器皆为单边输出。第三类是带有公共使能端(而不是公共清除端)的四 D、六 D 和八 D 触发器,这类触发器只有在使能 G 为低时,在公共时钟正跳变作用下,满足建立时间要求的 D 输入信号才能传送到 Q 输出。时钟触发在一个特定电平下发生,与正跳变脉冲的快慢无关。当时钟输入处于高或低电平时,D 输入信号不影响输出。这类触发器由于具有使能控制,因此工作更可靠。第四类是既具有公共使能端又具有三态输出控制的 D 型触发器。这类触发器的特点是具有高阻抗的第三态输出,因此可用于驱动大电容或较低阻抗的负载。在进行 D 触发器选择时可参考表 4.22 确定类别后,再根据对触发器数、工作频率和建立时间等的要求进行考虑。

D 触发器的逻辑功能如表 4.23 所示,根据表 4.23 可得 D 触发器的特性方程为

$$Q^* = D$$

表 4.22　74 系列集成 D 触发器主要类别

类别	名称	触发器数	输出	工作频率 MHz	单个触发器功耗 mW	数据时间 ns 建立	数据时间 ns 保持	型号、外引线
1	同时带有清除端和预置端的 D 型触发器	2	双边	33	20	20↑	5↑	74HC74/14
2	带有公共清除端的 D 型触发器	6	单边	35	38	20↑	5↑	74174/16
			单边	40	10.6	20↑	5↑	74HC174/16
			单边	110	75	5↑	3↑	74S174/16
		4	双边	35	38	20↑	5↑	74175/16
			双边	40	10.6	20↑	5↑	74HC175/16
			双边	110	75	5↑	3↑	74S175/16
		8	单边	40	39	20↑	5↑	74273/20
			单边	40	10.6	20↑	5↑	74HC273/20
3	带有公共使能端的 D 型触发器	8	单边	40	10.6	20↑	5↑	74HC377/20
		6	单边	40	10.6	20↑	5↑	74HC378/16
		4	双边	40	10.6	20↑	5↑	74HC379/16
4	带有公共使能端且具有三态输出的 D 型触发器	8	单边	50	28	20↑	0↑	74HC364/20
			单边	50	17	20↑	0↑	74HC374/20
			单边	100	56	5↑	2↑	74S374/20

表 4.23　D 触发器的特性表

输　入	输　出	
D	Q	Q^*
0	0	0
0	1	0
1	0	1
1	1	1

从图 4.38 可知 D 触发器通常有三种输入端。

第一种是异步复位、置位输入端,用 R_D、S_D 表示,输入端有一小圆圈表示低电平或负脉冲有效。

第二种是控制输入端,用 D 表示。加在 D 端的信号是触发器状态改变的依据。

第三种是时钟输入端,用 CP 表示。CP 输入端没有小圆圈表示是上升沿翻转。

D 触发器的状态转换图如图 4.39 所示。

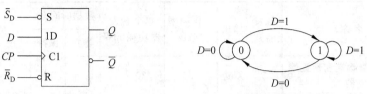

图 4.38　D 触发器　　　　　　图 4.39　D 触发器的状态转换图

不同类型的触发器对 CP 脉冲与控制信号的要求各不相同,实际使用时应注意它们的这一特点。例如从表 4.22 中可知,74HC175 要求 D 端的控制信号应超前 CP 脉冲上升沿 20ns 以上,并且要求在 CP 脉冲上升沿到达后保持 5ns 以上,因此对 CP 脉冲的高、低电平宽度有一定的要求。为了使触发器稳定可靠地工作,CP 脉冲的工作频率应小于 40MHz。

利用 D 触发器可以构成多种其他功能的电路,如计数器、数据寄存器、脉冲发生电路等。

2) JK 触发器

JK 触发器具有置 0、置 1、保持和翻转(或叫计数)功能。其特性方程为

$$Q^* = J\overline{Q} + \overline{K}Q$$

集成双 JK 触发器 74LS76 的引脚图如图 4.40 所示,功能表如表 4.24 所示。它是带有置位和清零的双 JK 触发器,每个触发器都有单独的异步清零端和异步置"1"输入端,用来预置触发器的初始状态;有 Q 互补输出;为下降沿触发型 JK 触发器。

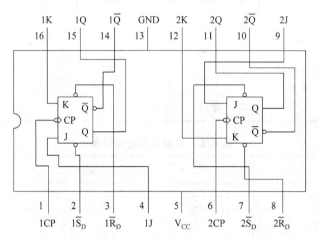

图 4.40　集成双 JK 触发器 74LS76 的引脚图

表 4.24　74LS76 的功能表

输　入					输　出
$\overline{S}_D$	$\overline{R}_D$	CP	J	K	Q^*
0	1	×	×	×	1
1	0	×	×	×	0

输　　　　入					输　　出
$\overline{S}_D$	$\overline{R}_D$	CP	J	K	Q^*
0	0	$\times$	$\times$	$\times$	1^*
1	1	$\downarrow$	0	0	Q
1	1	$\downarrow$	0	1	0
1	1	$\downarrow$	1	0	1
1	1	$\downarrow$	1	1	$\overline{Q}$
1	1	$\uparrow$	$\times$	$\times$	Q

3）D 触发器的应用

例一：用 D 触发器构成三进制同步加法计数电路。

如图 4.41 所示，用两只 D 触发器就可构成三进制计数电路，它的驱动方程为

$$\begin{cases} D_1 = \overline{Q}_1\overline{Q}_2 \\ D_2 = Q_1 \end{cases}$$

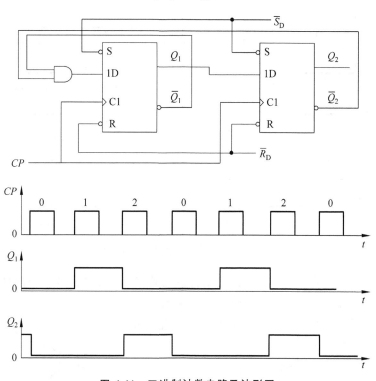

图 4.41　三进制计数电路及波形图

把驱动方程代入 D 触发器的特性方程，得电路的状态方程

$$\begin{cases} Q_1^* = D_1 = \bar{Q}_1\bar{Q}_2 \\ Q_2^* = D_2 = Q_1 \end{cases}$$

所以当 CP 端送入时钟脉冲时电路就进行三进制计数。

用 D 触发器还可构成五进制、七进制、九进制、十一进制等多种进制的计数电路。

例二：用 D 触发器构成同步单脉冲发生器。

利用 D 触发器的移位功能，并借助于时钟脉冲产生两个起始不一致的脉冲，再用一个与非门进行选通，便可组成同步单脉冲发生电路，如图 4.42 所示。它产生的单脉冲与时钟同步，且宽度等于时钟脉冲的一个周期，并与操作开关的机械触点所产生的通、断噪声无关。因此可以广泛地用于设备的起动或系统的调试与检测。

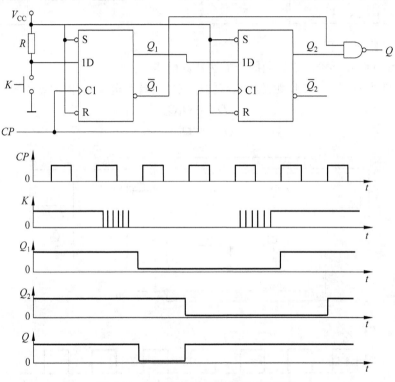

图 4.42 同步单脉冲发生电路及波形图

单脉冲发生电路对启动脉冲（K）的要求是只需其宽度大于 CP 的一个周期，这样就能保证启动脉冲总能覆盖住某一个 CP 的上升沿，从而达到可靠的目的。图 4.42 中启动脉冲为负脉冲时，输出端 Q 得到的是一个负的同步单脉冲。

4）D 触发器转换成 JK 触发器

JK 触发器的状态转换图如图 4.43 所示。JK 触发器的特性表如表 4.25 所示，根据表 4.25 可得 JK 触发器的特性方程为

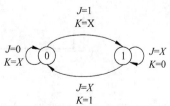

图 4.43 JK 触发器的状态转换图

$$Q^* = J\bar{Q} + \bar{K}Q$$

表 4.25　JK 触发器的特性表

输　入			输　出
J	K	Q	Q^*
0	0	0	0
0	0	1	1
0	1	0	0
0	1	1	0
1	0	0	1
1	0	1	1
1	1	0	1
1	1	1	0

D 触发器的特性方程为

$$Q^* = D$$

比较两个方程,令

$$D = J\bar{Q} + \bar{K}Q = \overline{(\overline{J\bar{Q}})(\overline{\bar{K}Q})}$$

根据上式,就可画出 D 触发器转换为 JK 触发器的电路图,如图 4.44 所示。

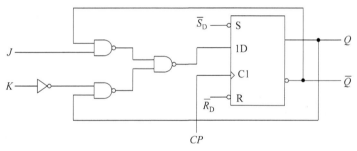

图 4.44　D 触发器转换成 JK 触发器

用同样的方法可以将 D 或 JK 触发器转换为其他的触发器。

3. 预习内容

(1) 复习 RS、JK、D、T 触发器的逻辑功能。

(2) 用 D 触发器设计一个二分频电路,画出电路图。

(3) 用 D 触发器转换成 T 触发器,并画出电路图。

4. 实验设备与器件

(1) 数字逻辑实验箱(+5V 直流电源、逻辑电平开关、逻辑电平显示器、脉冲源);

(2) 万用表;

(3) 双踪示波器;

(4) 74HC175、74LS76、74HC00。

5．实验内容

1）双 JK 触发器 74LS76 的逻辑功能测试

（1）测试 JK 触发器的逻辑功能。

从 74LS76 中任选一组 JK 触发器进行实验，将输入端 J、K 及异步置 0 端 $\overline{R}_D$、异步置 1 端 $\overline{S}_D$ 分别接逻辑开关输出插口，时钟端 CP 接单次脉冲源，输出端 Q 接逻辑电平显示器输入插口。根据表 4.24 的要求改变相应输入端的状态，观察 Q 端的状态变化及其状态更新是否发生在 CP 脉冲的下降沿（即 CP 由 1→0）。

（2）将 JK 触发器转换为 T 触发器。

在 CP 端输入 1Hz 的连续脉冲或接单次脉冲源，观察 CP 和 T 变化时 Q 端的变化。

2）四 D 触发器 74HC175 的逻辑功能测试

（1）测试 D 触发器的逻辑功能。

74HC175 的外引线排列如图 4.45 所示，它有公共的清零端，互补输出。

把 74HC175 接上电源 $V_{CC}=5V$，按表 4.26 测试其逻辑功能。

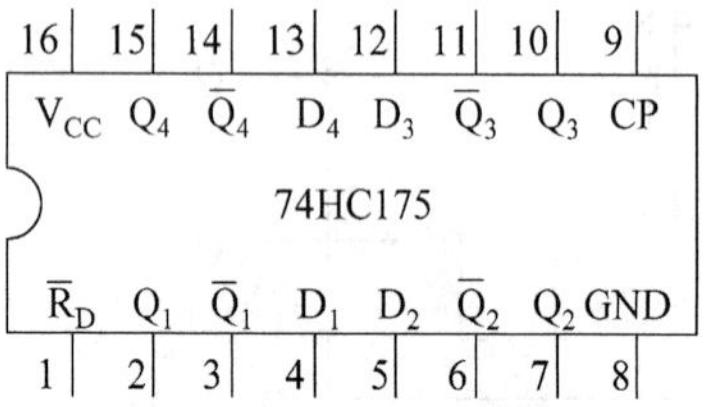

表 4.26　74HC175 逻辑功能测试表

输　　　入			输　　出	
$\overline{R}_D$	CP	D	Q	Q^*
0	×	×	×	
1	↑	1	0	
1	↑	1	1	
1	↑	0	1	
1	↑	0	0	
1	↓	1	0	

图 4.45　74HC175 外引线排列及逻辑图

（2）把 D 触发器转换成 T 触发器。

根据预习所画的逻辑图、接线图连接电路，接上＋5V 电源。按表 4.27 测试 T 触发器的逻辑功能。

表 4.27　T 触发器逻辑功能测试表

输　　　入		输　　出	
CP	T	Q	Q^*
↑	0	0	
↑	1	0	
↑	0	1	
↑	1	1	

3）JK 触发器的应用

按照图 4.46 所示连接电路,在 CP 端输入 1Hz 连续脉冲或单次脉冲源,观察 CP 变化时输出端 Q_2、Q_1 的变化。说明该电路完成的功能。

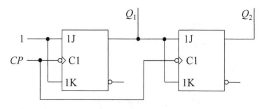

图 4.46　JK 触发器的应用电路

4）D 触发器的应用——用 D 触发器实现二分频电路

根据所设计的二分频电路接线,接上 +5V 电源,CP 端输入 $f=10\,\text{kHz}$,$V_m=5\text{V}$ 的脉冲波信号,用双踪示波器观察输入输出波形,并记录。

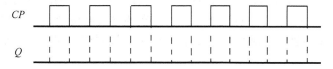

6. 实验报告要求

(1) 分析 JK 触发器、D 触发器逻辑功能测试结果。

(2) 整理记录的数据和波形,说明触发器的触发方式。

(3) 写出 JK 触发器、D 触发器转换成 T 触发器的方法,并画出逻辑图。

(4) 说明触发器的应用电路功能及实现方法。

7. 思考题

用 74HC175 和门电路设计一个 4 人抢答逻辑电路,要求每个参赛者通过一个按钮来发出抢答信号,主持人另有一按钮用于将电路复位。竞赛开始后,先按动按钮者对应的一个发光二极管将点亮,其他三人再按动按钮对电路不起作用。

4.8　计数器及其应用

1. 实验目的

(1) 掌握计数器的工作原理。

(2) 熟悉同步计数器 74HC193、异步计数器 74HC90 的逻辑功能及使用方法。

(3) 熟悉中规模集成电路计数器实现任意进制计数器。

2. 实验原理

在数字系统中,计数器的应用十分广泛,它不仅可以计数,还可以用来定时、分频、产生脉冲和执行数字运算等。在每一种数字设备中,几乎都有计数器。

计数器根据计数脉冲引入方式不同,分为同步计数器和异步计数器;按计数过程中计数器数字的增减来分,又分为加法计数器、减法计数器和可逆计数器;根据计数器计数模值不同,计数器又可分为二进制计数器和非二进制计数器。

常用的各种进制计数器已有定型器件,除非对电路的进位有特殊的要求,一般只需合理选择,而不必再去专门设计。对进位有特殊要求的电路,也只要选用已有的计数器定型器件,稍加改进即可。

计数器和分频器的逻辑功能是相同的。一般说来 N 进制计数器的进位输出脉冲就是计数脉冲的 N 分频。因此就使用而言,分频器由最高位输出分频模数,计数器由其内部各级触发器输出不同的计数模数。

计数器存放信息的单元是触发器。一个触发器有两个状态,因而由 N 级触发器组成的计数器的输出最多只能有 2^N 个状态。但计数器的状态数目 M 可以是小于 2^N 的任何整数,这种计数器被称为模数为 M 的计数器。

1) 同步十六进制加 /减计数器 74HC193

在同步计数器电路中,计数脉冲同时驱动各级触发器的时钟脉冲输入端,使各级触发器同时动作,因而工作速度较快,并且对计数器的状态进行译码时不易产生尖峰信号。但是由于它的时钟输入信号同时送到各触发器的时钟输入端,所以输入信号所带的负载相对较重。

同步计数器一般都具有 4 个可预置端。预置数的方式有两种,一种是直接预置数;另一种是和 CP 时钟同步预置数。利用预置功能除选定不同进制计数外,还可以完成输入数码的寄存。

从图 4.47 中可见,74HC193 具有加计数和减计数的功能,而且加计数脉冲和减计数脉冲分别来自两个不同的时钟脉冲源,因而电路是一种双时钟结构。图 4.47 中的 4 个触发器 $FF_0 \sim FF_3$ 都工作在 T' 触发器状态,只要有时钟信号加到触发器上,它就翻转。当 CP_U 端有脉冲输入时,计数器作加法计数;当 CP_D 端有计数脉冲输入时,计数器作减法计数。加到 CP_U 和 CP_D 上的计数脉冲在时间上必须错开。具体如图 4.48 所示。

74HC193 还具有异步置零和预置数功能。当 $R_D = 1$ 时,将 4 个触发器置成 $Q = 0$ 状态,而不受计数脉冲控制。当 $\overline{LD} = 0 (R_D = 0)$ 时,将立即把 $D_0 \sim D_3$ 的状态置入 $FF_0 \sim FF_3$ 中,与计数脉冲无关,如表 4.28 和图 4.48 所示。

表 4.28 74HC193 功能表

加法时钟 CP_U	减法时钟 CP_D	允许预置 $\overline{LD}$	复位 R_D	动 作
↑	H	H	L	加 1 计数
↓	H	H	L	不计数
H	↑	H	L	减 1 计数
H	↓	H	L	不计数
×	×	L	L	预置
×	×	×	H	复位

74HC193 还有借位端 $\overline{BO}$ 和进位端 $\overline{CO}$,当借位端或进位端跳到低电平时表示下溢出或上溢出。具体如图 4.48 所示。

在实际使用中有时会遇到需要某一种进制的计数器,而又没有相应的定型产品的情况,这就只能用已有的计数器产品经过外电路的不同连接来获得。

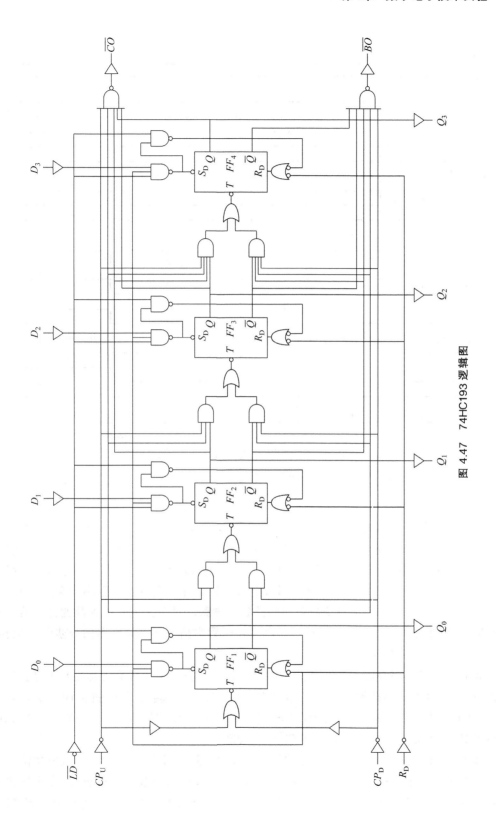

图 4.47　74HC193 逻辑图

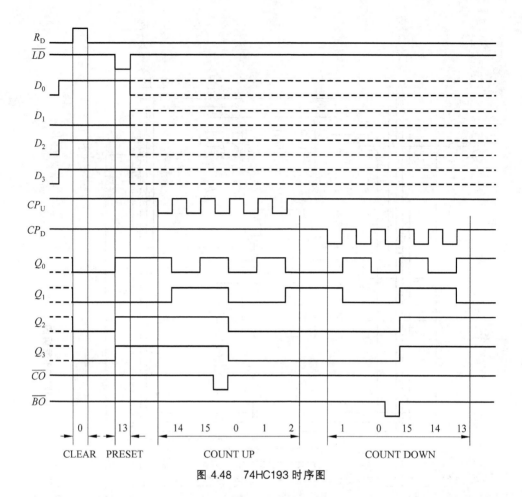

图 4.48　74HC193 时序图

若需要一个 M 进制计数器,而已有的是 N 进制计数器,且 $M<N$,则在 N 进制计数器的顺序计数过程中,设法使它跳越 $N-M$ 个状态,从而获得 M 进制计数。常用的进制转换方法有置零法和置数法。置零法适用于有异步置零输入端的计数器,当计数器从 S_0 计数到 S_M 时,将 S_M 状态译码,产生一个置零信号加到计数器的异步置零输入端,使计数器立刻返回到 S_0 状态。置数法适用于有预置数功能的计数器电路。对于异步式预置数的计数器,当计数器从 S_0 计数到 S_M 时,将 S_M 状态译码,产生一个置数信号加到计数器的异步预置数输入端,使计数器立即返回到 S_0 状态。

从图 4.47 可见 74HC193 有异步置零输入端 R_D 和异步预置数输入端 $\overline{LD}$,所以置零法、置数法对 74HC193 都适用。下面采用置零法将 74HC193 转换成 M 进制的加法计数器。当 74HC193 计数输出为 S_M 状态时,将 S_M 译码产生一个置零信号送入 74HC193 的 R_D 端。电路如图 4.49 所示。根据这方法,可列出表 4.29。

具体使用时可按照表 4.29 来确定图 4.49 计数电路中与非门 G_1 的输入端的接法。

同步计数器除置零法进行计数进制转换外,还可以用进位输出置最小数、多次预置数、置数端置最大数等方法进行计数进制转换。对于 $M>N$ 则可采用级联等方法进行转换。

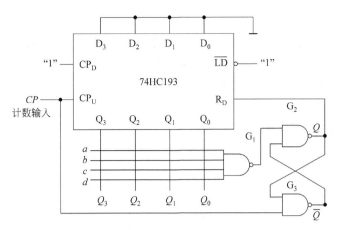

图 4.49 置零法接成的 M 进制计数器电路

表 4.29 M 进制计数连接表

进制 M	计数器输出				与非门 G_1 输入			
	Q_3	Q_2	Q_1	Q_0	a	b	c	d
2	0	0	1	0	Q_1	1	1	1
3	0	0	1	1	Q_1	Q_0	1	1
4	0	1	0	0	Q_2	1	1	1
5	0	1	0	1	Q_2	Q_0	1	1
6	0	1	1	0	Q_2	Q_1	1	1
7	0	1	1	1	Q_2	Q_1	Q_0	1
8	1	0	0	0	Q_3	1	1	1
9	1	0	0	1	Q_3	Q_0	1	1
10	1	0	1	0	Q_3	Q_1	1	1
11	1	0	1	1	Q_3	Q_1	Q_0	1
12	1	1	0	0	Q_3	Q_2	1	1
13	1	1	0	1	Q_3	Q_2	Q_0	1
14	1	1	1	0	Q_3	Q_2	Q_1	1
15	1	1	1	1	Q_3	Q_2	Q_1	Q_0

2) 异步二-五-十进制计数器 74HC290

在异步计数器电路中,计数脉冲是从低位到高位逐级传送的,高位触发器翻转必须等待低一位触发器翻转之后,才能发生,所以计数速度较慢。异步计数器的另一个缺点是对计数器的状态进行译码时,译码器的输出端会出现不应有的尖峰,从而造成误动作,这也是由于计数器内部所有触发器的状态异步翻转造成的。为了消除译码器输出可能产生的尖峰,可设置控制端,在可能出现尖峰脉冲的时候用选通脉冲来禁止译码。但是这样计数的速度就更慢了。这两个缺点使异步计数器的应用受到了很大的限制。

异步计数器内部的触发器是级联的,因此逻辑结构简单、内连线少、成本低,一般限于低速场合应用,在一些常用的仪器、仪表、数字系统中也经常使用。

74HC290 是一种较为典型的异步计数器,它的逻辑图示于图 4.50 中。为增加使用的灵活性,FF_0 与 FF_1、FF_2、FF_3 除 R_0、S_9 外无任何联系,是一个单独的触发器,它具有独立的时钟输入端和独立的输出端,因此 FF_0 可以单独用来对 CP_0 的输入信号进行二分频(即二进制计数)。触发器 FF_1、FF_2、FF_3 共同组成一个整体,对 CP_1 的输入信号实现五分频(即五进制计数)。若将 Q_0 从外部连接到 CP_1 端,被计数的信号从 CP_0 端输入,则从 $Q_3 \sim Q_0$ 端获得 8421 码的十进制计数输出,如图 4.51、图 4.52 所示。

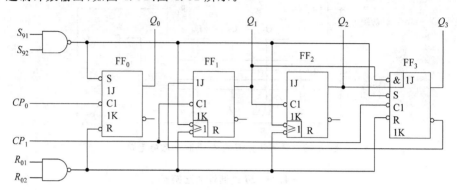

图 4.50   74HC290 逻辑图

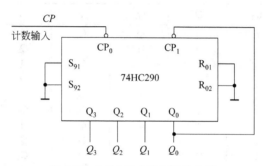

图 4.51   8421 码十进制计数电路

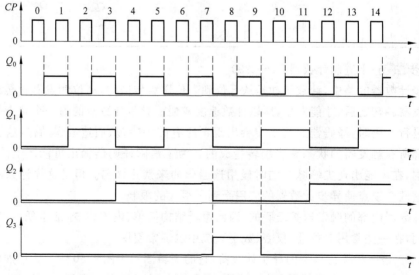

图 4.52   74HC290 构成的 8421 码十进制计数波形

图 4.50 中 R_{01}、R_{02} 是置零端,实现复位功能的,S_{91}、S_{92} 是置 9 端。它们分别通过与非门控制各触发器的预置端。由于两个与非门输出端不能直接相连,所以 FF_1、FF_2 触发器各有两个异步置零端。74HC290 的复位、计数功能如表 4.30 所示。

表 4.30　74HC290 复位/计数功能表

输　入　端				输　出　端			
R_{01}	R_{02}	S_{91}	S_{92}	Q_3	Q_2	Q_1	Q_0
H	H	L	×	L	L	L	L
H	H	×	L	L	L	L	L
×	×	H	H	H	L	L	H
×	L	×	L	计　数			
L	×	L	×	计　数			
L	×	×	L	计　数			
×	L	L	×	计　数			

用异步计数器 74HC290 也可构成 M 进制加法计数器。采用置零法进行转换,当计数输出为 S_M 状态时,将 S_M 译出,产生一个置零信号,送到 74HC290 的 R_{01}、R_{02} 端,图 4.53 所示为一个七进制加法计数器电路。

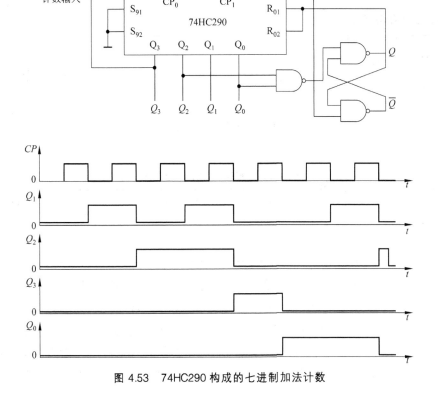

图 4.53　74HC290 构成的七进制加法计数

从图 4.53 可知,先将 74HC290 接成 5421 码十进制计数电路,即将计数脉冲从 CP_1 送入,进行五分频(五进制计数),高位 Q_3 的输出送入 CP_0 进行二分频,这样便构成了输出 Q_0 Q_3 Q_2 Q_1 是 5421 码的十进制计数电路。计数时,当第 7 个脉冲下降沿时,Q_0、Q_2 输出高电平经过译码产生一个置零信号,送入 R_{01}、R_{02}。因 S_{91}、S_{92} 为低电平,从 74HC290 功能表可见,这时输出全为低电平,即达到了置零的目的。然后进入下一个循环计数。

由于 Q_2 从"0"变成"1"状态,又立即再由"1"变成"0"状态,因而必然产生一个尖峰脉冲,这是在使用时要注意的。

3. 预习内容

(1) 复习同步计数器和异步计数器的典型结构和工作原理。

(2) 预习同步计数器 74HC193 和异步计数器 74HC290 的逻辑功能以及外引脚排列。

(3) 熟悉 74HC193 十六进制加/减计数时各输出端波形。

(4) 用 74HC193 构成 M 进制加法计数器的方法设计一个六进制计数器。

(5) 用 4HC290 设计一个 5421 码十进制计数器,画出电路图。

4. 实验设备与器件

(1) 数字电路实验箱(+5V 直流电源、单次脉冲源、逻辑电平开关、逻辑电平显示器);

(2) 双踪示波器;

(3) 万用表;

(4) 74HC193、74HC290、74HC00。

5. 实验内容与步骤

1) 74HC193 十六进制加/减计数功能测试

74HC193 的引脚排列如图 4.54 所示。

(1) 把 74HC193 的 D 端分别接高、低电平,即 D_3 D_2 D_1 D_0 =1011。接上电源 V_{CC} =5V,按表 4.31 中 R_D、$\overline{LD}$ 置不同的状态时,用万用表测量 Q_3 Q_2 Q_1 Q_0 各端,并记录在表 4.31 中。

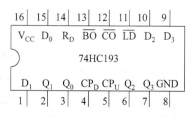

图 4.54　74HC193 外引脚

表 4.31　74HC193 功能测试表

R_D	$\overline{LD}$	Q_3(V)	Q_2(V)	Q_1(V)	Q_0(V)
0	0				
1	1				

(2) 把 74HC193 的 $\overline{LD}$ 端接高电平,R_D 端接低电平,接上 +5V 电源。

(3) 把 CP_D 端接高电平,在 CP_U 送入一个 f =10kHz,V_m = +5V 的方波信号,用双踪示波器观察 CP、Q_3、Q_2、Q_1、Q_0、$\overline{CO}$ 端波形,并从 0000 开始记录波形,画一个周期。

(4) 把 CP_U 端接高电平,在 CP_D 端送入一个 f =10kHz,V_m = +5V 的方波信号,用双踪示波器观察 CP、Q_3、Q_2、Q_1、Q_0、$\overline{BO}$ 端波形,并从 1111 开始记录波形,画一个周期。

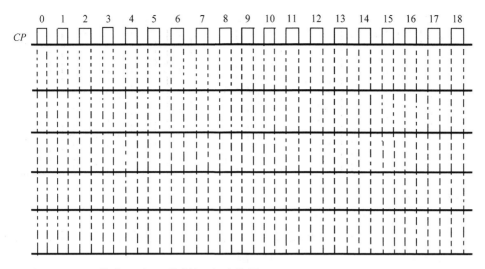

2）用74HC193构成一个六进制加法计数器

（1）按设计的电路图接线，接上＋5V电源。

（2）在CP端送入一个$f＝10\,\text{kHz}$，$V_m＝＋5V$的方波信号，用示波器观察各输出端波形，并记录波形。

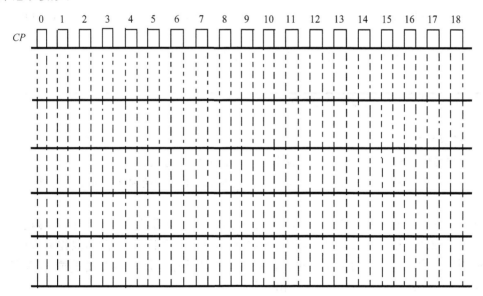

3）用74HC290构成5421码十进制计数器

74HC290的引脚排列如图4.55所示。

（1）按设计的电路图接线，接上＋5V电源。

（2）在CP端送入一个$f＝10\,\text{kHz}$，$V_m＝＋5V$的方波信号，用示波器观察CP、Q_1、Q_2、Q_3、Q_0各端波形，并从0000开始，画出一个周期。

14	13	12	11	10	9	8
V_{CC}	R_{02}	R_{01}	CP_1	CP_0	Q_0	Q_3
			74HC290			
S_{91}	NC	S_{92}	Q_2	Q_1	NC	GND
1	2	3	4	5	6	7

图4.55　74HC290外引线排列

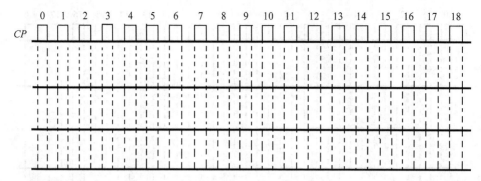

6. 实验报告要求

(1) 整理记录的波形图及数据。

(2) 十六进制加法计数的各输出端,对 CP 信号分别有无分频关系? 若有,分别为几分频?

(3) 简述 74HC193 构成六进制电路的方法。

(4) 据实验结果,简述 74HC193 的 R_D、$\overline{LD}$、CP_D、CP_U 各输入端功能。

(5) 5421 码十进制计数的各输出端对 CP 信号分别有无分频关系? 若有,分别为几分频? Q_0 波形的占空比为多少?

7. 思考题

(1) 用示波器测量计数器各输出端的波形时,示波器的触发源(TRIGGER SOURCE)应怎样合理设置?

(2) 试比较实现任意进制计数器的几种方法的特点。

4.9 移位寄存器及其应用

1. 实验目的

(1) 掌握中规模 4 位双向移位寄存器逻辑功能及使用方法。

(2) 熟悉移位寄存器的应用——实现数据的串行、并行转换和构成环形计数器。

2. 实验原理

(1) 移位寄存器是一个具有移位功能的寄存器,即寄存器中所存的代码能够在移位脉冲的作用下依次左移或右移。既能左移又能右移的称为双向移位寄存器,只需要改变左、右移的控制信号便能实现双向移位要求。根据移位寄存器存取信息的方式不同,寄存器分为串入串出、串入并出、并入串出、并入并出 4 种形式。

本实验选用 4 位双向通用移位寄存器,型号为 CC40194 或 74LS194,两者功能相同,可互换使用,其逻辑符号及引脚排列如图 4.56 所示。

其中 D_0、D_1、D_2、D_3 为并行输入端;Q_0、Q_1、Q_2、Q_3 为并行输出端;S_R 为右移串行输入端,S_L 为左移串行输入端;S_1、S_0 为操作模式控制端;$\overline{C_R}$ 为直接无条件清零端;CP 为时钟脉冲输入端。

CC40194 有 5 种不同操作模式:并行送数寄存、右移(方向由 $Q_0 \rightarrow Q_3$)、左移(方向由 $Q_3 \rightarrow Q_0$)、保持及清零。

S_1、S_0 和 $\overline{C_R}$ 端的控制作用如表 4.32 所示。

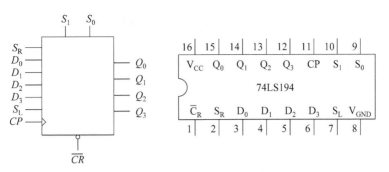

图 4.56 74LS194 的逻辑符号及引脚功能

表 4.32 74LS194 功能表

功能	输　入									输　出			
	CP	$\overline{C}_R$	S_1	S_0	S_R	S_L	D_0	D_1	D_2	D_3	Q_0	Q_1	Q_2	Q_3
清除	$\times$	0	$\times$	$\times$	$\times$	$\times$	$\times$	$\times$	$\times$	$\times$	0	0	0	0
送数	$\uparrow$	1	1	1	$\times$	$\times$	a	b	c	d	a	b	c	d
右移	$\uparrow$	1	0	1	D_{SR}	$\times$	$\times$	$\times$	$\times$	$\times$	D_{SR}	Q_0	Q_1	Q_2
左移	$\uparrow$	1	1	0	$\times$	D_{SL}	$\times$	$\times$	$\times$	$\times$	Q_1	Q_2	Q_3	D_{SL}
保持	$\uparrow$	1	0	0	$\times$	$\times$	$\times$	$\times$	$\times$	$\times$	Q_0^n	Q_1^n	Q_2^n	Q_3^n
保持	$\downarrow$	1	$\times$	$\times$	$\times$	$\times$	$\times$	$\times$	$\times$	$\times$	Q_0^n	Q_1^n	Q_2^n	Q_3^n

(2) 移位寄存器应用很广,可构成移位寄存器型计数器、顺序脉冲发生器、串行累加器;可用作数据转换,即把串行数据转换为并行数据,或把并行数据转换为串行数据等。本实验研究移位寄存器用作环形计数器和数据的串、并行转换。

1) 环形计数器

把移位寄存器的输出反馈到它的串行输入端,就可以进行循环移位,如图 4.57 所示,把输出端 Q_3 和右移串行输入端 S_R 相连接,设初始状态 $Q_0Q_1Q_2Q_3=1000$,则在时钟脉冲作用下 $Q_0Q_1Q_2Q_3$ 将依次变为 $0100 \rightarrow 0010 \rightarrow 0001 \rightarrow 1000 \rightarrow \cdots\cdots$,如表 4.33 所示,可见它是一个具有 4 个有效状态的计数器,这种类型的计数器通常称为环形计数器。图 4.57 所示电路可以由各个输出端输出在时间上有先后顺序的脉冲,因此也可作为顺序脉冲发生器。

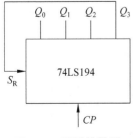

图 4.57 环形计数器

表 4.33 状态转换表

CP	Q_0	Q_1	Q_2	Q_3
0	1	0	0	0
1	0	1	0	0
2	0	0	1	0
3	0	0	0	1

如果将输出 Q_0 与左移串行输入端 S_L 相连接,即可达到左移循环移位。

2）实现数据串、并行转换

（1）串行/并行转换器。串行/并行转换是指串行输入的数码,经转换电路之后变换成并行输出。图 4.58 是用两片 CC40194(74LS194)4 位双向移位寄存器组成的 7 位串/并行数据转换电路。

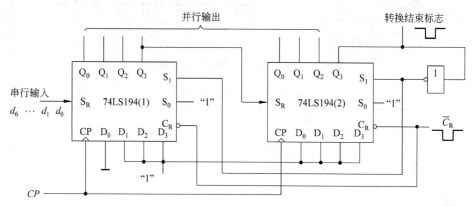

图 4.58 7 位串/并行数据转换器

电路中 S_0 端接高电平 1,S_1 受 Q_7 控制,两片寄存器连接成串行输入右移工作模式。Q_7 是转换结束标志。当 $Q_7 = 1$ 时,S_1 为 0,使之成为 $S_1 S_0 = 01$ 的串入右移工作方式;当 $Q_7 = 0$ 时,S_1 为 1,有 $S_1 S_0 = 11$,则串行送数结束,标志着串行输入的数据已转换成并行输出了。

串行/并行转换的具体过程如下。

转换前,$\overline{C}_R$ 端加低电平,使 1、2 两片寄存器的内容清零,此时 $S_1 S_0 = 11$,寄存器执行并行输入工作方式。当第一个 CP 脉冲到来后,寄存器的输出状态 $Q_0 \sim Q_7$ 为 01111111,与此同时 $S_1 S_0$ 变为 01,转换电路变为执行串入右移工作方式,串行输入数据由一片的 S_R 端加入。随着 CP 脉冲的依次加入,输出状态的变化可列成表 4.34 所示。

表 4.34 串行/并行转换表

CP	Q_0	Q_1	Q_2	Q_3	Q_4	Q_5	Q_6	Q_7	说明
0	0	0	0	0	0	0	0	0	清零
1	0	1	1	1	1	1	1	1	送数
2	d_0	0	1	1	1	1	1	1	
3	d_1	d_0	0	1	1	1	1	1	
4	d_2	d_1	d_0	0	1	1	1	1	右移操作7次
5	d_3	d_2	d_1	d_0	0	1	1	1	
6	d_4	d_3	d_2	d_1	d_0	0	1	1	
7	d_5	d_4	d_3	d_2	d_1	d_0	0	1	
8	d_6	d_5	d_4	d_3	d_2	d_1	d_0	0	
9	0	1	1	1	1	1	1	1	送数

由表 4.34 可见,右移操作 7 次之后,Q_7 变为 0,$S_1 S_0$ 又变为 11,说明串行输入结束。这时,串行输入的数据已经转换成了并行输出了。

当再来一个 CP 脉冲时,电路又重新执行一次并行输入,为第二组串行数据转换做好了准备。

(2) 并行/串行转换器。并行/串行转换器是指并行输入的数码经转换电路之后,换成串行输出。

图 4.59 是用两片 CC40194(74LS194)组成的 7 位并行/串行转换电路,它比图 4.58 多了两只与非门 G_1 和 G_2,电路工作方式同样为右移。

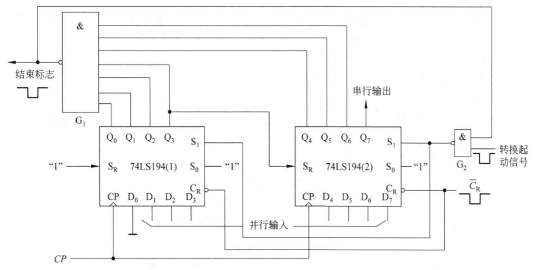

图 4.59 7 位并行/串行转换器

寄存器清零后,加一个转换起动信号(负脉冲或低电平)。此时,由于方式控制 $S_1 S_0$ 为 11,转换电路执行并行输入操作。当第一个 CP 脉冲到来后,$Q_0 Q_1 Q_2 Q_3 Q_4 Q_5 Q_6 Q_7$ 的状态为 $0 D_1 D_2 D_3 D_4 D_5 D_6 D_7$,并行输入数码存入寄存器。从而使得 G_1 输出为 1,G_2 输出为 0,结果 $S_1 S_0$ 变为 01,转换电路随着 CP 脉冲的加入,开始执行右移串行输出。随着 CP 脉冲的依次加入,输出状态依次右移,待右移操作 7 次后,$Q_0 \sim Q_6$ 的状态都为高电平 1,与非门 G_1 输出为低电平,G_2 门输出为高电平,$S_1 S_0$ 又变为 11,表示并/串行转换结束,且为第二次并行输入创造了条件。转换过程如表 4.35 所示。

表 4.35 并/串行转换表

CP	Q_0	Q_1	Q_2	Q_3	Q_4	Q_5	Q_6	Q_7	串 行 输 出			
0	0	0	0	0	0	0	0	0				
1	0	D_1	D_2	D_3	D_4	D_5	D_6	D_7				
2	1	0	D_1	D_2	D_3	D_4	D_5	D_6	D_7			
3	1	1	0	D_1	D_2	D_3	D_4	D_5	D_6	D_7		
4	1	1	1	0	D_1	D_2	D_3	D_4	D_5	D_6	D_7	

续表

CP	Q_0	Q_1	Q_2	Q_3	Q_4	Q_5	Q_6	Q_7	串行 输 出						
5	1	1	1	1	0	D_1	D_2	D_3	D_4	D_5	D_6	D_7			
6	1	1	1	1	1	0	D_1	D_2	D_3	D_4	D_5	D_6	D_7		
7	1	1	1	1	1	1	0	D_1	D_2	D_3	D_4	D_5	D_6	D_7	
8	1	1	1	1	1	1	1	0	D_1	D_2	D_3	D_4	D_5	D_6	D_7
9	0	D_1	D_2	D_3	D_4	D_5	D_6	D_7							

中规模集成移位寄存器,其位数往往以 4 位居多,当需要的位数多于 4 位时,可用把几片移位寄存器级联的方法来扩展位数。

3. 预习要求

(1) 复习寄存器及串行、并行转换器有关内容。

(2) 查阅 CC40194、CC4011 及 CC4068 逻辑线路,熟悉其逻辑功能及其引脚排列。

(3) 在对 CC40194 进行送数后,若要使输出端改成另外的数码,是否一定要使寄存器清零?

(4) 使寄存器清零,除采用 $\overline{C}_R$ 输入低电平外,可否采用右移或左移的方法? 可否使用并行送数法? 若可行,如何进行操作?

(5) 若进行循环左移,图 4.56 接线应如何改接?

(6) 画出用两片 CC40194 构成的 7 位左移串/并行转换器线路。

(7) 画出用两片 CC40194 构成的 7 位左移并/串行转换器线路。

4. 实验设备及器件

(1) 数字电路实验箱(+5V 直流电源、单次脉冲源、逻辑电平开关、逻辑电平显示器);

(2) CC40194(74LS194)、CC4011(74LS00);

(3) 万用表。

5. 实验内容

1) 测试 CC40194(或 74LS194)的逻辑功能

按图 4.60 接线,$\overline{C}_R$、S_1、S_0、S_L、S_R、D_0、D_1、D_2、D_3 分别接至逻辑开关的输出插口;Q_0、Q_1、Q_2、Q_3 接至逻辑电平显示输入插口;CP 端接单次脉冲源。按下列规定的输入状态,逐项进行测试,并记录结果于表 4.36 中。

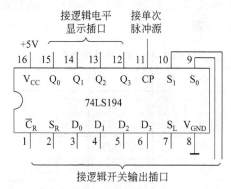

图 4.60　74LS194 逻辑功能测试

表 4.36　74LS194 功能测试表

清除	模式		时钟		串行	输入				输出				功能总结
$\overline{C}_R$	S_1	S_0	CP	S_L	S_R	D_0	D_1	D_2	D_3	Q_0	Q_1	Q_2	Q_3	
0	×	×	×	×	×	×	×	×	×					
1	1	1	↑	×	×	a	b	c	d					
1	0	1	↑	×	0	×	×	×	×					
1	0	1	↑	×	1	×	×	×	×					
1	0	1	↑	×	0	×	×	×	×					
1	0	1	↑	×	0	×	×	×	×					
1	1	0	↑	1	×	×	×	×	×					
1	1	0	↑	1	×	×	×	×	×					
1	1	0	↑	1	×	×	×	×	×					
1	1	0	↑	1	×	×	×	×	×					
1	0	0	↑	×	×	×	×	×	×					

（1）清除：令 $\overline{C}_R=0$，其他输入均为任意态，这时寄存器输出 Q_0、Q_1、Q_2、Q_3 应均为0。清除后，置 $\overline{C}_R=1$。

（2）送数：令 $\overline{C}_R=S_1=S_0=1$，送入任意4位二进制数，如 $D_0D_1D_2D_3=abcd$，加 CP 脉冲，观察 $CP=0$，CP 由 $0\rightarrow1$，CP 由 $1\rightarrow0$ 三种情况下寄存器输出状态的变化，观察寄存器输出状态变化是否发生在 CP 脉冲的上升沿。

（3）右移：清零后，令 $\overline{C}_R=1$，$S_1=0$，$S_0=1$，由右移输入端 S_R 送入二进制数码如 0100，由 CP 端连续加4个脉冲，观察输出情况，记录之。

（4）左移：先清零或预置，再令 $\overline{C}_R=1$，$S_1=1$，$S_0=0$，由左移输入端 S_L 送入二进制数码如 1111，连续加4个 CP 脉冲，观察输出情况，记录之。

（5）保持：寄存器预置任意4位二进制数码 ABCD，令 $\overline{C}_R=1$，$S_1=S_0=0$，加 CP 脉冲，观察寄存器输出状态，记录之。

2）环形计数器

自拟实验线路用并行送数法预置寄存器为某二进制数码（如 0100），然后进行右移循环，观察寄存器输出端状态的变化，记入表 4.37 中。

表 4.37　环形计数器测试表

CP	Q_0	Q_1	Q_2	Q_3
0	0	1	0	0
1				
2				
3				
4				

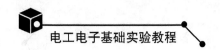

3) 实现数据的串行、并行转换

(1) 串行输入、并行输出。按图 4.58 所示电路接线,进行右移串入、并出实验,串入数码自定;改接线路用左移方式实现并行输出。自拟表格,记录之。

(2) 并行输入、串行输出。按图 4.59 所示电路接线,进行右移并入、串出实验,并入数码自定;改接线路用左移方式实现串行输出。自拟表格,记录之。

6. 实验报告要求

(1) 分析表 4.35 的实验结果,总结移位寄存器 74LS194 的逻辑功能并写入表格功能总结一栏中。

(2) 根据实验内容 2)的结果,画出 4 位环形计数器的状态转换图及波形图。

(3) 分析串/并、并/串转换器所得结果的正确性。

4.10 集成定时器及其应用

1. 实验目的

(1) 熟悉 555 集成定时器的电路结构、工作原理及其特点。

(2) 掌握 555 集成定时器的基本应用。

2. 实验原理

555 集成定时器是一种数字、模拟混合型的中规模集成器件,应用十分广泛。它是一种产生时间延时和多种脉冲信号的电路,由于内部电压标准使用了三个 5K 电阻,故取名 555 定时器。其电路类型有双极型和 CMOS 型两大类,二者的结构与工作原理类似。几乎所有的双极型产品型号最后的三位数码都是 555 或 556;所有的 CMOS 产品型号最后 4 位数码都是 7555 或 7556,二者的逻辑功能和引脚排列完全相同,易于互换。555 和 7555 是单定时器,556 和 7556 是双定时器。双极型的电源电压 $V_{cc} = +5V \sim +15V$,输出的最大电流可达 200mA,CMOS 型的电源电压为 $+3V \sim +18V$。

1) 555 定时器的工作原理

555 定时器的内部电路方框图如图 4.61 所示。它含有两个电压比较器,一个基本 RS 触发器,一个放电管 T。比较器的参考电压由三只 $5k\Omega$ 的电阻器构成的分压器提供,它们分别使上比较器 C_1 的同相输入端和下比较器 C_2 的反相输入端的参考电平为 $\frac{2}{3}V_{cc}$ 和 $\frac{1}{3}V_{cc}$。C_1 与 C_2 的输出端控制 RS 触发器状态和放电管开关状态。当输入信号自 6 脚,即高电平触发输入,并超过参考电平 $\frac{2}{3}V_{cc}$ 时,触发器复位,555 的输出端 3 脚输出低电平,同时放电开关管导通;当输入信号自 2 脚输入并低于 $\frac{1}{3}V_{cc}$ 时,触发器置位,555 的 3 脚输出高电平,同时放电开关管截止。

$\overline{R}_D$ 是复位端(4 脚),当 $\overline{R}_D = 0$,555 输出低电平。平时 $\overline{R}_D$ 端开路或接 V_{cc}。

V_c 是控制电压端(5 脚),平时输出 $\frac{2}{3}V_{cc}$ 作为比较器 C_1 的参考电平,当 5 脚外接一个输

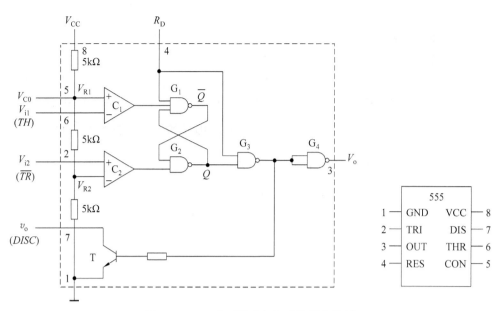

图 4.61　555 定时器内部框图及引脚排列

入电压,即改变了比较器的参考电平,从而实现对输出的另一种控制。在不接外加电压时,通常接一个 $0.01\mu F$ 的电容器到地,起滤波作用,以消除外来的干扰,以确保参考电平的稳定。

T 为放电管,当 T 导通时,将给接于脚 7 的电容器提供低阻放电通路。555 定时器的功能如表 4.38 所示。

表 4.38　555 定时器功能表

输　入			输　出	
$\overline{R}_D$	$V_{i1}\,(TH)$	$V_{i2}\,(\overline{TR})$	V_O	DISC
L	×	×	L	通
H	$>\frac{2}{3}V_{CC}$	$>\frac{1}{3}V_{CC}$	L	通
H	$<\frac{2}{3}V_{CC}$	$>\frac{1}{3}V_{CC}$	不变	不变
H	$<\frac{2}{3}V_{CC}$	$<\frac{1}{3}V_{CC}$	H	断
H	$>\frac{2}{3}V_{CC}$	$<\frac{1}{3}V_{CC}$	H	断

　　555 定时器主要是与电阻、电容构成充、放电电路,并由两个比较器来检测电容器上的电压,以确定输出电平的高低和放电管的通断。这就很方便地构成从微秒到数十分钟的延时电路,可方便地构成单稳态触发器、多谐振荡器、施密特触发器等脉冲产生或波形变换电路。

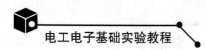

2) 555 定时器的典型应用

(1) 构成单稳态触发器。

图 4.62(a)为由 555 定时器和外接定时元件 R、C 构成的单稳态触发器。触发电路由 C_1、R_1、D 构成,其中 D 为钳位二极管,稳态时 555 电路输入端处于电源电平,内部放电开关管 T 导通,输出端输出低电平。当有一个外部负脉冲触发信号经 C_1 加到 2 端,并使 2 端电位瞬时低于 $\frac{1}{3}V_{cc}$ 时,低电平比较器动作,单稳态电路即开始一个暂态过程,电容 C 开始充电,V_c 按指数规律增长。当 V_c 充电到 $\frac{2}{3}V_{cc}$ 时,高电平比较器动作,比较器翻转,输出从高电平返回低电平,放电管 T 重新导通,电容 C 上的电荷很快经放电开关管放电,暂态结束,恢复稳态,为下一个触发脉冲的来到做好准备。波形图如图 4.62(b)所示。

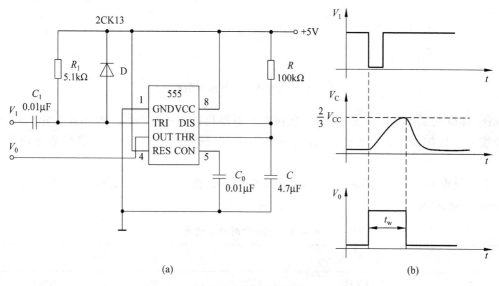

(a)　　　　　　　　　　　　　　(b)

图 4.62　单稳态触发器

暂稳态的持续时间 t_w(即为延时时间)决定于外接元件 R、C 值的大小。

$$t_w = 1.1RC$$

通过改变 R、C 的大小,可使延时时间在几个微秒到几十分钟之间变化。当这种单稳态电路作为计时器时,可直接驱动小型继电器,并可以使用复位端(4 脚)接地的方法来终止暂态,重新计时。此外尚需用一个续流二极管与继电器线圈并接,以防继电器线圈反电势损坏内部功率管。

(2) 构成多谐振荡器。

如图 4.63(a)所示,由 555 定时器和外接元件 R_1、R_2、C 构成多谐振荡器,脚 2 与脚 6 直接相连。电路没有稳态,仅存在两个暂稳态。电路亦不需要外加触发信号,利用电源通过 R_1、R_2 向 C 充电,以及 C 通过 R_2 向放电管的 C、E 脚对地放电,使电路产生振荡。电容 C 在 $\frac{1}{3}V_{cc}$ 和 $\frac{2}{3}V_{cc}$ 之间充电和放电,其波形如图 4.63(b)所示。

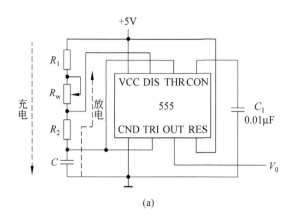

(a)

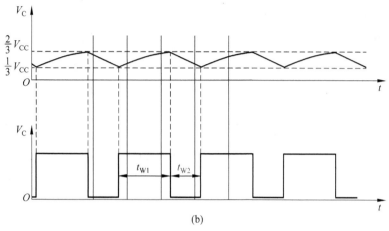

(b)

图 4.63 多谐振荡器

电路中电容 C 的充电时间 t_{w1} 和放电时间 t_{w2} 各为

$$t_{w1} = (R_1 + R_2)C\ln2$$
$$t_{w2} = R_2C\ln2$$

电路的振荡周期为

$$T = t_{w1} + t_{w2} = (R_1 + 2R_2)C\ln2$$

输出脉冲占空比为

$$q = \frac{t_{w1}}{T} = \frac{R_1 + R_2}{R_1 + 2R_2}, \quad q > 50\%$$

若要获得 $q \leqslant 50\%$ 的输出脉冲,则电路如图 4.64 所示,接入 D_1、D_2,改变电容充电、放电电流的路径。这样 t_{w1}、t_{w2}、T、q 分别为

$$t_{w1} = R_1C\ln2$$
$$t_{w2} = R_2C\ln2$$
$$T = t_{w1} + t_{w2} = (R_1 + R_2)C\ln2$$
$$q = \frac{t_{w1}}{T} = \frac{R_1}{R_1 + R_2}, \quad 当 R_1 \leqslant R_2 时, \quad q \leqslant 50\%$$

改变 R_1、R_2、C 就可改变振荡周期 T 和占空比 q。

除了用 555 定时器构成单稳态触发器、多谐振荡器等典型电路外,以这些典型电路为基础还可以构成更多的应用电路,如过压、超速报警、音频振荡、时序脉冲发生和变换等电路。当一个电路中需多个定时器时可选用 556(7556)芯片,其外引线如图 4.65 所示管脚说明如表 4.39 所示。

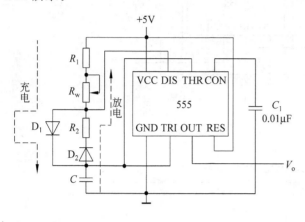

图 4.64　占空比小于等于 50% 的振荡器　　　图 4.65　556 定时器外引线排列

表 4.39　定时器管脚说明

外 引 线 端	555	556(1)	556(2)
地 GND	1	7	7
触发 $\overline{\text{TR}}$	2	6	8
输出 $V_。$	3	5	9
复位 $\overline{\text{R}}_D$	4	4	10
控制 V_{CO}	5	3	11
阈值 TH	6	2	12
放电 DISC	7	1	13
电源 VCC	8	14	14

图 4.66 由双定时器 556 构成两级定时电路,两个定时器均构成单稳态触发器。第一个触发器的输出脉冲作为第二个触发器的输入脉冲。稳态时两个触发器的输入端为高电平,输出端为低电平。若将两级定时器的输入端 $V_i=0$ 接地,可启动第一个触发器进入暂稳态,开始定时。定时结束,输出脉冲启动第二个触发器开始定时。电路中 C_1、C_2 可以在几百皮法到几百微法之间取值,R_1、R_2 可以在几百欧到几兆欧之间取值,实际应用中 R_1、R_2 常在 50kΩ 到 1MΩ 之间取值。两级定时器的定时时间分别为 $t_1=1.1R_1C_1$、$t_2=1.1R_2C_2$,总定时时间可达几分钟。定时基本不受电源电压变化的影响,定时的准确度和稳定度主要取决于外部定时元件 R、C 的质量。

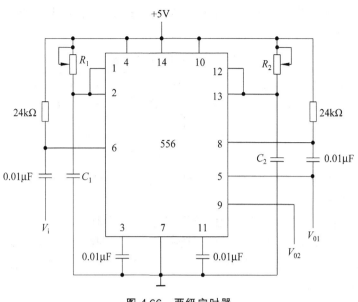

图 4.66　两级定时器

3．预习内容

（1）复习有关 555 定时器的工作原理及其应用。

（2）复习单稳态触发器和多谐振荡器的工作原理。

（3）设计一个用 555 定时器构成的多谐振荡器，要求振荡周期 $T=4\mathrm{ms}$，输出脉冲占空比 $q=2/3$，电路中 C 取 $0.1\mu\mathrm{F}$，求 R_1、R_2。

4．实验仪器与器件

（1）数字电路实验箱（+5V 直流电源、逻辑电平开关等）；

（2）双踪示波器；

（3）万用表；

（4）74HC00、7555 定时器、电阻、电容、二极管。

5．实验内容与步骤

1）7555 定时器构成的单稳态触发器

（1）按图 4.62 所示连线，取 $R=100\mathrm{k}\Omega$，$C=4.7\mu\mathrm{F}$，输入信号 V_i 由单次脉冲源提供，用示波器观察 V_i、V_c、V_o 波形，测定信号幅度与暂稳时间。

（2）将 R 改为 $1\mathrm{k}\Omega$，C 改为 $0.1\mu\mathrm{F}$，输入端加 $1\mathrm{kHz}$ 的连续脉冲，观察 V_i、V_c、V_o 波形，测定信号幅度与暂稳时间。

2）7555 定时器构成的多谐振荡器

（1）根据设计所选的 R_1、R_2 及 $C=0.1\mu\mathrm{F}$，按图 4.63 连接电路，接上 +5V 电源，用示波器观察输出波形 V_o，并记录响应的振荡周期 T 与脉冲的宽度 $t_{\mathrm{w}1}$。

（2）保持原设计的 R_2 不变，修改 R_1 参数，使 $R_1=1/2R_2$，取 $C=0.22\mu\mathrm{F}$，接上 +5V 电源，用示波器观察输出波形 V_o，并记录振荡周期 T 和脉冲宽度。

（3）按图 4.65 所示接入二极管 D_1、D_2，观察 V_o，并记录振荡周期 T 和脉冲宽度 t_{w1}。将结果记入表 4.40 中。

表 4.40　多谐振荡器测试表

D_1 D_2	R_1 (kΩ)	R_2 (kΩ)	C (μF)	T(ms)		t_{w1}(ms)		f (Hz)	q (%)
				预算	实测	预算	实测		
无									
无									
有									

6. 实验报告要求

（1）整理并记录单稳态触发器实验的结果，分析误差来源。

（2）整理并记录用 555 定时器构成的多谐振荡器实验的结果，与设计要求进行比较，分析误差来源。根据记录数据计算相应的振荡频率 f 和占空比 q。简述 R_1、C_2 大小的改变对振荡周期 T、占空比 q 的影响。

7. 思考题

（1）555 定时器构成施密特触发器的原理是什么？

（2）总结 555 定时器有哪些应用。

4.11　综合性实验一：计数、译码、显示电路的设计

1. 实验目的

（1）掌握中规模集成译码器的逻辑功能和使用方法。

（2）熟悉数码管的使用。

（3）掌握计数、译码、显示各电路协同工作的方法。

2. 实验要求

设计一个数字钟用的二十四进制、六十进制计数器，并通过译码显示计数结果。

3. 预习内容

（1）熟悉计数、译码、显示原理知识。

（2）查阅并熟悉所用计数、译码、显示器件的功能及引脚排列。

（3）设计二十四进制、六十进制计数器，写出设计步骤。

（4）画出实验接线图。

（5）写出测试步骤与测试结果。

4. 可供实验器件

CD4518（双 4 位同步 BCD 码加法计数器）；

CD4511（BCD 码锁存/七段译码/驱动器）；

LED 数码管（共阴）；

电阻、74HC20、74HC00。

5. 器件功能及引脚图

1) 七段发光二极管(LED)数码管

LED 数码管是目前最常用的数字显示器,为共阴管和共阳管的电路,以及两种不同出线形式的引出脚功能图参见图 4.30。

2) 双 4 位同步 BCD 码(双十进制)加法计数器 CD4518

(1) CD4518 逻辑功能表如表 4.41 所示。

表 4.41　CD4518 功能表

功能	输 入			输 出			
	Cr	CP	EN	Q_D	Q_C	Q_B	Q_A
清零	1	×	×	0	0	0	0
计数	0	↑	1	BCD 码加法计数			
保持	0	×	0	保持			
计数	0	0	↓	BCD 码加法计数			
保持	0	1	×	保持			

(2) CD4518 引脚如图 4.67 所示。

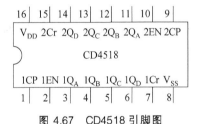

图 4.67　CD4518 引脚图

3) BCD 码锁存/七段译码/驱动器,CD4511。

(1) CD4511 译码器功能表如表 4.16 所示。

(2) CD4511 引脚图如图 4.31 所示。

4.12　综合性实验二: m 序列信号发生器的设计

1. 实验目的

(1) 培养学生的综合实验能力,使其将理论与实践相联系。

(2) 掌握时序逻辑电路的设计方法和设计技巧。

2. 实验要求

设计一个 7 位的 m 序列发生器,使之产生序列:1110010。

3. 预习内容

(1) 预习 m 序列发生器的有关理论知识。

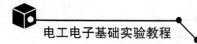

(2) 选择相应的实现方法和器件。

(3) 写出整个设计步骤。

(4) 画出实验接线图。

(5) 写出测试步骤与测试结果。

4. 可供选择器件

(1) 74HC193(4 位同步二进制可预置计数器);

(2) 74HC151(八选一数据选择器);

(3) 74HC194(4 位双向移位寄存器);

(4) 74HC86;

(5) 74HC00。

5. 部分器件功能表和管脚排列图

1) 4 位双向移位寄存器 74HC194

(1) 74HC194 功能如表 4.32 所示。

(2) 74HC194 引脚排列如图 4.56 所示。

2) 八选一数据选择器 74HC151

(1) 74HC151 功能如表 4.18 所示。

(2) 74HC151 引脚排列如图 4.35 所示。

4.13　综合性实验三：智力竞赛抢答装置

1. 实验目的

(1) 学习数字电路中 D 触发器、分频电路、多谐振荡器等单元电路的综合运用。

(2) 熟悉智力竞赛抢答器的工作原理。

(3) 了解简单数字系统实验、调试及故障排除方法。

2. 实验原理

图 4.68 所示为供 4 人用的智力竞赛抢答装置线路,用以判断抢答优先权。

图中第 Ⅰ 部分为由四 D 触发器 74HC175 组成的抢答按键和指示部分,它具有清零端和公共 CP 端,引脚排列如图 4.68 所示;第 Ⅱ 部分为与非门构成的 CP 选通锁存电路;第 Ⅲ 部分由 555 定时器构成的多谐振荡器产生 4kHz 的信号;第 Ⅳ 部分是由 D 触发器组成的四分频电路。第 Ⅲ、Ⅳ 部分组成抢答电路中的 CP 时钟脉冲源,抢答开始时,由主持人清除信号,按下复位开关 SPACE,74HC175 的输出 $Q_1 \sim Q_4$ 全为 0,所有发光二极管 LED 均熄灭。当主持人宣布"抢答开始"后,首先做出判断的参赛者立即按下开关,对应的发光二极管点亮,同时,通过与非门 Ⅱ 送出信号锁住其余三个抢答者的电路,不再接受其他信号,直至主持人再次清除信号为止。

3. 预习内容

(1) 复习 D 触发器的功能。

(2) 分频电路、多谐振荡器电路的构成。

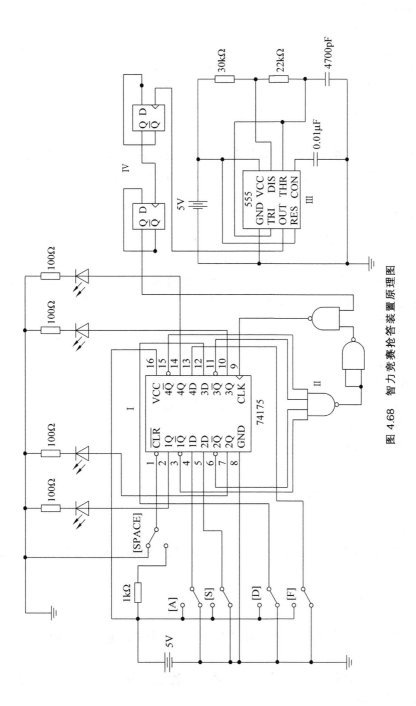

图4.68 智力竞赛抢答装置原理图

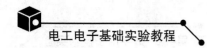

(3) 数字系统综合实验的调试及故障排除方法。

4. 实验设备与器件

(1) ＋5V 直流电源；

(2) 示波器；

(3) 74HC175、74HC20、74HC00、555 定时器、电阻、电容等。

5. 实验内容

(1) 测试各触发器及逻辑门的逻辑功能。

通过功能测试，判断器件的好坏。

(2) 按图 4.68 将第Ⅲ部分电路接好，用示波器观察其输出波形，使其输出脉冲频率为 4kHz，再将信号接入第Ⅳ部分由 D 触发器构成的四分频器的 CP 输入端，分频器输出 1kHz 的脉冲信号。

(3) 再按图 4.68 接Ⅰ、Ⅱ部分电路。

(4) 测试抢答器电路功能。

接通＋5V 电源，CP 端接 1kHz 方波信号。

① 抢答开始前，开关 A、S、D、F 均置"0"；准备抢答时，将开关 SPACE 置"0"，发光二极管全熄灭；再将开关 SPACE 置"1"，抢答开始，A、S、D、F 某一开关置"1"，观察发光二极管的亮、灭情况；然后再将其他三个开关中任一个置"1"，观察发光二极管的亮、灭有否改变。

② 重复①的内容，改变 A、S、D、F 任一开关状态，观察抢答器的工作情况。

③ 连接Ⅰ、Ⅱ部分电路与Ⅲ、Ⅳ部分电路，再进行实验。

6. 实验报告要求

(1) 分析智力竞赛抢答装置各部分功能及工作原理。

(2) 总结数字系统的设计、调试方法。

(3) 分析实验中出现的故障及解决办法。

4.14 综合性实验四：电子秒表

1. 实验目的

(1) 学习数字电路中基本 RS 触发器、单稳态触发器、时钟发生器及计数、译码显示等单元电路的综合应用。

(2) 学习电子秒表的调试方法。

2. 实验原理

图 4.69 为电子秒表的电路原理图，按其功能分成 4 个单元电路进行分析。

1) 基本 RS 触发器

图 4.69 中单元Ⅰ为集成与非门构成的基本 RS 触发器，属低电平直接触发的触发器，有直接置位、复位的功能。

它的一路输出 $\overline{Q}$ 作为单稳态触发器的输入，另一路输出 Q 作为与非门 5 的输入控制信号。

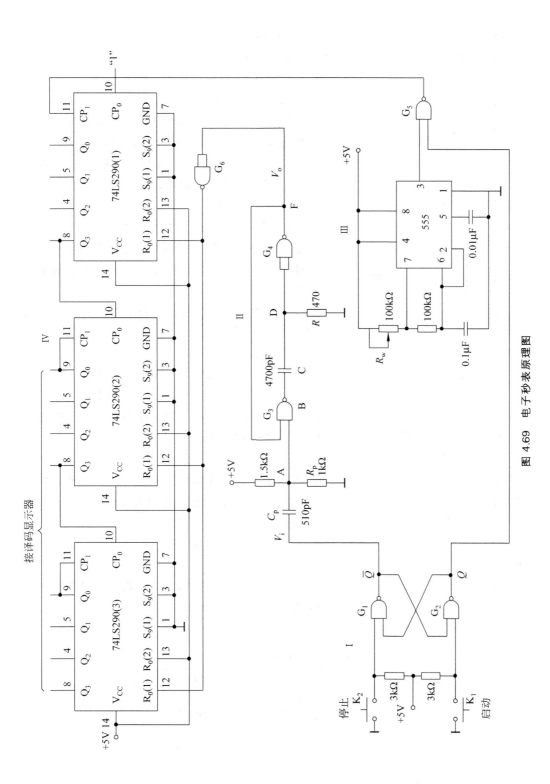

图 4.69 电子秒表原理图

按动按钮开关 K_2（接地），则门 1 输出 $\bar{Q}=1$；门 2 输出 $Q=0$，K_2 复位后 Q、$\bar{Q}$ 状态保持不变。再按动按钮开关 K_1，则 Q 由 0 变为 1，门 5 开启，为计数器启动做好准备。$\bar{Q}$ 由 1 变 0，送出负脉冲，启动单稳态触发器工作。

2）单稳态触发器

图 4.69 中单元 Ⅱ 为集成与非门构成的微分型单稳态触发器，图 4.70 为各点波形图。

单稳态触发器的输入触发负脉冲信号 V_i 由基本 RS 触发器端提供，输出负脉冲 V_o 通过非门加到计数器的清除端 R。

静态时，门 4 应处于截止状态，故电阻 R 必须小于门的关门电阻 R_{off}。定时元件 RC 取值不同，输出脉冲宽度也不同。当触发脉冲宽度小于输出脉冲宽度时，可以省去输入微分电路的 R_p 和 C_p。

单稳态触发器在电子秒表中的职能是为计数器提供清零信号。

3）时钟发生器

图 4.69 中单元 Ⅲ 为 555 定时器构成的多谐振荡器，是一种性能较好的时钟源。调节电位器 R_w，使在输出端 3 获得频率为 50Hz 的矩形波信号，当基本 RS 触发器 $Q=1$ 时，门 5 开启，此时 50Hz 脉冲信号通过门 5 作为计数脉冲加于计数器（1）的计数输入端 CP_1。

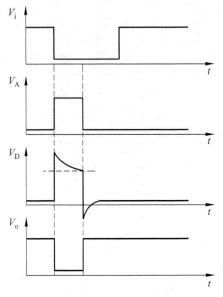

图 4.70　单稳态触发器波形图

4）计数及译码显示

二-五-十进制加法计数器 74HC290 构成电子秒表的计数单元，如图 4.68 中单元 Ⅳ 所示。其中计数器（1）接成五进制形式，对频率为 50Hz 的时钟脉冲进行五分频，在输出端 Q_3 取得周期为 0.1s 的矩形脉冲，作为计数器（2）的时钟输入。计数器（2）及计数器（3）接成 8421 码十进制形式，其输出端与实验装置上译码显示单元的响应输入端连接，可显示 0.1～0.9 秒；1～9.9 秒计时。

集成异步计数器 74HC290 是异步二-五-十进制加法计数器，它既可以作二进制加法计数器，又可以作为五进制和十进制加法计数器。

74HC290 引脚排列如图 4.55 所示，表 4.42 为功能表。

表 4.42　74HC290 功能表

输　　入					输　　出				功　　能
清 0		置 9		时钟					
$R_0(1)$、$R_0(2)$		$S_9(1)$、$S_9(2)$		CP_0　CP_1		Q_3	Q_2　Q_1	Q_0	
1	1	0　　×		×	×	0	0　　0	0	清 0
		×　　0							
0	×	1	1	×	×	1	0　　0	1	置 9
×	0								

续表

输　　入			输　　出	功　　能
清 0	置 9	时钟	Q_3　Q_2　Q_1　Q_0	
$R_0(1)$、$R_0(2)$	$S_9(1)$、$S_9(2)$	CP_0　CP_1		
		↓　　1	Q_0 输出	二进制计数器
		1　　↓	Q_3　Q_2　Q_1 输出	五进制计数器
0　　× ×　　0	0　　× ×　　0	↓　　Q_0	Q_3　Q_2　Q_1　Q_0 输出 8421BCD 码	十进制计数器
		Q_3　　↓	$Q_0 Q_3 Q_2 Q_1$ 输出 5421BCD 码	十进制计数器
		1　　1	不变	保持

通过不同的连接方法,74HC290 可以实现 4 种不同的逻辑功能;而且还可借助 $R_0(1)$、$R_0(2)$ 对计数器清零,借助 $S_9(1)$、$S_9(2)$ 将计数器置 9。其具体功能详述如下。

(1) 计数脉冲从 CP_0 输入,Q_0 作为输出端,为二进制计数器。

(2) 计数脉冲从 CP_1 输入,$Q_3 Q_2 Q_1$ 作为输出端,为异步五进制加法计数器。

(3) 若将 CP_1 和 Q_0 相连,计数脉冲从 CP_0 输入,$Q_3 Q_2 Q_1 Q_0$ 作为输出端,则构成异步 8421 码十进制加法计数器。

(4) 若将 CP_0 和 Q_3 相连,计数脉冲从 CP_1 输入,$Q_0 Q_3 Q_2 Q_1$ 作为输出端,则构成异步 5421 码加法计数器。

(5) 清 0、置 9 功能。

3. 预习内容

(1) 复习数字电路中的基本 RS 触发器、单稳态触发器、时钟发生器及计数器等部分内容。

(2) 除了本实验中采用的时钟源外,选用另外两种不同类型的时钟源,可供本实验用。画出电路图,选取元器件。

(3) 列出电子秒表单元电路的测试表格。

(4) 列出调试电子秒表的步骤。

4. 实验设备与器件

(1) 数字逻辑实验箱;

(2) 万用表;

(3) 双踪示波器;

(4) 译码显示器;

(5) 74HC00、555、74HC290、电阻、电容、电位器若干。

5. 实验内容与步骤

由于实验电路中使用器材较多,实验前必须合理安排各器件在实验装置上的位置,使电路逻辑清楚,接线较短。

实验时,应按照实验任务的次序,将各单元电路逐个进行接线和调试,即分别测试基本 RS 触发器、单稳态触发器、时钟发生器及计数器的逻辑功能,待各单元电路工作正常后,再

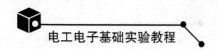

将有关电路逐级连接起来进行测试,直至测试电子秒表整个电路的功能。

这样测试的方法有利于检查和排除故障,保证实验顺利进行。

1）基本 RS 触发器的测试

分别按动按钮 K_1 和 K_2,用万用表测试触发器输出端的状态,记录之。

2）单稳态触发器的测试

(1) 静态测试。用万用表直流电压挡测量 A、B、D、F 各点电位值,记录之。

(2) 动态测试。输入端接 1kHz 连续脉冲源,用示波器观察并描绘 D 点(V_D)、F 点(V_o)波形,如嫌单稳态输出脉冲持续时间太短,难以观察,可适当加大微分电容 C（如改为 $0.1\mu F$）,待测试完毕,再恢复 4700pF。

3）时钟发生器的测试

用示波器观察 555 输出电压波形并测量其频率,调节电位器,使输出矩形波的频率为 50Hz。

4）计数器的测试

(1) 计数器(1)接成五进制形式,$R_0(1)$、$R_0(2)$、$S_9(1)$、$S_9(2)$ 接逻辑开关输出插口,CP_1 接单次脉冲源,CP_0 接高电平“1”,接实验设备上译码显示输入端 D、C、B、A,测试其逻辑功能,记录之。

(2) 计数器(2)、(3)接成 8421 码十进制形式,同步骤(1)进行逻辑功能测试,记录之。

(3) 将计数器(1)、(2)、(3)级连,进行逻辑功能测试,记录之。

5）电子秒表的整体测试

各单元电路测试正常后,按图 4.69 把几个单元电路连接起来,进行电子秒表的总体测试。

先按一下按钮开关 K_2,此时电子秒表不工作,再按一下按钮开关 K_1,则计数器清零后便开始计时。观察数码管显示计数情况是否正常,如不需要计时或暂停计时,按一下开关 K_2,计时立即停止,但数码管保留所计时之值。

6）电子秒表准确度的测试

利用电子钟或手表的秒计时对电子秒表进行校准。

6. 实验报告要求

(1) 总结电子秒表整个调试过程。

(2) 分析调试中发现的问题及故障排除方法。

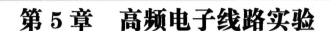

第5章 高频电子线路实验

高频电子技术是通信和无线电技术的重要专业基础课,它涉及许多专业理论知识和实践知识。伴随着无线电通信的进程,高频电子技术的发展已有百余年的历史,传统的高频技术主要由信号发生(正弦信号发生,非正弦信号发生,波形变换、载波发生)、信号调制(调幅、调频)、信号发送和接收(选频、变频、中频选频放大、检波、鉴频)等组成。

实验注意事项如下。

(1)本实验系统接通电源前请确保电源插座接地良好。

(2)每次安装实验模块之前应确保主机箱右侧的交流开关处于断开状态。

(3)安装实验模块时,模块右边的双刀双掷开关要拨上,将模板四角的螺孔和母版上的铜支柱对齐,然后用黑色接线柱固定。确保4个接线柱拧紧,以免造成实验模块与电源或者地接触不良。经仔细查后方可通电实验。

(4)各实验模块上的双刀双掷开关、拨码开关、复位开关、自锁开关、手调电位器和旋转编码器均为磨损件,请不要频繁按动或旋转。

(5)请勿直接用手触摸芯片、电解电容等元件,以免造成损坏。

(6)各模块中的3362电位器(蓝色正方形封装)是出厂前调试使用的。出厂后的各实验模块功能已调至最佳状态,无须另行调节这些电位器,否则将会对实验结果造成影响。

(7)在关闭各模块电源之后,方可进行连线。连线时在保证接触良好的前提下应尽量轻插轻放,检查无误后方可通电实验。拆线时若遇到连线与孔连接过紧的情况,应用手捏住线端的金属外壳轻轻摇晃,直至连线与孔松脱,切勿旋转及用蛮力强行拔出。

(8)实验前,应首先熟悉实验模块的电路原理以及所需使用仪器的性能和使用方法。

(9)按动开关或转动电位器以及调节电感线圈磁芯时,切勿用力过猛,以免造成元件损坏。

(10)做综合实验时,应通过联调确保各部分电路处于最佳工作状态。

5.1 高频小信号调谐放大器实验

1. 实验目的

(1) 熟悉仪器仪表的使用方法。

(2) 熟悉高频电路实验箱和②号实验线路板。

(3) 掌握小信号调谐放大器的基本工作原理。

(4) 掌握谐振放大器电压增益、通频带、选择性的定义、测试及计算方法。

2. 实验原理

1) 单调谐放大器

小信号谐振放大器是通信机接收端的前端电路,主要用于高频小信号或微弱信号的线性放大。其实验单元电路如图 5.1 所示。该电路由晶体管 Q_1、选频回路 T_1 两部分组成。它不仅对高频小信号进行放大,而且还有一定的选频作用。本实验中输入信号的频率 $f_s =$ 12MHz。基极偏置电阻 W_3、R_{22}、R_4 和射极电阻 R_5 决定晶体管的静态工作点。可变电阻 W_3 改变基极偏置电阻,可改变晶体管的静态工作点,从而可以改变放大器的增益。

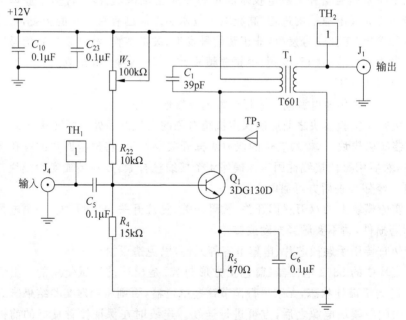

图 5.1   单调谐小信号放大电路

表征高频小信号调谐放大器的主要性能指标有谐振频率 f_0、谐振电压放大倍数 A_{vo},放大器的通频带 BW 及选择性(通常用矩形系数 $K_{v0.1}$ 来表示)等。

放大器各项性能指标及测量方法如下。

(1) 谐振频率。放大器的调谐回路谐振时所对应的频率 f_0 称为放大器的谐振频率,对于图 5.1 所示电路(也是以下各项指标所对应电路),f_0 的表达式为

$$f_0 = \frac{1}{2\pi \sqrt{LC_\Sigma}}$$

式中,L 为调谐回路电感线圈的电感量;C_Σ 为调谐回路的总电容,C_Σ 的表达式为

$$C_\Sigma = C + P_1^2 C_{oe} + P_2^2 C_{ie}$$

式中,C_{oe} 为晶体管的输出电容;C_{ie} 为晶体管的输入电容;P_1 为初级线圈抽头系数;P_2 为次级线圈抽头系数。

谐振频率 f_0 的测量方法是:用扫频仪作为测量仪器,测出电路的幅频特性曲线,调变压器 T_1 的磁芯,使电压谐振曲线的峰值出现在规定的谐振频率点 f_0。

(2) 电压放大倍数。放大器的谐振回路谐振时,所对应的电压放大倍数 A_{vo} 称为调谐放大器的电压放大倍数。A_{vo} 的表达式为

$$A_{vo} = -\frac{v_0}{v_i} = \frac{-p_1 p_2 y_{fe}}{g_\Sigma} = \frac{-p_1 p_2 y_{fe}}{p_1^2 g_{oe} + p_2^2 g_{ie} + G}$$

式中,g_Σ 为谐振回路谐振时的总电导。要注意的是 y_{fe} 本身也是一个复数,所以谐振时输出电压 V_o 与输入电压 V_i 相位差不是 $180°$ 而是为 $180° + \Phi fe$。

A_{vo} 的测量方法是:在谐振回路已处于谐振状态时,用高频电压表测量图 5.1 中输出信号 V_o 及输入信号 V_i 的大小,则电压放大倍数 A_{vo} 由下式计算:

$$A_{vo} = V_o/V_i \quad 或 \quad A_{vo} = 20\lg(V_o/V_i)\,\mathrm{dB}$$

(3) 通频带。由于谐振回路的选频作用,当工作频率偏离谐振频率时,放大器的电压放大倍数下降,电压放大倍数 A_v 下降到谐振电压放大倍数 A_{vo} 的 0.707 倍时,所对应的频率偏移称为放大器的通频带 BW,其表达式为

$$BW = 2\Delta f_{0.7} = f_0/Q_L$$

式中,Q_L 为谐振回路的有载品质因数。

分析表明,放大器的谐振电压放大倍数 A_{vo} 与通频带 BW 的关系为

$$A_{vo} \cdot BW = \frac{|y_{fe}|}{2\pi C_\Sigma}$$

上式说明,当晶体管选定即 y_{fe} 确定,且回路总电容 C_Σ 为定值时,谐振电压放大倍数 A_{vo} 与通频带 BW 的乘积为一常数。这与低频放大器中的增益带宽积为一常数的概念是相同的。

通频带 BW 的测量方法是:通过测量放大器的谐振曲线来求通频带,测量方法可以是扫频法,也可以是逐点法。

逐点法的测量步骤是:先调谐放大器的谐振回路使其谐振,记下此时的谐振频率 f_0 及电压放大倍数 A_{vo} 然后改变高频信号发生器的频率(保持其输出电压 V_S 不变),并测出对应的电压放大倍数 A_v。由于回路失谐后电压放大倍数下降,所以放大器的谐振曲线如图 5.2 所示,可得:

$$BW = f_H - f_L = 2\Delta f_{0.7}$$

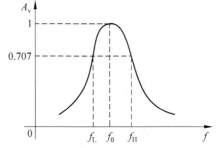

图 5.2 谐振曲线

通频带越宽,放大器的电压放大倍数越小。要想得到一定宽度的通频带,同时又能提高放大器的电压增益,除了选用 y_{fe} 较大的晶体管外,还应尽量减小调谐回路的总电容量 C_{Σ}。如果放大器只用来放大来自接收天线的某一固定频率的微弱信号,则可减小通频带,尽量提高放大器的增益。

(4) 选择性——矩形系数。调谐放大器的选择性可用谐振曲线的矩形系数 $K_{V0.1}$ 来表示,如图 5.2 谐振曲线,矩形系数 $K_{V0.1}$ 为电压放大倍数下降到 $0.1A_{vo}$ 时对应的频率偏移与电压放大倍数下降到 $0.707A_{vo}$ 时对应的频率偏移之比,即

$$K_{V0.1} = 2\Delta f_{0.1}/2\Delta f_{0.7} = 2\Delta f_{0.1}/BW$$

上式表明,矩形系数 $K_{V0.1}$ 越小,谐振曲线的形状越接近矩形,选择性越好,反之亦然。一般单级调谐放大器的选择性较差(矩形系数 $K_{V0.1}$ 远大于1),为提高放大器的选择性,通常采用多级单调谐回路的谐振放大器。可以通过测量调谐放大器的谐振曲线来求矩形系数 $K_{V0.1}$。

2) 双调谐放大器

双调谐放大器具有频带较宽、选择性较好的优点,其电路如图 5.3 所示。双调谐回路谐振放大器是将单调谐回路放大器的单调谐回路改用双调谐回路,其原理基本相同。

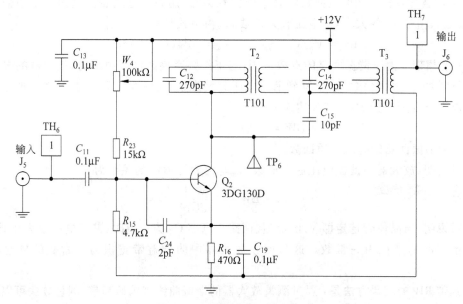

图 5.3　双调谐小信号放大电路

(1) 电压增益为

$$A_{vo} = -\frac{v_o}{v_i} = \frac{-p_1 p_2 y_{fe}}{2g}$$

(2) 通频带为

$$BW = 2\Delta f_{0.7} = \sqrt{2}f_0/Q_L$$

(3) 选择性——矩形系数

$$K_{V0.1} = 2\Delta f_{0.1}/2\Delta f_{0.7} = \sqrt[4]{100-1}$$

3．预习内容

(1) 复习谐振回路的工作原理。

(2) 了解谐振放大器的电压放大倍数、通频带及选择性。

(3) 能根据实验电路中的电感量、回路总电容计算回路中心频率 f_0。

4．实验设备与器件

(1) 高频实验箱（②号实验板）1台；

(2) 双踪示波器1台；

(3) 万用表1只；

(4) 频谱仪1台；

(5) 信号发生器1台。

5．实验内容与步骤

1) 单调谐小信号放大器单元电路实验

(1) 根据电路原理图熟悉实验板电路，并在电路板上找出与原理图相对应的各测试点及可调器件(具体指出)。

(2) 打开小信号调谐放大器的电源开关，并观察工作指示灯是否点亮，红灯为＋12V电源指示灯，绿灯为－12V电源指示灯。(以后实验步骤中不再强调打开实验模块电源开关步骤。)

(3) 调整晶体管的静态工作点：在不加输入信号时用万用表(直流电压测量挡)测量电阻 R_4 两端的电压(即 V_{BQ})和 R_5 两端的电压(即 V_{EQ})，调整可调电阻 W_3，使 $V_{EQ}=4.8\text{V}$，记下此时的 V_{BQ}、V_{EQ}，并计算出此时的 $I_{EQ}=V_{EQ}/R_5$。

(4) 用频谱仪调测回路谐振曲线。

① 短接频谱仪的输出端与输入端，进行归一化调零；

② 按图5.4所示搭建好测试电路，将频谱仪的跟踪源输出端通过高频信号连接线接到单调谐小信号放大电路的输入端 J_4 口，再将电路的输出端 J_1 口通过信号线接入频谱仪的射频信号输入端；

图5.4　高频小信号调谐放大器幅频特性测试连接框图

③ 调节频谱仪，显示电路的谐振曲线如图5.2所示，调变压器 T_1 的磁芯，使电压谐振曲线的峰值出现在谐振频率点 $f_0=12\text{MHz}$；

④ 测量并记录 f_0 与 BW 的值。

(5) 用逐点法调测回路频率特性。

① 调节信号发生器，使其输出频率为 12MHz、峰-峰值约为 100mV 的正弦高频信号。

② 将信号输入到②号板的 J_4 口，在 TH_1 处用示波器观察信号。

③ 将示波器另一探头连接在调谐放大器的输出端即 TH_2 上，调节示波器直到能观察到输出信号的波形，再调节 T_1 中周磁芯使示波器上的信号幅度最大，此时放大器即被调谐到输入信号的频率点 $f_0 = 12\text{MHz}$ 上，回路谐振。

④ **测量电压增益 A_{vo}**：在调谐放大器对输入信号已经谐振的情况下，用示波器探头在 TH_1 和 TH_2 分别观测输入和输出信号的幅度大小，则 A_{vo} 即为输出信号与输入信号幅度之比。

⑤ **测量放大器通频带**：通过调节放大器输入信号的频率，使信号频率在谐振频率附近变化（以 20kHz 或 500kHz 为步进间隔来变化），并用示波器观测各频率点的输出信号的幅度，测量数据记录在表 5.1 中，然后就可以在"幅度-频率"坐标轴上标示出放大器的通频带特性。

表 5.1　输出信号幅度记录表

$f(\text{MHz})$				12			
$V_o(\text{V})$							

（6）测量放大器的选择性。

描述放大器选择性的最主要的一个指标就是矩形系数，这里用 $K_{v0.1}$ 和 $K_{v0.01}$ 来表示：

$$K_{v0.1} = \frac{2\Delta f_{0.1}}{2\Delta f_{0.7}}, \quad K_{v0.01} = \frac{2\Delta f_{0.01}}{2\Delta f_{0.7}}$$

式中，$2\Delta f_{0.7}$ 为放大器的通频带；$2\Delta f_{0.1}$ 和 $2\Delta f_{0.01}$ 分别为相对放大倍数下降至 0.1 和 0.01 倍处的带宽。用第（5）步中的方法，就可以测出 $2\Delta f_{0.7}$、$2\Delta f_{0.1}$ 和 $2\Delta f_{0.01}$ 的大小，从而得到 $K_{v0.1}$ 和 $K_{v0.01}$ 的值。

注意：对高频电路而言，随着频率升高，电路分布参数的影响将越来越大，而我们在理论计算中是没有考虑到这些分布参数的，所以实际测试结果与理论分析可能存在一定的偏差；另外，为了使测试结果准确，应使仪器的接地尽可能良好。

2）双调谐小信号放大器的测试方法

双调谐小信号放大器的测试方法、测试步骤与单调谐放大电路基本相同，只是在以下两个方面稍做改动：

其一是输入信号的频率改为 465kHz（峰-峰值 200mV）；

其二是在谐振回路的调试时，对双调谐回路的两个中周要反复调试才能最终使谐振回路谐振在输入信号的频点上。具体方法是，连接好测试电路并打开信号源及放大器电源之后，首先调试放大电路的第一级中周，让示波器上被测信号幅度尽可能大；然后调试第二级中周，也是让示波器上被测信号的幅度尽可能大，这之后再重复第一级和第二级中周，直到输出信号的幅度达到最大，这样，放大器就已经谐振到输入信号的频点上了。

按单调谐实验的步骤做双调谐实验，并将两种调谐电路进行比较。

6. 实验报告要求

（1）写明实验目的。

（2）画出实验电路的直流和交流等效电路。

（3）计算直流工作点，与实验实测结果比较。

（4）整理实验数据，并画出幅频特性曲线。

（5）高频小信号放大器的主要技术指标有哪些？单调谐放大器的电压增益与哪些因素有关？回路的谐振频率和哪些参数有关？如何判断谐振回路处于谐振状态？

5.2　电容反馈式 *LC* 振荡器

1. 实验目的

（1）掌握三点式正弦波振荡器电路的基本原理、起振条件，振荡电路设计及电路参数计算。

（2）通过实验掌握晶体管静态工作点、反馈系数大小、负载变化对起振和振荡幅度的影响。

（3）研究外界条件（温度、电源电压、负载变化）对振荡器频率稳定度的影响。

2. 实验原理

1）概述

不需外加输入信号，便能自行产生输出信号的电路称为振荡器。按照产生的波形，振荡器可以分为正弦波振荡器和非正弦波振荡器。按照产生振荡的工作原理，振荡器分为反馈式振荡器和负阻式振荡器。所谓反馈式振荡器，就是利用正反馈原理构成的振荡器，是目前应用最广泛的一类振荡器。所谓负阻式振荡器，就是利用正反馈有负阻特性的器件构成的振荡器，在这种电路中，负阻所起的作用，是将振荡器回路的正阻抵消以维持等幅振荡。反馈式振荡电路有变压器反馈式振荡电路、电感三点式振荡电路、电容三点式振荡电路和石英晶体振荡电路等。同时为了提高振荡器的稳定度，通过对电容三点式振荡器的改进可以得到克拉泼振荡器和西勒振荡器两种改进型的电容反馈振荡器。

LC 振荡器实质上是满足振荡条件的正反馈放大器。LC 振荡器是指振荡回路是由 LC 元件组成的。从交流等效电路可知：由 LC 振荡回路引出三个端子，分别接振荡管的三个电极，而构成反馈式自激振荡器，因而又称为三点式振荡器。如果反馈电压取自分压电感，则称为电感反馈 LC 振荡器或电感三点式振荡器；如果反馈电压取自分压电容，则称为电容反馈 LC 振荡器或电容三点式振荡器。

在几种基本高频振荡回路中，电容反馈 LC 振荡器具有较好的振荡波形和稳定度，电路形式简单，适于在较高的频段工作，尤其是以晶体管极间分布电容构成反馈支路时，其振荡频率可高达几百 MHz～GHz。

2）LC 振荡器的起振条件

一个振荡器能否起振，主要取决于振荡电路自激振荡的两个基本条件，即振幅起振平衡条件和相位平衡条件。

相位平衡条件：
$$\phi_A + \phi_F = 2n\pi \quad (n = 0, 1, 2, \cdots)$$
其中 ϕ_A 是放大电路的移相，ϕ_F 是反馈网络的移相。

振幅起振条件 $AF \gg 1$。其中 A 是放大电路的增益，F 是反馈系数。

幅值平衡条件 $AF = 1$。

3）LC 振荡器的频率稳定度

频率稳定度表示在一定时间或一定温度、电压等变化范围内振荡频率的相对变化程度，常用表达式 $\Delta f_0/f_0$ 来表示（f_0 为所选择的测试频率；Δf_0 为振荡频率的频率误差，$\Delta f_0 = f_{02} - f_{01}$；$f_{02}$ 和 f_{01} 为不同时刻的 f_0）。频率相对变化量越小，表明振荡频率的稳定度越高。由于振荡回路的元件是决定频率的主要因素，所以要提高频率稳定度，就要设法提高振荡回路的标准性，除了采用高稳定和高 Q 值的回路电容和电感外，其振荡管可以采用部分接入，以减小晶体管极间电容和分布电容对振荡回路的影响，还可采用负温度系数元件实现温度补偿。

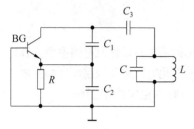

图 5.5　西勒振荡器交流等效电路

4）LC 振荡器的调整和参数选择

本实验采用改进型电容三点振荡电路（西勒电路）为例，交流等效电路如图 5.5 所示。

（1）静态工作点的调整。

合理选择振荡管的静态工作点，对振荡器工作的稳定性及波形的好坏，有一定的影响，偏置电路一般采用分压式电路。当振荡器稳定工作时，振荡管工作在非线性状态，通常是依靠晶体管本身的非线性实现稳幅。若选择晶体管进入饱和区来实现稳幅，则将使振荡回路的等效 Q 值降低，输出波形变差，频率稳定度降低。因此，一般在小功率振荡器中总是使静态工作点远离饱和区，靠近截止区。

（2）振荡频率 f_0 的计算。

$$f_0 = \frac{1}{2\pi \sqrt{L(C + C_T)}}$$

式中 C_T 为 C_1、C_2 和 C_3 的串联值，一般 $C_1 \gg C_3$，$C_2 \gg C_3$，故 $C_T \approx C_3$，所以，振荡频率主要由 L、C 和 C_3 决定。

（3）反馈系数 F 的选择。

$$F = \frac{C_1}{C_2}$$

反馈系数 F 不宜过大或过小，一般经验数据 $F \approx 0.1 \sim 0.5$。

5）实验电路说明

实验电路如图 5.6 所示。

将开关 S_2 的 1 拨下，2 拨上，S_1 全部断开，由晶体管 Q_3 和 C_{13}、C_{16}、C_{10}、CC_1、L_2 构成电容反馈三点式振荡器的改进型振荡器——西勒振荡器。电容 CC_1 可用来改变振荡频率，本振荡器的频率约为 4.5MHz（计算振荡频率可调范围），反馈系数由 C_{13}、C_{16} 决定。振荡器输出通过耦合电容 C_3（10pF）加到由 Q_2 组成的射极跟随器的输入端，因 C_3 容量很小，再加上射极跟随器的输入阻抗很高，可以减小负载对振荡器的影响。射极跟随器输出信号耦合到由 Q_1 组成的调谐放大器，再经变压器耦合从 J_1 输出。

3. 预习要求

（1）复习 LC 振荡器的工作原理。

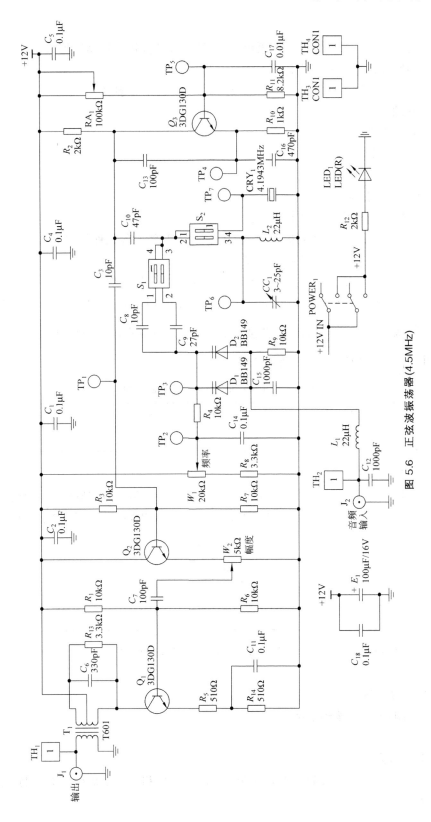

图 5.6　正弦波振荡器 (4.5MHz)

（2）分析图 5.6 所示电路的工作原理及各元件的作用，并计算晶体管 Q_3 的静态工作电流 I_C 的最大值（设晶体管的 β 值为 50）。

（3）根据实验电路中的 L、C 参数，计算振荡器的频率为多少。

4．实验仪器

（1）高频实验箱（③号实验板）1 台；

（2）双踪示波器 1 台；

（3）万用表 1 只。

5．实验内容与步骤

（1）熟悉振荡器模块元件及其作用。

根据图 5.6 在实验板上找到振荡器各元件的位置并熟悉各元件的作用。

（2）研究振荡器静态工作点对振荡幅度的影响。

① 将开关 S_2 的 1 拨下，2 拨上，S_1 全部断开，构成 LC 振荡器。

② 改变上偏置电位器 R_{A1}，用万用表直流电压挡测 TP_4 点对地电位 V_E，记下发射极电流 $I_{EO}\left(=\dfrac{V_E}{R_{10}}\right)$ 填入表 5.2 中，将示波器接于 J_1 口，测量对应点的振荡幅度 V_{pp}（峰-峰值）填入表 5.2 中，记下停振时的静态工作点电流值。

表 5.2　静态工作点对振荡幅度的影响

I_{EO}(mA)	0.8	1.0	1.5	2.0	2.5	3.0	3.5	4.0	4.5	4.8
V_{PP}(V)										

（3）测量振荡器输出频率范围。

将示波器接于 J_1 处，用无感起子调可变电容 CC_1，取频率最大值和最小值对应电容 CC_1 的最小值（3pF）和最大值（25pF），用示波器观察波形，并观察输出频率的变化，填于表 5.3 中。

表 5.3　振荡器输出频率范围

CC_1(pF)	f(MHz)	V_{pp}(V)
3		
25		

（4）分别用 5000pF 和 100pF 的电容并联在 C_{16} 两端，改变反馈系数，观察振荡器输出电压的大小。

① 计算反馈系数；

② 用示波器记下振荡幅度值；

③ 分析原因。

6．实验报告要求

（1）分析静态工作点、反馈系数 F 对振荡器起振条件和输出波形振幅的影响，并用所学理论加以分析。

(2) 计算实验电路的振荡频率 f_0，并与实测结果比较。

5.3 晶体振荡器与压控振荡器

1. 实验目的

(1) 掌握晶体振荡器与压控振荡器的基本工作原理。

(2) 比较 LC 振荡器和晶体振荡器的频率稳定度。

2. 实验原理

1) 晶体振荡器

石英晶体正弦波振荡器简称晶振，是以高稳定度、高 Q 值的石英谐振器替代 LC 振荡器中振荡回路的电感、电容元件而构成的自激正弦波振荡器，它利用石英晶体的压电效应实现机械能与电能的相互转化。由于晶体振荡器具有体积小、重量轻、可靠性高、频率稳定度高等优点，被广泛应用于彩电、计算机、遥控器等各类振荡电路中，以及通信系统中用于频率发生器、为数据处理设备产生时钟信号和为特定系统提供基准信号。

石英晶体谐振器的符号、等效电路及电抗频率特性分别如图 5.7(a)、(b)、(c)所示。

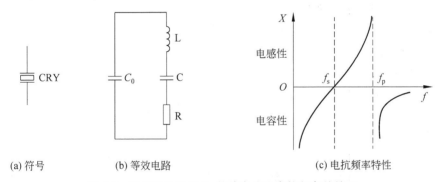

图 5.7 石英晶体的符号、等效电路及电抗频率特性图

C_0：封装电容，代表石英晶体支架静电容量，一般为几至几百皮法。

L：动态电感，相当于晶体的质量(惯性)，很大，一般以几亨至十分之几亨计。

C：动态电容，相当于晶体的等效弹性模数，很小，一般以百分之几皮法计。

R：动态电阻，相当于晶体的摩擦损耗，一般以几至几百欧计。

因 $Q=\dfrac{1}{R}\sqrt{\dfrac{L}{C}}$，易知石英晶体的品质因数很高。

石英晶体谐振器有两个谐振频率。

(1) 当 L、C、R 支路串联谐振时，等效电路的阻抗最小，串联谐振频率为

$$f_s = \frac{1}{2\pi\sqrt{LC}}$$

(2) 当等效电路并联谐振时，谐振频率为

$$f_p = \frac{1}{2\pi\sqrt{L\dfrac{CC_0}{C+C_0}}} \approx f_s\sqrt{1+\frac{C}{C_0}}$$

显然，$f_s < f_p$，但由于 $C \ll C_0$，因此 f_s 和 f_p 两个频率非常接近。

（3）电抗特性。石英晶体谐振器的电抗曲线如图 5.7(c) 所示。

可以看出，电抗特性曲线分三个区间和两个谐振频率点，当 $f < f_s$ 或 $f > f_p$ 时，电抗特性呈容性，等效为电容；当 $f_s < f < f_p$ 时，电抗特性呈感性，等效为电感；当 $f = f_s$ 时，电抗呈纯电阻性，等效阻抗为最小，为串联谐振点；当 $f = f_p$ 时，电抗呈纯电阻性，等效阻抗为最大，为并联谐振点。在串联谐振频率点与并联谐振频率点之间极窄的频带内石英晶体谐振器呈感性，用其构成的电容三点式振荡器就是利用了这个区间。

因此，根据晶体在振荡器线路中的作用原理，振荡电路可分为两类：一类是石英晶体在电路中作为等效电感元件使用，这类振荡器称为并联谐振型晶体振荡器；另一类是把石英晶体作为串联谐振元件使用，使它工作于串联谐振频率上，称为串联谐振型晶体振荡器。

本实验采用的并联谐振型晶体振荡器，其振荡原理和一般反馈式 LC 振荡器相同，只是把晶体置于反馈网络的振荡回路之中，作为一个感性元件，并与其他回路元件一起按照三端电路的基本准则组成三端振荡器。

其电路组成是把图 5.8 中的开关 S_2 的 2 拨下、1 拨上，S_1 全部断开，由 Q_3、C_{13}、C_{16}、晶体 CRY_1 与 C_{10} 构成晶体振荡器（皮尔斯振荡电路），在振荡频率上晶体等效为电感。

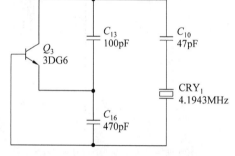

图 5.8　晶体振荡器交流等效电路图

2）压控振荡器（VCO）

将 S_1 的 1 或 2 拨上，S_2 的 1 拨下、2 拨上，则变容二极管 D_1、D_2 并联在电感 L_2 两端。当调节电位器 W_1 时，D_1、D_2 两端的反向偏压随之改变，从而改变了 D_1 和 D_2 的结电容 C_j，也就改变了振荡电路的等效电容，使振荡频率发生变化。其交流等效电路如图 5.9 所示。

3）晶体压控振荡器

开关 S_1 的 1 接通或 2 接通，S_2 的 1 接通，就构成了晶体压控振荡器。

3. 预习要求

（1）复习晶体振荡器、压控振荡器的工作原理。

（2）为什么用石英晶体作为振荡回路元件就能使振荡器的频率稳定度大大提高？

4. 实验仪器

（1）高频实验箱（③号实验板）1 台；

（2）双踪示波器 1 台；

（3）万用表 1 只。

5. 实验内容与步骤

（1）将电路接成 LC 振荡器，在室温下记下振荡频率（示波器接于 J_1 处）。

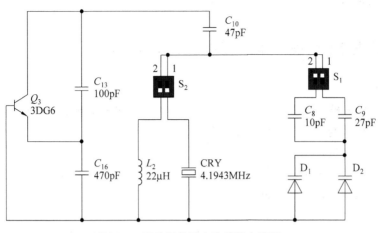

图 5.9　压控振荡器交流等效电路图

将加热的电烙铁靠近振荡管和振荡回路,每隔 1 分钟记下频率的变化值,在记录时,开关 S_2 交替接通 2(LC 振荡器)和 1(晶体振荡器),并将数据记于表 5.4 中。

表 5.4　两种振荡器的振荡频率

温度时间变化	室温	1 分钟	2 分钟	3 分钟	4 分钟	5 分钟
LC 振荡器						
晶体管振荡器						

(2) 两种压控振荡器的频率变化范围。

① 将电路连接成压控振荡器,示波器接于 J_1,直流电压表接于 TP_3。

② 将 W_1 从低阻值、中阻值调到高阻值位置,分别将变容二极管的反向偏置电压、输出频率记于表 5.5 中。

表 5.5　W_1 不同阻值下的振荡频率

W_1 电阻值		W_1 低阻值	W_1 中阻值	W_1 高阻值
	V_{D_1}(V_{D_2})			
振荡频率	LC 压控振荡器			
	晶体压控振荡器			
	并联 L 的晶体压控振荡器			

(3) 将电路改接成晶体压控振荡器,重复上述实验,并将结果记于表 5.5 中。

(4) 在晶体压控振荡器电路的基础上,将 L_2 并接于晶体两端,但需将 CC_1 断开或置于容量最小位置。然后重做上述实验,将结果记于表 5.5 中。

6. 实验报告要求

(1) 比较所测数据结果,结合理论进行分析。

（2）晶体压控振荡器的缺点是频率控制范围很窄,如何扩大其频率控制范围?

5.4 模拟乘法器调幅(AM、DSB、SSB)

1. 实验目的

（1）掌握用集成模拟乘法器实现全载波调幅、抑制载波双边带调幅和单边带调幅的方法。

（2）研究已调波与调制信号以及载波信号的关系。

（3）掌握调幅系数的测量与计算方法。

（4）通过实验对比全载波调幅、抑制载波双边带调幅和单边带调幅的波形。

（5）了解模拟乘法器(MC1496)的工作原理,掌握调整与测量其特性参数的方法。

2. 实验原理及实验电路说明

幅度调制就是载波的振幅(包络)随调制信号的参数变化而变化。本实验中载波是由晶体振荡产生的 465kHz 高频信号,1kHz 的低频信号为调制信号。振幅调制器即为产生调幅信号的装置。

1）集成模拟乘法器的内部结构

集成模拟乘法器是完成两个模拟量(电压或电流)相乘的电子器件。在高频电子线路中,振幅调制、同步检波、混频、倍频、鉴频、鉴相等调制与解调的过程,均可视为两个信号相乘或包含相乘的过程。采用集成模拟乘法器实现上述功能比采用分离器件如二极管和三极管要简单得多,而且性能优越。所以目前其在无线通信、广播电视等方面应用较多。集成模拟乘法器常见产品有 BG314、F1596、MC1495、MC1496、LM1595、LM1596 等。

（1）MC1496 的内部结构。在本实验中采用集成模拟乘法器 MC1496 来完成调幅作用。MC1496 是四象限模拟乘法器。其内部电路图和引脚图如图 5.10 所示。其中 T_1、T_2 与 T_3、T_4 组成双差分放大器,以反极性方式相连接,而且两组差分对的恒流源 T_5 与 T_6 又组成

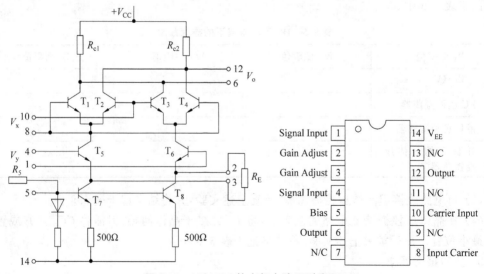

图 5.10 MC1496 的内部电路及引脚图

一对差分电路,因此恒流源的控制电压可正可负,以此实现了四象限工作。T_7、T_8 为差分放大器 T_5 与 T_6 的恒流源。

(2) 静态工作点的设定。

① 静态偏置电压的设置如下。

静态偏置电压的设置应保证各个晶体管工作在放大状态,即晶体管的集-基极间的电压应大于或等于 2V,小于或等于最大允许工作电压。根据 MC1496 的特性参数,对于图 5.10 所示的内部电路,应用时,静态偏置电压(输入电压为 0 时)应满足下列关系,即

$$v_8 = v_{10}, \quad v_1 = v_4, \quad v_6 = v_{12}$$
$$15\text{V} \geqslant v_6(v_{12}) - v_8(v_{10}) \geqslant 2\text{V}$$
$$15\text{V} \geqslant v_8(v_{10}) - v_1(v_4) \geqslant 2\text{V}$$
$$15\text{V} \geqslant v_1(v_4) - v_5 \geqslant 2\text{V}$$

② 静态偏置电流的确定方法如下。

静态偏置电流主要由恒流源 I_0 的值来确定。

当器件为单电源工作时,引脚 14 接地,5 脚通过一电阻 R_5 接正电源 $+V_{CC}$。由于 I_0 是 I_5 的镜像电流,所以改变 V_R 可以调节 I_0 的大小,即

$$I_0 \approx I_5 = \frac{V_{CC} - 0.7\text{V}}{R_5 + 500}$$

当器件为双电源工作时,引脚 14 接负电源 $-V_{EE}$,5 脚通过一电阻 V_R 接地,所以改变 R_5 可以调节 I_0 的大小,即

$$I_0 \approx I_5 = \frac{V_{EE} - 0.7\text{V}}{R_5 + 500}$$

根据 MC1496 的性能参数,器件的静态电流应小于 4mA,一般取 $I_0 \approx I_5 = 1\text{mA}$。在本实验电路中 R_5 用 6.8kΩ 的电阻 R_{15} 代替。

2) 实验电路说明

用 MC1496 集成电路构成的调幅器电路如图 5.11 所示。

图 5.11 中 W_1 用来调节引脚 1、4 之间的平衡,器件采用双电源方式供电($+12$V,-8V),所以 5 脚偏置电阻 R_{15} 接地。电阻 R_1、R_2、R_4、R_5、R_6 为器件提供静态偏置电压,保证器件内部的各个晶体管工作在放大状态。载波信号加在 $T_1 - T_4$ 的输入端,即引脚 8、10 之间;载波信号 V_C 经高频耦合电容 C_1 从 10 脚输入,C_2 为高频旁路电容,使 8 脚交流接地。调制信号加在差动放大器 T_5、T_6 的输入端,即引脚 1、4 之间,调制信号 $V_Ω$ 经低频耦合电容 E_1 从 1 脚输入。2、3 脚外接 1kΩ 电阻,以扩大调制信号动态范围。当电阻增大,线性范围增大,但乘法器的增益随之减小。已调制信号取自双差动放大器的两集电极(即引出脚 6、12 之间)输出。

3. 预习要求

(1) 复习课本中有关调幅的原理。

(2) 认真阅读实验指导书,了解实验原理及内容,分析实验电路中用 MC1496 乘法器调制和解调的工作原理。

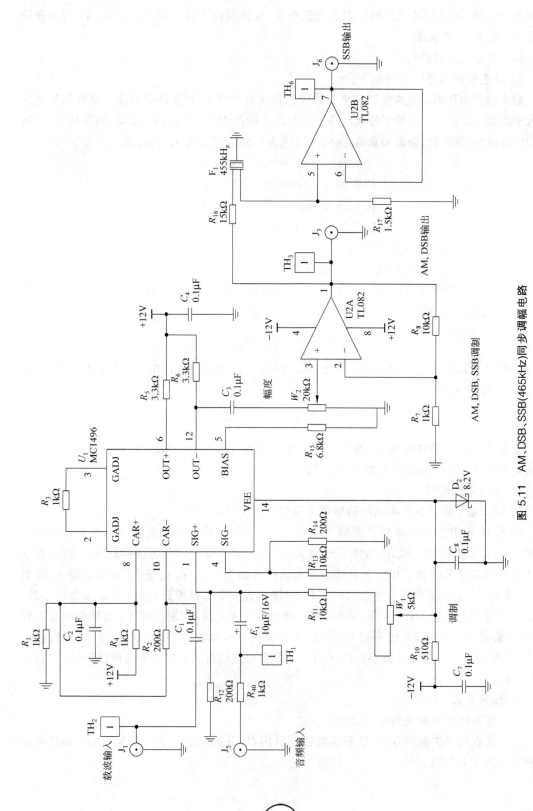

图 5.11　AM、DSB、SSB(465kHz)同步调幅电路

(3) 了解全载波调幅和抑制载波调幅信号的特点。

4. 实验仪器

(1) 高频实验箱(④号实验板)1台;

(2) 双踪示波器1台;

(3) 万用表1只;

(4) 信号发生器1台。

5. 实验内容与步骤

(1) **静态工作点调测**:使调制信号 $V_\Omega=0$,载波 $V_C=0$,调节 W_1 使各引脚偏置电压接近表5.6参考值。

表5.6 静态工作点调测表

管 脚	1	2	3	4	5	6	7	8	9	10	11	12	13	14
电压(V)	0	−0.86	−0.86	0	−6.6	8.8	0	5.98	0	5.98	0	8.8	0	−7.9

R_{11}、R_{12}、R_{13}、R_{14} 与电位器 W_1 组成平衡调节电路,改变 W_1 可以使乘法器实现抑制载波的振幅调制或有载波的振幅调制和单边带调幅波。

为了使 MC1496 各管脚的电压接近表5.6,只需要调节 W_1 使1、4脚的电压差接近0即可,方法是用万用表表笔分别接1、4脚,使得万用表读数接近于0。

(2) **抑制载波振幅调制**:J_1 端输入载波信号 $V_C(t)$,其频率 $f_C=465\text{kHz}$,峰-峰值 $V_{CPP}=500\text{mV}$。J_5 端输入调制信号 $V_\Omega(t)$,其频率 $f_\Omega=1\text{kHz}$,先使峰-峰值 $V_{\Omega PP}=0$,调节 W_1,使输出 $V_o=0$(此时 $V_1=V_4$),再逐渐增加 $V_{\Omega PP}$,则输出信号 $V_o(t)$ 的幅度逐渐增大,最后出现如图5.12所示的抑制载波的调幅信号。

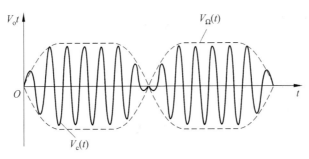

图5.12 抑制载波调幅波形

由于器件内部参数不可能完全对称,致使输出出现漏信号。脚1和4分别接电阻 R_{12} 和 R_{14},可以较好地抑制载波漏信号和改善温度性能。

(3) **全载波振幅调制** $m_a=\dfrac{V_{m\max}-V_{m\min}}{V_{m\max}+V_{m\min}}$,$J_1$ 端输入载波信号 $V_C(t)$,$f_C=465\text{kHz}$,$V_{CPP}=500\text{mV}$,调节平衡电位器 W_1,使输出信号 $V_o(t)$ 有载波输出(此时 V_1 与 V_4 不相等)。再从 J_2 端输入调制信号,其 $f_\Omega=1\text{kHz}$,当 $V_{\Omega PP}$ 由零逐渐增大时,则输出信号 $V_o(t)$ 的幅度发生变化,最后出现如图5.13所示的有载波调幅信号的波形,记下 AM 波对应 $V_{m\max}$ 和 $V_{m\min}$,并计

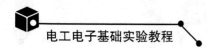

算调幅度 m_a。

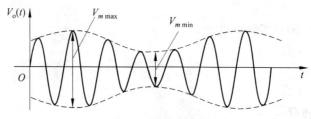

图 5.13　普通调幅波波形

(4) 观察 SSB，步骤同(3)，从 J_6 处观察输出波形。

(5) 加大 V_Ω，观察波形变化，比较全载波调幅、抑制载波双边带调幅和单边带调幅的波形。

6. 实验报告要求

(1) 整理实验数据，写出实测 MC1496 各引脚的数据，记入表 5.7 中。

表 5.7　MC1496 各引脚实测数据表

管　脚	1	2	3	4	5	6	7	8	9	10	11	12	13	14
电压(V)														

(2) 画出调幅实验中 $m_a=30\%$、$m_a=100\%$、$m_a>100\%$ 的调幅波形，分析过调幅的原因。

(3) 画出当改变 W_1 时能得到的几种调幅波形，分析其原因。

(4) 画出全载波调幅波形、抑制载波双边带调幅波形及单边带调幅波形，比较三者区别。

5.5　包络检波及同步检波实验

1. 实验目的

(1) 进一步了解调幅波的原理，掌握调幅波的解调方法。

(2) 掌握二极管峰值包络检波的原理。

(3) 掌握包络检波器的主要质量指标、检波效率及各种波形失真的现象，分析产生的原因并思考克服的方法。

(4) 掌握用集成电路实现同步检波的方法。

2. 实验原理及实验电路说明

检波过程是一个解调过程，它与调制过程正好相反。检波器的作用是从振幅受调制的高频信号中还原出原调制的信号。还原所得的信号，与高频调幅信号的包络变化规律一致，故又称为包络检波器。

假如输入信号是高频等幅信号，则输出就是直流电压。这是检波器的一种特殊情况，在测量仪器中应用比较多。例如某些高频伏特计的探头，就是采用这种检波原理。

若输入信号是调幅波，则输出就是原调制信号。这种情况应用最广泛，如各种连续波工作的调幅接收机的检波即属此类。

从频谱来看,检波就是将调幅信号频谱由高频搬移到低频,如图 5.14 所示(此图为单音频 Ω 调制的情况)。检波过程也是应用非线性器件进行频率变换,首先产生许多新频率,然后通过滤波器,滤除无用频率分量,取出所需要的原调制信号。

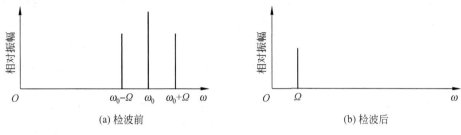

(a) 检波前　　　　　　　　　　　　(b) 检波后

图 5.14　检波器检波前后的频谱

常用的检波方法有包络检波和同步检波两种。有载波振幅调制信号的包络直接反映了调制信号的变化规律,可以用二极管包络检波的方法进行解调。而抑制载波的双边带或单边带振幅调制信号的包络不能直接反映调制信号的变化规律,无法用包络检波进行解调,所以采用同步检波方法。

1) 二极管包络检波的工作原理

当输入信号较大(大于 0.5V)时,利用二极管单向导电特性对振幅调制信号的解调,称为大信号检波。

大信号检波原理电路如图 5.15(a)所示。检波的物理过程如下:在高频信号电压的正半周时,二极管正向导通并对电容器 C 充电,由于二极管的正向导通电阻很小,所以充电电流 i_D 很大,使电容器的电压 V_C 很快就接近高频电压的峰值。充电电流的方向如图 5.15(a)中所示。

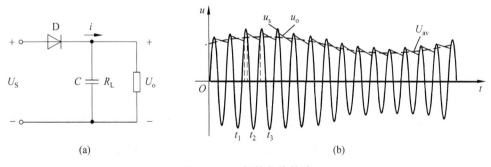

(a)　　　　　　　　　　　　(b)

图 5.15　二极管包络检波

这个电压建立后通过信号源电路,又反向地加到二极管 D 的两端。这时二极管导通与否,由电容器 C 上的电压 V_C 和输入信号电压 V_i 共同决定。当高频信号的瞬时值小于 V_C 时,二极管处于反向偏置,管子截止,电容器就会通过负载电阻 R_L 放电。由于放电时间常数 $R_L \cdot C$ 远大于高频电压的周期,故放电很慢。当电容上的电压下降不多时,高频信号第二个正半周的电压又超过二极管上的负压,使二极管又导通。图 5.15(b)中的 t_1 到 t_2 的时间为二极管导通的时间,在此时间内又对电容器充电,电容器的电压又迅速接近第二个高频电压的最大值。在图 5.15(b)中的 t_2 至 t_3 时间为二极管截止的时间,在此时间内电容器又通过负载电阻 R_L 放电。这样不断地循环反复,就得到图 5.15(b)中电压 u_o 的波形。因此只要充电很快,即充电时间常数 $R_D \cdot C$ 很小(R_D 为二极管导通时的内阻);而放电时间常数足够慢,即放电时间常数 R_LC 很大,满足 $R_D \cdot C \ll R_LC$,就可使输出电压 u_o 的幅度接近于输入电压 V_i 的幅度,即传输系数接近 1。另外,由于正向导电时间很短,放电时间常数又远大于高频电压周期(放电时 v_C 基本不变),所以输出电压 u_o 的起伏是很小的,可看成与高频调幅波包络基本一致。而高频调幅波的包络又与原调制信号的形状相同,故输出电压 u_o 就是原来的调制信号,达到了解调的目的。

本实验电路如图 5.16 所示,主要由二极管 D 及 RC 低通滤波器组成,利用二极管的单向导电特性和检波负载 RC 的充放电过程实现检波,所以 RC 时间常数的选择很重要。RC 时间常数过大,则会产生对角切割失真又称惰性失真。RC 常数太小,高频分量会滤不干净。综合考虑要求满足下式:

$$RC\Omega_{\max} \ll \frac{\sqrt{1-m_a^2}}{m_a}$$

其中,m_a 为调幅系数,$\Omega_{\max}$ 为调制信号最高角频率。

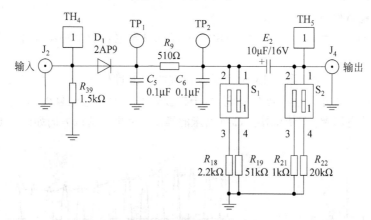

图 5.16 峰值包络检波(465kHz)

当检波器的直流负载电阻 R 与交流音频负载电阻 R_Ω 不相等,而且调幅度 m_a 又相当大时会产生负峰切割失真(又称底边切割失真),为了保证不产生负峰切割失真应满足 $m_a < \dfrac{R_\Omega}{R}$。

2) 同步检波

(1) 同步检波原理。同步检波器用于载波被抑制的双边带或单边带信号进行解调。它的特点是必须外加一个频率和相位都与被抑制的载波相同的电压。同步检波器的名称由此而来。

外加载波信号电压加入同步检波器可以有两种方式:

一种是将它与接收信号在检波器中相乘,经低通滤波器后检出原调制信号,如图 5.17(a)所示;另一种是将它与接收信号相加,经包络检波器后取出原调制信号,如图 5.17(b)所示。

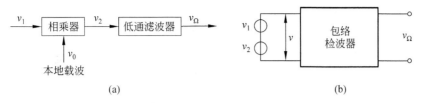

图 5.17 同步检波器方框图

本实验选用乘积型检波器。设输入的已调波为载波分量被抑制的双边带信号 v_1,即

$$v_1 = V_1\cos\Omega t\cos\omega_1 t$$

本地载波电压

$$v_0 = V_0\cos(\omega_0 t + \varphi)$$

本地载波的角频率 ω_0 准确地等于输入信号载波的角频率 ω_1,即 $\omega_1 = \omega_0$,但二者的相位可能不同,这里 φ 表示它们的相位差。这时相乘输出(假定相乘器传输系数为1)

$$v_2 = V_1 V_0(\cos\Omega t\cos\omega_1 t)\cos(\omega_0 t + \varphi)$$
$$= \frac{1}{2}V_1 V_0\cos\varphi\cos\Omega t + \frac{1}{4}V_1 V_0\cos[(2\omega_1 + \Omega)t + \varphi] + \frac{1}{4}V_1 V_0\cos[(2\omega_1 - \Omega)t + \varphi]$$

低通滤波器滤除 $2\omega_1$ 附近的频率分量后,就得到频率为 Ω 的低频信号

$$v_\Omega = \frac{1}{2}V_1 V_0\cos\varphi\cos\Omega t$$

由上式可见,低频信号的输出幅度与 $\cos\varphi$ 成反比。当 $\varphi = 0$ 时,低频信号电压最大,随着相位差 φ 加大,输出电压减弱。因此,在理想情况下,除本地载波与输入信号载波的角频率必须相等外,希望二者的相位也相等。此时,乘积检波称为"同步检波"。

(2)实验电路说明。实验电路如图 5.18 所示,采用 MC1496 集成电路构成解调器,载波信号从 J_8 经 C_{12},W_4,W_3,U_3,C_{14} 加在 8、10 脚之间,调幅信号 V_{AM} 从 J_{11} 经 C_{20} 加在 1、4 脚之间,相乘后信号由 12 脚输出,经低通滤波器、同相放大器输出。

3. 预习要求

(1)复习课本中有关调幅与解调的原理。

(2)认真阅读实验指导书,了解实验原理及内容,分析实验电路中用 MC1496 乘法器构成解调器的工作原理。

(3)分析二极管包络检波产生波形失真的主要因素。

(4)分析二极管包络检波和同步检波的特点。

4. 实验仪器

(1)高频实验箱1台;

(2)双踪示波器1台;

(3)频谱仪1台;

(4)信号发生器1台;

(5)万用表1台。

电工电子基础实验教程

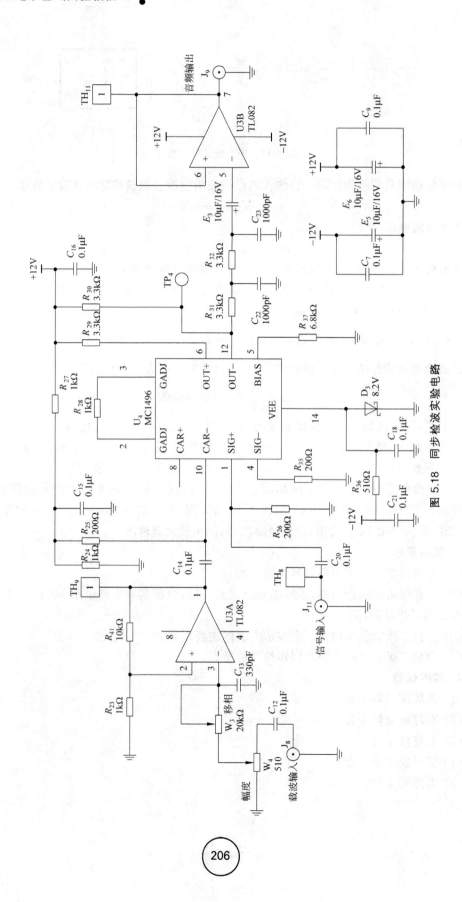

图 5.18 同步检波实验电路

5. 实验内容与步骤

1）二极管包络检波

（1）解调全载波调幅信号。

① $m_a < 30\%$ 的调幅波检波。从 J_2 处输入 465kHz、峰-峰值 $V_{PP} = 0.5 \sim 1V$、$m_a < 30\%$ 的已调波。将开关 S_1 的 1 拨上（2 拨下），S_2 的 2 拨上（1 拨下），将示波器接入 TH_5 处，观察输出波形。

② 加大调制信号幅度，使 $m_a = 100\%$，观察记录检波输出波形。

（2）观察对角切割失真。

保持以上输出，将开关 S_1 的 2 拨上（1 拨下），检波负载电阻由 2.2kΩ 变为 51kΩ，在 TH_5 处用示波器观察波形并记录，与上述波形进行比较。

（3）观察底部切割失真。

将开关 S_1 的 1 拨上（2 拨下），S_2 的 1 拨上（2 拨下），在 TH_5 处观察波形，记录并与正常解调波形进行比较。

2）集成电路（乘法器）构成解调器

解调全载波信号。按调幅实验中实验内容获得调制度分别为 30%、100% 及 >100% 的调幅波。将它们依次加至解调器调制信号输入端 J_{11}，观察记录解调输出波形，并与调制信号相比较。

6. 实验报告要求

（1）通过一系列检波实验，将下列内容整理在表 5.8 内。

表 5.8　检波输出波形

输入的调幅波波形	$m_a < 30\%$	$m_a = 100\%$	抑制载波调幅波
二极管包络检波器输出波形			
同步检波输出波形			

（2）观察对角切割失真现象并分析产生原因。

（3）从工作频率上限、检波线性以及电路复杂性三个方面比较二极管包络检波和同步检波。

5.6　变容二极管调频实验

1. 实验目的

（1）掌握变容二极管调频电路的原理。

（2）了解调频调制特性及测量方法。

（3）观察寄生调幅现象，了解其产生原因及消除的方法。

2. 实验原理及电路

1）变容二极管工作原理

调频即为载波的瞬时频率受调制信号的控制。其频率的变化量与调制信号成线性关系。常用变容二极管实现调频。

变容二极管调频电路如图 5.19 所示。从 J_2 处加入调制信号，使变容二极管的瞬时反向

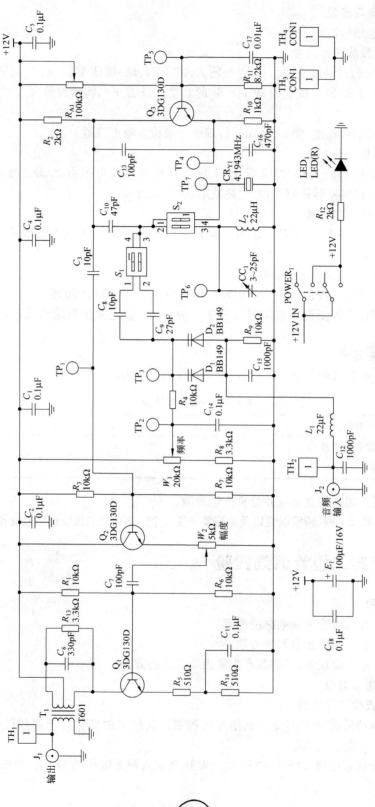

图 5.19　变容二极管调频

电压在偏置电压的基础上按调制信号的规律变化,从而使振荡频率也随调制电压的规律变化,此时从 J_1 处输出为调频波(FM)。C_{15} 为变容二极管的高频通路,L_1 为音频信号提供低频通路,L_1 和 C_{12} 又可阻止高频振荡进入调制信号源。

图 5.20 示出了当变容二极管在低频简谐波调制信号作用情况下,电容和振荡频率的变化意图。在图 5.20(a)中,U_0 是加到二极管的直流电压,当 $u=U_0$ 时,电容值为 C_0。u_Ω 是调制电压。当 u_Ω 为正半周时,变容二极管负极电位升高,即反向偏压增大;当 u_Ω 为负半周时,变容二极管负极电位降低,即反向偏压减小,变容二极管的电容增大。在图 5.20(b)中,对应于静止状态,变容二极管的电容为 C_0,此时振荡频率为 f_0。因为 $f=\dfrac{1}{2\pi\sqrt{LC}}$,所以电容小时,振荡频率高,而电容大时,振荡频率低。从图 5.20(a)中可以看到,由于 c-u 曲线的非线性,虽然调制电压是一个简谐波,但电容随时间的变化是非简谐波形,但是由于 $f=\dfrac{1}{2\pi\sqrt{LC}}$,$f$ 和 C 的关系是非线性。不难看出,c-u 和 f-c 的非线性关系起着抵消作用,即得到 f-u 的关系趋于线性(如图 5.20(c)所示)。

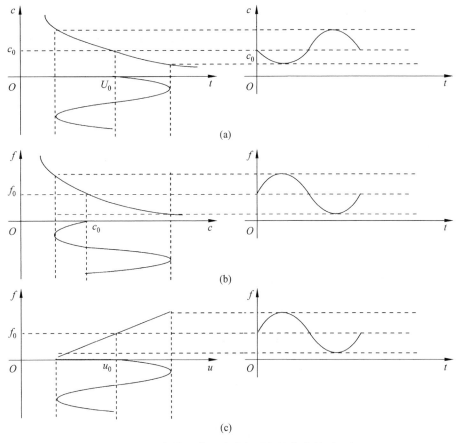

图 5.20 调制信号电压大小与调频波频率关系图解

2) 变容二极管调频器获得线性调制的条件

设回路电感为 L，回路的电容是变容二极管的电容 C（暂时不考虑杂散电容及其他与变容二极管相串联或并联电容的影响），则振荡频率为

$$f = \frac{1}{2\pi\sqrt{LC}}$$

为了获得线性调制，频率振荡应该与调制电压成线性关系，用数学表示为 $f = Au$，式中 A 是一个常数。由以上二式可得

$$Au = \frac{1}{2\pi\sqrt{LC}}$$

将上式两边平方移项可得

$$C = \frac{1}{(2\pi)^2 LA^2 u^2} = Bu^{-2}$$

这即是变容二极管调频器获得线性调制的条件。也就是说，当电容 C 与电压 u 的平方成反比时，振荡频率就与调制电压成正比。

3) 调频灵敏度

调频灵敏度 S_f 定义为每单位调制电压所产生的频偏。

设回路电容的 C-u 曲线可表示为 $C = Bu^{-n}$，式中 B 为一管子结构即电路串、并固定电容有关的参数。将上式代入振荡频率的表示式 $= \frac{1}{2\pi\sqrt{LC}}$ 中，可得

$$f = \frac{u^{\frac{n}{2}}}{2\pi\sqrt{LB}}$$

调制灵敏度

$$S_f = \frac{\partial f}{\partial u} = \frac{nu^{\frac{n}{2}-1}}{4\pi\sqrt{LB}}$$

当 $n=2$ 时，

$$S_f = \frac{1}{2\pi\sqrt{LB}}$$

设变容二极管在调制电压为零时的直流电压为 U_0，相应的回路电容量为 C_0，振荡频率为 $f_0 = \frac{1}{2\pi\sqrt{LC_0}}$，就有

$$C_0 = BU_0^{-2}$$

$$f_0 = \frac{U_0}{2\pi\sqrt{LB}}$$

则有

$$S_f = \frac{f_0}{U_0}$$

上式表明，在 $n=2$ 的条件下，调制灵敏度与调制电压无关（这就是线性调制的条件），而

与中心振荡频率成正比,与变容二极管的直流偏压成反比。后者给我们一个启示,为了提高调制灵敏度,在不影响线性的条件下,直流偏压应该尽可能低些,当某一变容二极管能使总电容 C-u 特性曲线的 $n=2$ 的直线段越靠近偏压小的区域时,那么,采用该变容二极管所能得到的调制灵敏度就越高。当采用串并联固定电容以及控制高频振荡电压等方法来获得 C-u 特性 $n=2$ 的线性段时,如果能使该线性段尽可能移向电压低的区域,那么对提高调制灵敏度是有利的。

由 $S_f = \dfrac{1}{2\pi \sqrt{LB}}$ 可以看出,当回路电容 C-u 特性曲线的 n 值(即斜率的绝对值)越大,调制灵敏度越高。因此,如果对调频器的调制线性没有要求,则不外接串联或并联固定电容,并选用 n 值大的变容管,就可以获得较高的调制灵敏度。

3. 预习要求

(1) 复习变容二极管的非线性特性及变容二极管调频振荡器调制特性。

(2) 复习角度调制的原理和变容二极管调频电路有关资料。

(3) 仔细阅读实验内容。

4. 实验仪器设备

(1) 双踪示波器 1 台;

(2) 高频信号发生器 1 台;

(3) 频谱仪 1 台;

(4) 万用表;

(5) 实验箱。

5. 实验内容与步骤

1) 静态调制的特性测量

将电路接成压控振荡器,J_2 端不接音频信号,将频率计接于 J_1 处,调节电位器 W_1,记下变容二极管 D_1、D_2 两端电压和对应输出频率,并记于表 5.9 中。

表 5.9 静态调制特性测量

V_{D_1} (V)								
V_{D_2} (V)								
f_O (MHz)								

2) 动态测试

将电位器 W_1 置于某一中值位置,将 $1\,\mathrm{kHz}$、$2.5 V_{pp}$ 音频信号通过 J_2 输入,将示波器接于 J_1 端,观察调频频偏情况,$5 V_{pp}$ 时再观察调频频偏情况。

6. 实验报告要求

(1) 在坐标纸上画出静态调制特性曲线,并求出其调制灵敏度。说明曲线斜率受哪些因素的影响。

(2) 画出实际观察到的 FM 波形,并说明频偏变化与调制信号振幅的关系。

5.7 正交鉴频及锁相鉴频实验

1. 实验目的

(1) 熟悉相位鉴频器的基本工作原理。

(2) 了解鉴频特性曲线(S 曲线)的正确调整方法。

2. 实验原理及实验电路说明

1) 乘积型鉴频器

(1) 鉴频是调频的逆过程,广泛采用的鉴频电路是相位鉴频器。鉴频原理是:先将调频波经过一个线性移相网络变换成调频调相波,然后再与原调频波一起加到一个相位检波器进行鉴频。因此,实现鉴频的核心部件是相位检波器。

相位检波又分为叠加型相位检波和乘积型相位检波,利用模拟乘法器的相乘原理可实现乘积型相位检波,其基本原理是:在乘法器的一个输入端输入调频波 $v_s(t)$,设其表达式为

$$v_s(t) = V_{sm}\cos[\omega_c + m_f\sin\Omega t]$$

式中,m_f 为调频系数,$m_f = \Delta\omega/\Omega$ 或 $m_f = \Delta f/f$,其中 $\Delta\omega$ 为调制信号产生的频偏。另一输入端输入经线性移相网络移相后的调频调相波 $v'_s(t)$,设其表达式为

$$v'_s(t) = V'_{sm}\cos\left\{\omega_c + m_f\sin\Omega t + \left[\frac{\pi}{2} + \varphi(\omega)\right]\right\}$$

$$= V'_{sm}\sin[\omega_c + m_f\sin\Omega t + \varphi(\omega)]$$

式中,第一项为高频分量,可以被滤波器滤掉;第二项是所需要的频率分量,只要线性移相网络的相频特性 $\varphi(\omega)$ 在调频波的频率变化范围内是线性的,当 $|\varphi(\omega)| \leqslant 0.4\,\mathrm{rad}$ 时,$\sin\varphi(\omega) \approx \varphi(\omega)$。因此鉴频器的输出电压 $v_o(t)$ 的变化规律与调频波瞬时频率的变化规律相同,从而实现了相位鉴频。所以相位鉴频器的线性鉴频范围受到移相网络相频特性的线性范围的限制。

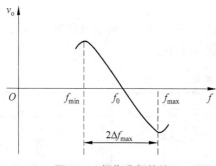

图 5.21 相位鉴频特性

(2) 鉴频特性。相位鉴频器的输出电压 v_o 与调频波瞬时频率 f 的关系称为鉴频特性,其特性曲线(或称 S 曲线)如图 5.21 所示。鉴频器的主要性能指标是鉴频灵敏度 S_d 和线性鉴频范围 $2\Delta f_{max}$。S_d 定义为鉴频器输入高频波单位的变化量,通常用鉴频特性曲线 $v_o - f$ 在中心频率 f_0 处的斜率来表示,即 $S_d = V_0/\Delta f$。$2\Delta f_{max}$ 定义为鉴频器在不失真解调调频波时所允许的最大频率线性变化范围,$2\Delta f_{max}$ 可在鉴频特性曲线上求出。

(3) 乘积型相位鉴频器。用 MC1496 构成的乘积型相位鉴频器实验电路如图 5.22 所示。其中 C_{13} 与并联谐振回路 L_1C_{18} 共同组成线性移相网络,将调频波的瞬时频率的变化转变成瞬时相位的变化。分析表明,该网络的传输函数的相频特性 $\varphi(\omega)$ 的表达式为

$$\varphi(\omega) = \frac{\pi}{2} - \arctan\left[Q\left(\frac{\omega^2}{\omega_o^2} - 1\right)\right]$$

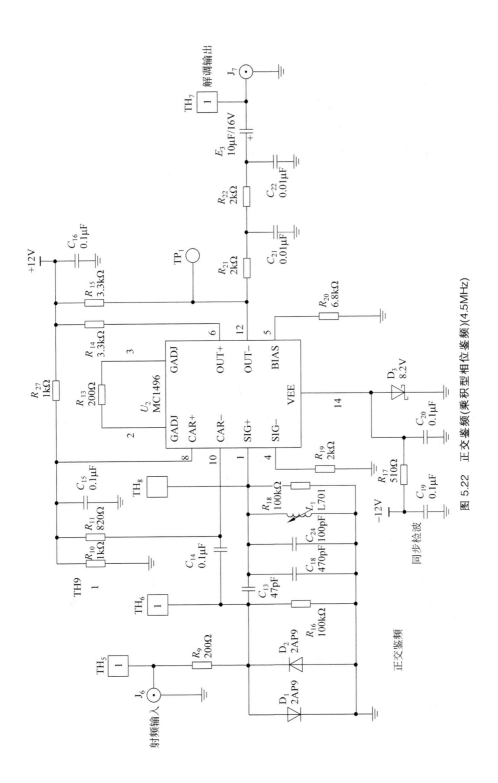

图 5.22 正交鉴频(乘积型相位鉴频)(4.5MHz)

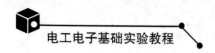
当 $\frac{\Delta\omega}{\omega_0} \ll 1$ 时,上式可近似表示为

$$\varphi(\omega) = \frac{\pi}{2} - \arctan\left[Q\left(\frac{2\Delta\omega}{\omega_0}\right)\right]$$

式中 ω_0 为回路的谐振频率,与调频波的中心频率相等;Q 为回路品质因数;Δf 为瞬时频率偏移。

相移 ϕ 与频偏 Δf 的特性曲线如图 5.23 所示。

由图 5.23 可见:在 $f = f_0$ 即 $\Delta f = 0$ 时,相位等于 $\frac{\pi}{2}$,在 Δf 范围内,相位随频偏呈线性变化,从而实现线性移相,MC1496 的作用是将调频波与调频调相波相乘,其输出经 RC 滤波网络输出。

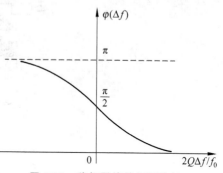

图 5.23 移相网络的相频特性

2)锁相鉴频

锁相环由三部分组成,如图 5.24 所示,它由相位比较器 PD、低通滤波器 LF 和压控振荡器 VCO 三个部分组成一个环路。

图 5.24 基本锁相环路方框图

锁相环是一种以消除频率误差为目的的反馈控制电路。当调频信号没有频偏时,若压控振荡器的频率与外来载波信号频率有差异时,通过相位比较器输出一个误差电压。这个误差电压的频率较低,经过低通滤波器滤去所含的高频成分,再去控制压控振荡器,使振荡频率趋近于外来载波信号频率,于是误差越来越小,直至压控振荡频率和外来信号一样。压控振荡器的频率被锁定在外来信号相同的频率上,环路处于锁定状态。

当调频信号有频偏时,和原来稳定在载波中心上的压控振荡器相位比较的结果有误差,相位比较器输出一个误差电压,如图 5.25 所示,以使压控振荡器向外来信号的频率靠近。由于压控振荡器始终想要和外来信号的频率锁定,为达到锁定的条件,相位比较器和低通滤波器向压控振荡器输出的误差电压必须随外来信号的载波频率偏移的变化而变化,也就是说这个误差控制信号就是一个随调制信号频率而变化的解调信号,即实现了鉴频。

3. 预习要求

(1)认真阅读实验内容,预习有关鉴频器的工作原理以及典型电路和实用电路。

(2)了解鉴频器工作特性(S 曲线)的影响。

4. 实验仪器设备

(1)双踪示波器 1 台;

(2)高频信号发生器 1 台;

(3)万用表 1 只;

(4)实验箱 1 台;

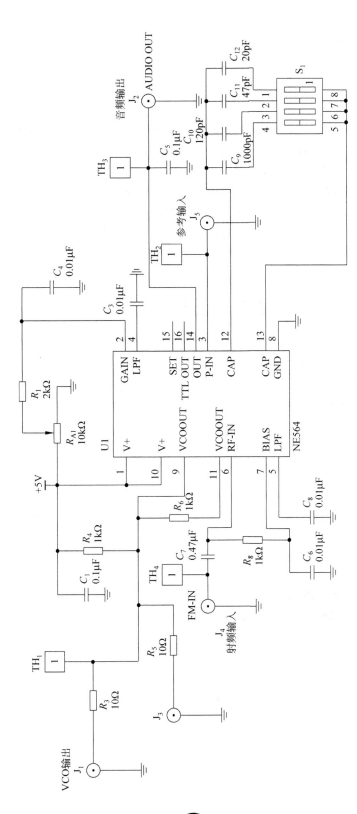

图 5.25 锁相鉴频(4.5MHz)

（5）频谱仪 1 台。

5. 实验内容与步骤

1）乘积型鉴频器

（1）调谐并联谐振回路,使其谐振（谐振频率 $f_C=4.5\text{MHz}$）。

方法是将峰-峰值 $V_{PP}=500\text{mV}$ 左右、$f_C=4.5\text{MHz}$、调制信号的频率 $f_\Omega=1\text{kHz}$ 的调频信号从 J_6 端输入,按下 FM 开关,将"FM 频偏"旋钮旋到最大,调节谐振回路电感 L_1 使输出端获得的低频调制信号 $v_0(t)$ 的波形失真最小,幅度最大。

（2）鉴频特性曲线（S 曲线）的测量。

测量鉴频特性的常用方法有逐点描迹法和扫频测量法。

① 逐点描迹法的操作是：用高频信号发生器作为鉴频器的输入 $v_s(t)$,频率为 $f_C=4.5\text{MHz}$,幅度 $V_{sPP}=400\text{mV}$;鉴频器的输出端 v_0 接数字万用表（置于"直流电压"挡）,测量输出电压 v_0 值（调谐并联谐振回路,使其谐振）;改变高频信号发生器的输出频率,记下对应的输出电压值,并填入表 5.10;最后根据表 5.10 中测量值描绘 S 曲线。

表 5.10　逐点描迹法测量数据表

$F(\text{MHz})$	4.5	4.6	4.7	4.8	4.9	5.0	5.1	5.2	5.3	5.4	5.5
$V_0(\text{mV})$											

② 扫频测量法的操作是：将扫频仪的输出信号作为鉴频器的输入信号,扫频仪的检波探头电缆换成夹子电缆线接到鉴频器的输出端,先调节 BT-3G 的中心频率使 $f_0=5\text{MHz}$（并联谐振回路谐振）;然后调节 BT-3G 的"频率偏移""输出衰减"和"Y 轴增益"等旋钮,使 BT-3G 上直接显示出鉴频特性曲线,利用"频标"可绘出 S 曲线,调节图 5.22 中谐振回路的电感 L_1,可改变 S 曲线的斜率和对称性。

2）锁相鉴频

观察系统的鉴频情况。将峰-峰值 $V_{PP}=500\text{mV}$ 左右,$f_C=4.5\text{MHz}$,调制信号的频率 $f_\Omega=1\text{kHz}$ 的调频信号从 J_4 输入,将 S_1 的 3 拨上,观察 J_2 输出的解调信号,对比调制信号,改变调制信号的频率,观察解调信号的变化。或改变 R_{A1} 观察 J_1、J_2 处波形。

6. 实验报告要求

（1）说明乘积型鉴频原理。

（2）根据实验数据绘出鉴频特性曲线。

（3）说明锁相鉴频的原理。

附录 A Multisim 仿真软件基本知识

A.1 Multisim 仿真软件简介

本节介绍 Multisim、如何安装 Multisim 以及如何安装 Multisim 附加模块的功能码。

介绍 Multisim 的各项主要功能,指导建立一个基本电路,并进行仿真、分析以及产生报告。

A.1.1 关于 Multisim

Multisim 是一个完整的设计工具系统,提供了一个非常大的元件数据库,并提供原理图输入接口、全部的数模 SPICE 仿真功能、VHDL/Verilog 设计接口与仿真功能、FPGA/CPLD 综合、RF 设计能力和后处理功能,还可以进行从原理图到 PCB 布线工具包(如 Electronics Worbench 的 Ultiboard)的无缝隙数据传输。它提供的单一易用的图形输入接口可以满足设计需求。

Multisim 提供全部先进的设计功能,满足从参数到产品的设计要求。程序将原理图输入、仿真和可编程逻辑紧密集成,可以不必顾及不同供应商的应用程序之间传递数据时经常出现的问题而进行设计工作。

A.1.2 安装 Multisim 及其附加模块

Multisim 包装中的 CD-ROM 可以自行启动运行,按照如下步骤进行安装。

1. Multisim 的安装步骤

(1) 如果 Multisim 版本提供了硬件锁,将它插在计算机并口上(一般是 LPT1 口)。如果没收到硬件锁,无须进行此步。

(2) 开始安装前请退出所有的 Windows 应用程序。

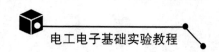

（3）将光盘放入光驱，出现 Welcome 界面后，单击 **Next** 按钮继续。

（4）阅读授权协议，单击 **Yes** 按钮接受协议。如果不接受协议请单击 **No** 按钮，安装程序将终止。

（5）阅读出现的系统升级对话框，系统窗口文件需要此时升级。单击 **Next** 按钮，对系统窗口文件进行升级。

（6）程序再次提醒用户关闭所有的 Windows 应用程序。单击 **Next** 按钮，重新启动计算机。计算机重新启动后将会使用升级的窗口文件。

【注】 请不要取出光盘，一旦计算机重新启动，Multisim 会自动继续安装进程。将会再次看到 Welcome 和 License 界面，只需分别单击 **Next** 按钮和 **Yes** 按钮以继续安装。

（7）输入姓名、公司名称和与 Multisim 提供的 20 位的序列码。序列码在 Multisim 包装的背后。单击 **Next** 按钮继续。

（8）如果购买了附加模块，会收到 12 位的功能码。现在就输入第一个功能码。如果没有收到功能码，略去本步。单击 **Next** 按钮继续进行。若输入了功能码并单击了 **Next** 按钮，将出现一新的输入框，继续输入其他的功能码即可。将所有的功能码输入完后，保持最后的输入框空白，单击 **Next** 按钮继续。

【注】 功能码与序列码不同，只有购买了附加模块才能收到功能码。

（9）选择 Multisim 的安装位置。选择默认位置或单击 **Browse** 按钮选择另一位置，或输入文件夹名。单击 **Next** 按钮继续。

（10）安装程序将依用户所输入的名称建立程序文件夹。单击 **Next** 按钮继续进行。Multisim 将完成安装。单击 **Cancel** 按钮可以终止安装。Multisim 安装完毕后，可以选择是否安装 Adobe Acrobat Reader Version 4。阅读电子版手册时需要此软件，单击 **Next** 按钮并根据指导进行安装。如果已经安装了此软件，单击 **Cancel** 按钮。

2. Multisim 附加模块的安装

如果早先已经安装了 Multisim，后来又购买了可选的附加模块并得到了功能码，需要重新运行初始安装程序，这样将使用户有机会输入功能码，程序将相应的功能打开。安装功能码时无须卸载已经安装的 Multisim。

安装功能码（假定已经安装了 Multisim）的步骤如下。

（1）如上所述，重新运行安装程序。

（2）按照提示输入功能码，单击 **Next** 按钮再次出现提示输入功能码的输入框。

（3）输入所购买的另一功能码，然后单击 **Next** 按钮。

（4）继续输入功能码并单击 **Next** 按钮，直至输入所有的功能码。

（5）输入完所有的功能码后，保持最后的输入框为空，单击 **Next** 按钮。

A.1.3 Multisim 界面

1. 基本元素

Multisim 用户界面包括如下基本元素。

（1）菜单（Menus）：可在菜单中找到所有功能的命令。

（2）系统工具栏（System Toolbar）：包含常用的基本功能按钮。

（3）设计工具栏（Multisim Design Bar）：是 Multisim 的一个完整部分，下面将详细介绍。

（4）使用中元件列表（In Use）：列出了当前电路所使用的全部元件。

（5）元件工具栏（Component Toolbar）：包含元件箱按钮（Parts Bin），单击它可以打开元件族工具栏（此工具栏中包含每一元件族中所含的元件按钮，以元件符号区分）。

（6）数据库选择器（Database Selector）：允许确定哪一层次的数据库以元件工具栏的形式显示。

（7）状态条（Status Line）：显示有关当前操作以及鼠标所指条目的有用信息。

Multisim 用户界面如附图 A.1 所示。

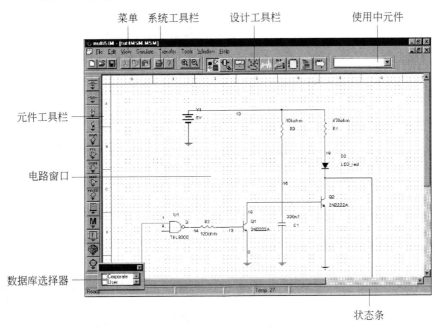

附图 A.1　Multisim 用户界面

2. 设计工具栏（Design Bar）

设计是 Multisim 的核心部分，提供了运行程序的各种复杂功能。设计工具栏指导电路的建立、仿真、分析并最终输出设计数据。菜单中也可以执行设计功能，但使用设计工具栏进行电路设计更方便易用。

元件设计按钮（**Component**）：默认显示，因为进行电路设计的第一个逻辑步骤是往电路窗口中放置元件。

元件编辑器按钮（**Component Editor**）：用以调整或增加元件。

仪表按钮（**Instruments**）：用以给电路添加仪表或观察仿真结果。

仿真按钮（**Simulate**）：用以开始、暂停或结束电路仿真。

分析按钮（**Analysis**）：用以选择要进行的分析。

后处理器按钮(**Postprocessor**)：用以进行对仿真结果的进一步操作。

VHDL/Verilog 按钮：用以使用 VHDL 模型进行设计(不是所有的版本都具备)。

报告按钮(**Reports**)：用以打印有关电路的报告(材料清单、元件列表和元件细节)。

传输按钮(**Transfer**)用以与其他程序通信,例如与 Ultiboard 通信,也可以将仿真结果输出到像 MathCAD 和 Excel 这样的应用程序。

A.1.4　定制 Multisim 界面

可以定制 Multisim 界面的各个方面,包括工具栏、电路颜色、页尺寸、聚焦倍数、自动存储时间、符号系统(ANSI 或 DIN)和打印设置。定制设置与电路文件一起保存,所以可以将不同的电路定制成不同的颜色,也可以重载不同的个例(例如将一特殊的元件由红色变为橙色)或整个电路。

改变当前电路的设置,一般右击电路窗口选择弹出式菜单命令。

用户喜好设置(用 **Edit→User Preference** 命令进行设置)组成了所有后续电路的默认设置,但是不影响当前电路。默认情况下,任何新建电路使用当前的用户喜好设置。例如,如果当前电路显示了元件标号,用 **File→New** 命令建立的新电路将显示元件标号。

1. 控制当前显示方式

可以控制当前电路和元件的显示方式,以及细节层次,右击电路窗口选择弹出式菜单命令：

(1) 显示格点 **Grid Visible**(toggles on and off)；

(2) 显示标题栏与边界 **Show Title and Border**(toggles on and off)；

(3) 颜色 **Color**(可以选择电路窗口中不同元素的颜色)；

(4) 显示 **Show**(显示元件及相关元素的细节情况)。

2. 设置默认的用户喜好

新建立的电路使用默认设置。用用户喜好进行默认设置,它影响后续电路,但不影响当前电路。

选择 **Edit→User Preference** 命令进行默认设置,附图 A.2 所示是用户喜好对话框。

选择希望的标签,例如,要对元件标志和颜色进行设置,选择 **Circuit** 标签、要设置格点、标题栏和页边界是否显示,选择 **Workspace** 标签,只有建立了新的电路后才会看到结果。

3. 其他定制选项

可以通过对下列条目的显示或隐藏、拖动和重定尺寸来定制界面：

(1) 系统工具栏 System Toolbar；

(2) 聚焦工具按钮 Zoom Toolbar；

(3) 设计工具栏 Design Bar；

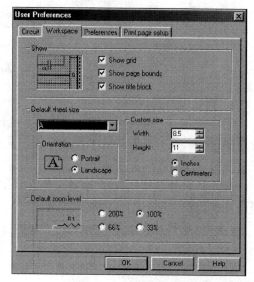

附图 A.2　用户喜好对话框

（4）使用中列表"In Use"List；

（5）数据库选择器 Database Selector。

这些更改对目前所有的电路都有效。下一次打开电路时，被移动和重定尺寸的条目将保持这个位置和尺寸。

最后，可以用 **View** 菜单命令显示或隐藏各个元素。

A.2　创建电路

本节将介绍如何放置元件，如何为元件连线。

建立并仿真一个简单的电路，第一步是选择要使用的元件，放置在电路窗口中希望的位置上，选择希望的方向，连接元件，以及进行其他的设计准备。

例如建立一个简单的二极管闪烁电路，如附图 A.3 所示。

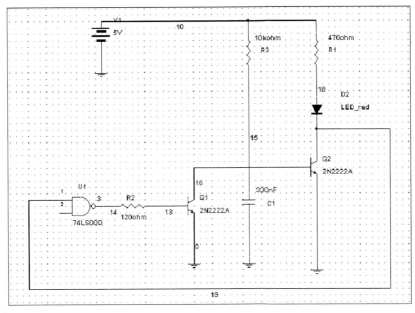

附图 A.3　二极管闪烁电路

A.2.1　开始建立电路文件

要开始建立电路文件，只需运行 Multisim。它会自动打开一个空白的电路文件。电路的颜色、尺寸和显示模式基于以前的用户喜好设置。可以像附 A.1.4 所描述的那样，用弹出式菜单根据需要改变设置。

A.2.2　往电路窗口中放置元件

现在可以往电路窗口中放置元件了。Multisim 提供三个层次的元件数据库（Multisim

主数据库 Multisim Master、用户数据库 User,有些版本有合作/项目数据库 Corporate/Project(Corp/Proj))。我们只关注 Multisim 层次的主数据库。

1. 元件工具栏

元件工具栏是默认可见的,如果不可见,请单击设计工具栏的 **Component** 按钮。元件被分成逻辑组或元件箱,每一元件箱用工具栏中的一个按钮表示。将鼠标指向元件箱,元件族工具栏打开,其中包含代表各族元件的按钮,如附图 A.4 所示。

2. 放置元件

利用元件工具栏放置元件,这是放置元件的一般方法,也可以用 **Edit→Place Component** 命令放置元件,当不知道要放置的元件包含在哪个元件箱中时这种方法很有用。

1) 放置第一个元件

第一步:放置电源。

(1) 将鼠标指向电源工具按钮(或单击 ▦ 按钮),电源族工具栏如附图 A.5 所示。

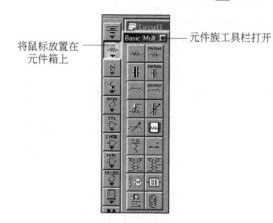

附图 A.4 元件工具栏   附图 A.5 电源族工具栏

【要点】 在按钮上移动鼠标会显示按钮所代表的元件族的名称。

(2) 单击"直流电压源"按钮,鼠标指示已为放置元件做好准备。

(3) 将鼠标移到要放置元件的左上角位置,利用页边界可以精确地确定位置,单击鼠标,电源出现在电路窗口中,如附图 A.6 所示。

【注】 可以隐藏元件周围的描述性文本。右击鼠标,从弹出式菜单中选择 **Show** 命令。

第二步:改变电源值。

电源的默认值是 12V,可以容易地将电压改为我们需要的 5V。

(1) 双击电源,出现"电源特性"对话框,"电源值"标签(Value)如附图 A.7 所示。

(2) 将 12 改为 5,单击 **OK** 按钮。值的改变只对虚拟(Virtual)元件有效,虚拟元件不是真实的,也就是说用户不可能从供应商那里买到。虚拟元件包括所有的电源和虚拟电阻、电容、电感,以及大量的用来提供理论对象的真实元件,如理想的运算放大器等。

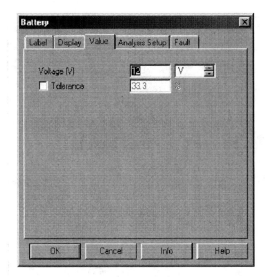

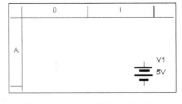

附图 A.6　电源放置电路窗口　　　　　　　　附图 A.7　电源标签

Multisim 用两种方法处理虚拟元件,与处理真实元件稍有不同。第一,虚拟元件与真实元件的默认颜色不同,这样会提醒用户这些元件不是真实的,不会输出到 PCB 布线软件。下一步放置电阻时将会看到这种差别。第二,放置虚拟元件时不是从浏览器中选择的,因为可以任意设置元件值。

2) 放置下一个元件

第一步:放置电阻。

(1) 放置鼠标于基本元件工具箱上,在出现的工具栏中单击"电阻"按钮 ,出现电阻对话框,如附图 A.8 所示。

出现这个对话框的原因是由于电阻族中包含很多真实元件,也就是用户可以买到的元件。它显示了主数据库中所有可能得到的电阻。

【注】　放置直流电源时不出现对话框,因为直流电源中只有虚拟元件。

(2) 滚动 **Component List** 找到 470ohm 的电阻。

【要点】　输入头几个数字可以快速滚动 **Component List**,例如输入 470 后,对话框会滚动到相应的区域。

(3) 选择 470ohm 电阻,然后单击 **OK** 按钮。鼠标出现在电路窗口中。

(4) 将鼠标移动到 A5 位置,单击鼠标放置元件。

【注】　电阻的颜色与电源不同,提醒用户它是实际的元件(可以输出到 PCB 布线软件)。

第二步:旋转电阻。

为了连线方便,需要旋转电阻。

(1) 右击电阻,出现弹出式菜单。

(2) 选择菜单中的 **90CounterCW** 命令,结果如附图 A.9 所示。

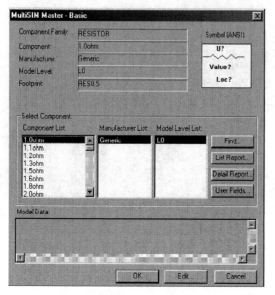

附图 A.8　电阻对话框

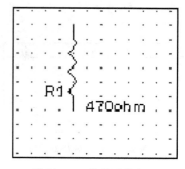

附图 A.9　旋转后的电阻

（3）如果需要,可以移动元件的标号,特别是在对电阻进行了数次旋转后,用户又不喜欢标号的显示方式时。例如,用户要移动元件的参考 ID,只需单击并拖动它即可,或者利用键盘上的箭头键,标号每次移动一个格点。

第三步：增加其他电阻。

本电路需要两个电阻,分别是 120ohm 和 470ohm。

添加电阻步骤如下。

（1）按照以上步骤在 D 行、2 列的位置添加加一个 120ohm 的电阻,请注意此电阻的参考 ID 是 R2,表示它是第二个放置的电阻。

（2）放置第三个电阻：470ohm 的电阻（可以用 In Use 列表）,将此电阻放置在 4B 位置。

稍微看一下设计工具栏右边的 In Use 列表。它列出了迄今为止放置的所有元件,单击列表中的元件可以容易地重用此元件。

结果如附图 A.10 所示。

如果需要,可以将已放置的元件移动到希望的位置。单击选中元件（确定选定的是元件不是标号）,用鼠标拖动或用箭头键每次移动一步。

第四步：存储文件。

选择 **File→Save As** 菜单命令,给出存储位置与文件名。

3）放置其他元件

（1）按照以上步骤将下列元件放置在电路图创建区。一个红色的 LED（取自于 Diodes族）放置在 R1 的正下方。一个 74LS00D（取自于 TTL 族）在 D1 位置。由于此元件有 4 个门,所以程序将提示用户确定使用哪个门。4 个门相同,可任选一个。一个 2N2222A 双极型 NPN 三极管（取自于三极管族）,放置在 R2 的右方。另一个 2N2222A 双极型 NPN 三极

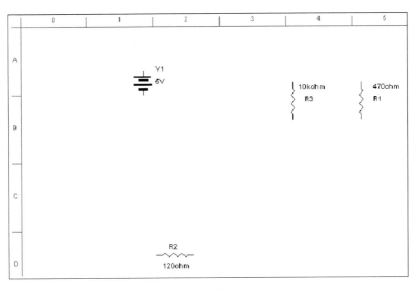

附图 A.10 放置元件

管放置在 LED 正下方(复制并粘贴前边的三极管到新位置即可)。一个 330nF 的电容(取自于基本元件族),放置在第一个三极管的右方,并沿顺时针方向旋转(如果需要,旋转后可以移动标号)。接地(取自于电源族),放置在 V1、Q1、Q2 和 C1 的下方,电路中也可以用多个地。一个 5V 的电源 V_{CC}(取自于电源族),放置在电路窗口的左上角;一个数字地(取自于电源族)放置在 V_{CC} 下方。

结果如附图 A.11 所示。

【要点】 选中元件后用箭头键可以快速地沿直线移动元件,将元件排成一条直线便于连线。

(2) 选择 **File→Save** 命令存储文件。

A.2.3 改变单个元件和节点的标号和颜色

Multisim 赋予元件的标号与颜色可以改变。

1. 改变任一个元件的标号

(1) 双击元件出现元件特性对话框。

(2) 选择"标号"(**Label**)标签,输入或调整标号(由字母与数字组成,不得含有特殊字符和空格)。

(3) 单击 **Cancel** 按钮取消改变。单击 **OK** 按钮存储改变。

2. 改变任一个元件的颜色

右击元件出现弹出式菜单,选择 **Color** 命令,从出现的对话框中选择合适的颜色。

【要点】 改变任一个元件的颜色与改变当前电路或用户喜好的颜色设置不同。

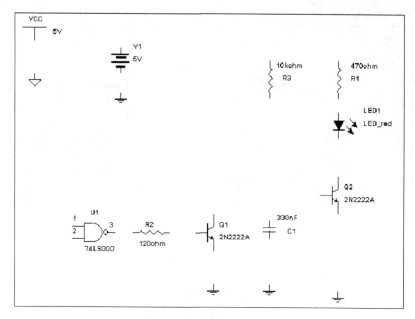

附图 A.11　放置所有元件

A.2.4　给元件连线

既然放置了元件,就要给元件连线。Multisim 有自动与手工两种连线方法。自动连线为 Multisim 特有,选择管脚间最好的路径自动为用户完成连线,它可以避免连线通过元件和连线重叠;手工连线要求用户控制连线路径。可以将自动连线与手工连线结合使用,例如,开始用手工连线,然后让 Multisim 自动地完成连线。

对于本电路,大多数连线用自动连线完成。可以对所建立的电路进行连线,也可以打开 Tutorial 文件夹中的 tut1.msm 进行连线,这个电路中元件已放置在合适的位置上。

1. 自动连线

下面将开始为 V1 和地连线。

开始自动连线步骤如下。

(1) 单击 V1 下边的管脚。

(2) 单击接地上边的管脚。两个元件就自动完成了连线。结果如附图 A.12 所示。

附图 A.12　自动连线

【注】　连线默认为红色。要改变颜色默认值,右击电路窗口,选择弹出式菜单的 Color 命令。要改变单个连线的颜色,单击此连线,选择弹出式菜单中的 Color 命令。

(3) 用自动连线完成下列连接:

① V1 到 R1;

② R1 到 LED;

③ LED 到 Q2 的集电极;

④ Q2 和 Q1 的发射极;

⑤ C1 到地;

⑥ Q1 的基极到 R2;

⑦ R_2 到 U_1 的第三脚(输出);

⑧ R3 到 C1;

⑨ U1 的第一脚到第二脚;

⑩ R3 到 V1 和 R1 的连线(节点 1),先单击 R3 管脚然后单击连线,程序自动在连接点上增加节点;

⑪ Q2 的基极和 Q1 的集电极。

结果如附图 A.13 所示。

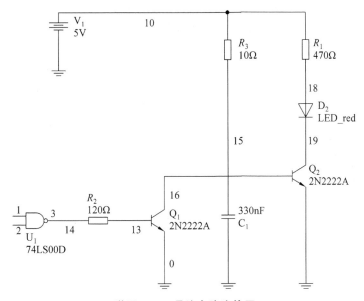

附图 A.13　最终电路连接图

按 Esc 键结束自动连线。

要删除连线,右击连线从弹出式菜单中选择 **Delete** 命令或按 Delete 键。

2. 手工连线

现在要将 U1 的输入连接到 LED 与 Q2 之间的连线,使用手工连线可以精确地控制路径。Multisim 防止将两根连线连接到同一管脚,这样可以避免连线错误。现在从 U1 的 1 脚与 2 脚间的连线开始进行,而不是从 1 脚或 2 脚开始,从连线中间开始连线需要在连线上增加节点。

增加节点步骤如下。

(1) 选择 **Edit→Place Junction** 菜单命令,鼠标指示已经做好放置节点准备。

(2) 单击 U1 输入间的连线放置节点。

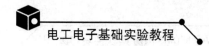

（3）出现"节点特性"对话框，保持节点特性为默认状态，单击 **OK** 按钮。

（4）节点出现在连线上，如附图 A.14 所示。

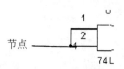

附图 A.14　放置节点

下面要按照需要的路径进行连线，显示格点可以帮助确定连线的位置。

右击电路窗口，从弹出式菜单中选择 **Grid Visible** 命令以显示格点。

这时已经为手工连线做好准备。

进行手工连接步骤如下。

（1）单击刚才放置在 U1 输入端的节点。

（2）向元件的下方拖动连线，连线的位置是"固定的"。

（3）拖动连线至元件下方几个格点的位置，再次单击。

（4）向上拖动连线到 LED1 和 Q2 间连线的对面，再次单击。

（5）拖动连线至 LED1 与 Q2 间的连线上，再次单击。

结果如附图 A.15 所示。

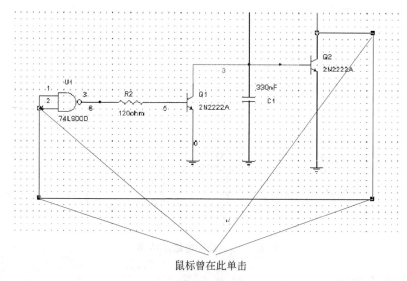

鼠标曾在此单击

附图 A.15　手工连线

小方块（"拖动点"）指明了曾单击鼠标的位置，单击拖动点并拖动线段可以调整连线的形状，操作前请先存储文件。

选中连线后可以增加拖动点：按住 Ctrl 键然后单击要增加拖动点的连线。

按住 Ctrl 键然后单击拖动点可以删除它。

A.2.5　为电路增加文本

Multisim 允许增加标题栏和文本来注释电路。

1. 增加标题栏

选择 **Edit→Set Title Block** 命令,输入标题文本后单击 OK 按钮,标题栏出现在电路窗口的右下角。

2. 增加文本

(1) 选择 **Edit→Place Text** 命令。

(2) 单击电路窗口,出现文本框。

(3) 输入文本,例如"My tutorial circuit"。

(4) 单击要放置文本的位置。

3. 删除文本

右击文本框然后从弹出式菜单中选择 **Delete** 命令,或者按 Delete 键。

4. 改变文本的颜色

右击文本框然后从弹出式菜单中选择 **Color** 命令,选择合适的颜色。

5. 编辑文本

单击文本框编辑文本,单击文本框以外任一处结束编辑。

6. 移动文本框

单击并拖动文本框到新位置即可。

本节学习了如何往电路窗口中放置元件,以及如何给元件连线,也介绍了一些有关窗口式样的选择。在给电路增加仪表之前,下节中首先研究一下功能强大的元件编辑器。

A.3 编辑元件

本节简要介绍元件编辑器的各种功能,说明如何进入元件编辑器和如何在各标签间转换。

A.3.1 元件编辑器入门

用元件编辑器可以调整 Multisim 数据库中的所有元件。例如,如果原来的元件有了新封装形式(原来的直插式变成了表面贴装式),可以容易地复制原来的元件信息,只改变封装形式,从而产生一个新的元件。

用元件编辑器可以产生自己的元件(将它放入数据库)、从其他来源载入元件或删除数据库中的元件。数据库中的元件由 4 类信息定义,从各自的标签进入:

(1) 一般信息(像名称、描述、制造商、图标、所属族和电特性);

(2) 符号(原理图中元件的图形表述);

(3) 模型(仿真时代表元件实际操作/行为的信息)——只对要仿真的元件是必需的;

(4) 管脚图(将包含此元件的原理图输出到 PCB 布线软件(如 Ultiboard)时需要的封装信息)。

A.3.2 进入元件编辑器

进入元件编辑器的方法有如下几个。

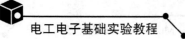

（1）单击设计工具栏中的 **Component Editor** 按钮。

（2）选择 **Tool→Component Editor** 命令，出现"元件编辑器"对话框，如附图 A.16 所示。

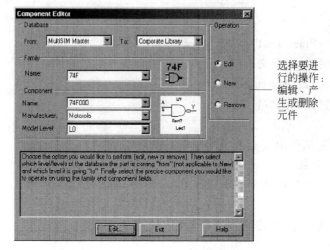

附图 A.16 "元件编辑器"对话框

【注】 *编辑已经存在的元件比从开始产生元件要容易得多。*

A.3.3 开始编辑元件

选择要编辑的元件，编辑一个已存在的元件的步骤如下。

（1）在 **Operation** 选项下选择 **Edit** 命令。

（2）在 **From** 列表中选择包含要编辑元件的数据库，典型的是主数据库 Multisim Master。

（3）在 **To** 列表中选择要保存元件的数据库。用户会发现此列表中没有主数据库，因为主数据库是不能改变的。

（4）在 **Family** 区域的 **Name** 列表中选择包含要编辑元件的族。相对应地，**Component** 区域的 **Name** 列表就会显示此族中的元件列表。

（5）从 **Component** 列表中选择要编辑的元件。

（6）如果需要，选择制造商 **Manufacturer** 和模型 **Model**（当存在多个制造商或模型时）。

（7）单击 **Edit** 按钮继续（单击 **Exit** 按钮取消）。

包含 4 个标签的"元件特性"对话框显示如附图 A.17 所示。

这些标签与要编辑的信息类型对应。为了看到元件编辑器的作用，需要实际调整符号、模型或管脚图。

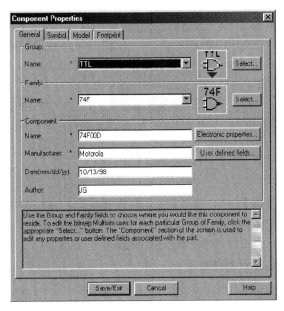

附图 A.17　"元件特性"对话框

A.4　仪表的接入

Multisim 提供一系列虚拟仪表,这些仪表的使用和读数与真实的仪表相同,感觉就像实验室中使用的仪器。使用虚拟仪表显示仿真结果是检测电路行为最好、最简便的方法。

A.4.1　仪表图标认识

单击设计工具栏中的 **Instruments** 按钮进入仪表功能。单击此按钮后会出现仪表工具栏,如附图 A.18 所示,每一个按钮代表一种仪表。

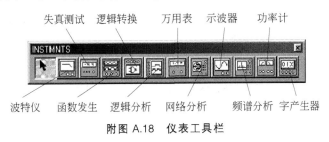

附图 A.18　仪表工具栏

虚拟仪表有两种视图:连接于电路的仪表图标;打开的仪表(可以设置仪表的控制和显示选项)。虚拟万用表的两种视图如附图 A.19 所示。

A.4.2　增加与连接仪表

为了说明仪表的连接使用,下面给电路增加一示波器。可以使用前边已经建立的电路,

附图 A.19　虚拟万用表

或打开 Tutorial 文件夹中的 tut2.msm 电路文件。

1. 增加示波器

（1）单击设计工具栏的 **Instruments** 按钮，出现仪表工具栏。

（2）单击"示波器"按钮，鼠标显示表明已经准备好放置仪表。

（3）移动鼠标至电路窗口的右侧，然后单击鼠标。

（4）示波器图标出现在电路窗口中。

（5）现在需要给仪表连线了。

2. 给示波器连线

（1）单击示波器的 A 通道图标，拖动连线到 U1 与 R2 间的节点上。

（2）单击 B 通道图标，拖动连线到 Q2 与 C1 间的连线上。

电路结果应该如附图 A.20 所示。

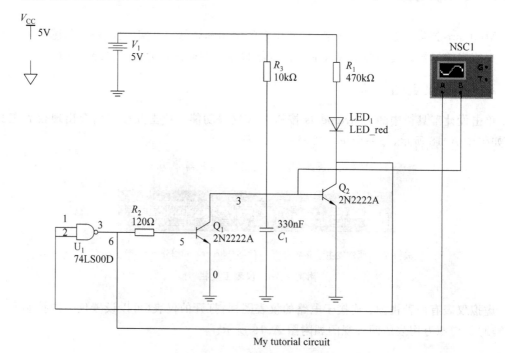

My tutorial circuit

附图 A.20　示波器接入电路

A.4.3　设置仪表

每种虚拟仪表都包含一系列可选设置来控制它的样式。

打开示波器,双击示波器图标,显示如附图 A.21 所示。

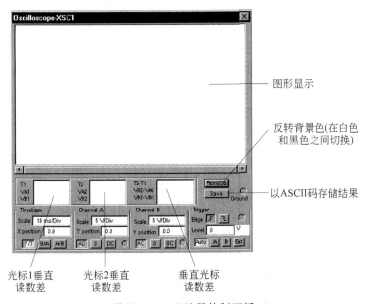

附图 A.21　示波器控制面板

选择 Y/T 选项时,时基(Timebase)控制示波器水平轴(X 轴)的幅度,如附图 A.22 所示。

为了得到稳定的读数,时基设置应与频率成反比——频率越高时基越低。

设置本电路的幅度为:

(1) 为了很好地显示频率,将时基幅度设置(应该选择 Y/T)为 $20\mu s/Div$;

(2) A 通道幅度设置为 $5V/Div$,单击 **DC** 按钮;

(3) B 通道幅度设置为 $500mV/Div$,单击 **DC** 按钮。

结果如附图 A.23 所示:

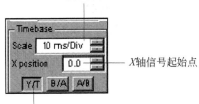

附图 A.22　示波器时基控制面板

附图 A.23　示波器控制面板的设置

本节中放置并正确地设置了示波器，下面就可以观察示波器的显示结果了。

A.5　仿真电路

本节介绍怎样进行电路仿真和在示波器上观察仿真结果。虽然 Multisim 提供多种仿真，包括 SPICE、VHDL、Verilog 以及混合仿真，但本节只介绍 SPICE 仿真。如要了解 SPICE 与 VHDL 或 Verilog 的混合仿真及如何用 VHDL 和 Verilog 编写可编程器件或制作复杂数字芯片的模型，请参阅其他书籍资料。

A.5.1　仿真电路

可以使用前边已经建立的电路，或打开 Tutorial 文件夹中的 tut3.msm 电路文件（此电路中所有的元件、连线与仪表均已正确连接并设置好）。

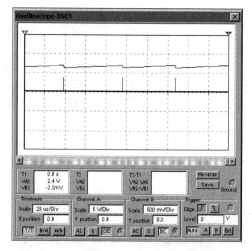

单击设计工具栏中的 **Simulate** 按钮，或选择弹出式菜单中的 **Run/Stop** 命令。

仿真开始了，需要观察仿真结果，最好的方法是用前边增加到电路中的示波器进行观察。

从示波器中观察结果。如果仪表不处于"打开"状态，可以双击图标"打开"示波器。

如果前面已正确地设置了示波器，立即就看到如附图 A.24 所示结果。

【注】　电路中的 LED 在闪烁，反映了仿真过程中电路的行为。

附图 A.24　示波器的测量图

A.5.2　停止电路仿真

要停止仿真，单击设计工具栏中的 **Simulate** 按钮，或选择弹出式菜单中的 **Run/Stop** 命令。

【注】　如果用户的结果与附图 A.24 中示波器显示结果不同，可能是仪表的采样率造成的。要使波形稳定下来，选择 **Simulate→Default Instrument Setting** 命令，单击 **Maximum Time Step（TMAX）** 按钮，在提供的空格中输入"1e－4"，然后单击 **Accept** 按钮。

现在示波器上显示仿真结果，接下来将学习如何分析电路，以及如何观察分析结果。

A.6　分析电路

Multisim 提供多种不同的分析类型，进行分析时，如果没有特殊设置或要储存数据供以后分析用，分析结果会在 Multisim 绘图器中以图表的形式显示。

单击设计工具栏的 **Analysis** 按钮▓选择分析种类，大多数的分析对话框有多个标签，包括：
(1)"分析参数"标签,用来设置这个特殊分析的参数;
(2)"输出参数"标签,确定分析的节点和结果要做什么;
(3)"杂项选项"标签,选择图表的标题等;
(4)"概要"标签,可以统一观察本分析所有设置。

A.6.1　时域分析

时域分析,是以时间为变量计算电路的响应。每个输入周期分成若干间隔,周期中的每个时间点执行直流分析,节点电压波形的解由整个周期中每一时间点的电压值确定。

A.6.2　运行分析

1. 初始化分析

单击 **Analysis** 按钮，从弹出式菜单中选择 **Transit Analysis** 命令,出现"时域分析"对话框,它有 4 个标签如附图 A.25 所示。

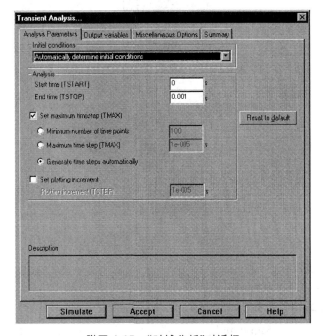

附图 A.25　"时域分析"对话框

"杂项选项"标签提供用户更大的灵活性,但不是必需的。用此标签设置分析结果的标题,检查电路是否有效,以及设置常规的分析选项。

"概要"标签提供所有设置的快速浏览。虽然它不是必需的,但当设置完成后,可以用它观察设置的总体信息。

要进行分析,必须对其他两个标签值进行设置。

2. 输出参数的设置

下面试图对节点 3 和节点 6 进行时域分析,从"输出参数"标签中选择这些节点。

【注】 如果使用自己建立的电路,节点序号可能与此不同,这是连线顺序不同造成的,但连线是正确的。可以继续使用自己的电路并选择合适的节点进行分析,或者打开 Tutorial 文件夹中的 tut3. msm 文件。

选择节点步骤为:

(1) 从 **Filter variables displayed** 中选择"3",单击 **Plot during simulation** 按钮;

(2) 从 **Filter variables displayed** 中选择"6",单击 **Plot during simulation** 按钮。

结果如附图 A. 26 所示。

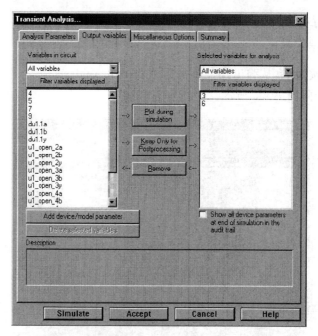

附图 A.26 节点的选择

3. 分析参数的设置

分析参数在第一个标签中设置,此处保持默认值。

4. 观察分析结果

要观察分析结果,单击 **Simulate** 按钮,会看到如附图 A. 27 显示结果。

结果显示了由于脉冲作用电容的充电过程。

注意 Multisim 绘图器提供了两个标签:一个是用户刚运行的分析;一个是附 A. 5 节仿真时示波器观察的结果。

Multisim 绘图器提供多种检测分析与仿真结果的工具,花点时间实践一下各种按钮与命令的用法。

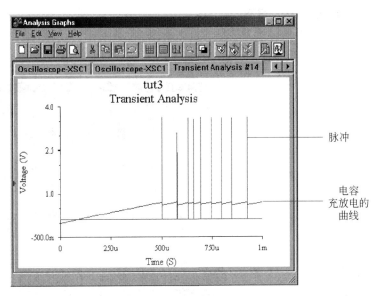

附图 A.27　时域分析结果

A.7　VHDL 简介

本节简短介绍 HDL 语言,举一个 SPICE 与 VHDL 混合仿真的简单例子。Multisim 支持 SPICE、VHDL、Verilog 仿真以及任何这几种仿真的混合。

A.7.1　Multisim 中的 HDL 语言

HDL 是专为描述复杂数字器件的行为设计的,所以它被称为"行为层"语言。它使用**行为层模型**(不是 SPICE 中的**晶体管**/门层)描述这些器件的行为。用 HDL 语言可以避免在门层中描述这些器件的繁杂工作,大大简化了设计过程。

设计者通常选择两种 HDL 语言的一种:VHDL 或 Verilog。两种语言 Multisim 都支持。

HDL 语言一般用作两个目的:为 SPICE 难以建模的复杂数字 IC 建模;设计可编程逻辑电路。Multisim 支持 HDL 的这两种应用。

对于第二种应用,即设计像 FPGA 和 CPLD 这样的可编程器件,Multisim 很理想。了解这些设计过程可参阅其他相关资料。

本节拿第一种应用即为复杂数字器件建模作为示范。

A.7.2　使用 VHDL 模型器件

为观察 VHDL 运作,需要在电路中用一个使用 VHDL 仿真模型的器件。与非门可以达到这个目的,因为已经有它的 VHDL 模型。

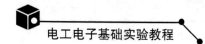

1. 选择 74LS00D 的 VHDL 模型

（1）从杂项数字元件箱中选择 VHDL 族，如附图 A.28 所示。

对话框如附图 A.29 所示。

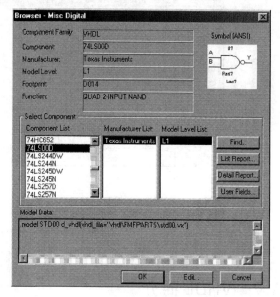

附图 A.28　杂项数字元件箱　　　　附图 A.29　VHDL 数字器件族

（2）滚动并选择 74LS00D。

（3）单击 **OK** 按钮放置元件。

由于电路中已经有了一个 SPICE 与非门，而我们只需要一个与非门，所以需要删除它，为 VHDL 与非门腾出位置。

2. 删除 SPICE 模型与非门

（1）注意原来与非门的连线（删除元件后连线自动删除）。

（2）选中此与非门，按 **Del** 键。

3. 连接 VHDL 模型器件

（1）将此元件放置在原来 74LS00D 的位置上。

（2）连线方式与原来相同。

完成后结果如附图 A.30 所示。

A.7.3　仿真电路

现在重新仿真电路，混合仿真的方法与仿真纯 SPICE 电路相同。打开示波器，得到结果与 SPICE 模型电路的结果相同。

在后台，Multisim 进行了混合仿真——多数元件用 SPICE 模型仿真，与非门用 VHDL 模型仿真。它知道什么元件用什么仿真引擎，然后将仿真结果结合起来进行显示和分析。

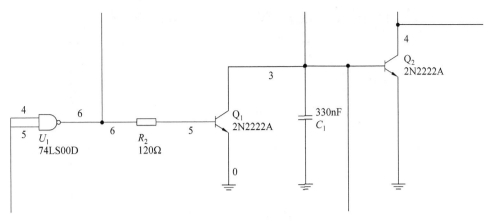

附图 A.30 由 VHDL 器件构成的电路图

A.8 产生报告

Multisim 可以产生几个报告:材料清单、数据库族列表和元件细节报告。本节介绍如何产生材料清单(a Bill of Material,BOM)。

A.8.1 产生并打印 BOM

材料清单列出了电路所用到的元件,提供了制造电路板时所需元件的总体情况。BOM 提供的信息包括:

(1) 每种元件的数量;

(2) 描述,包括元件类型(如电阻)和元件值(如 5.1kohm);

(3) 每个元件的参考 ID;

(4) 每个元件的封装或管脚图;

(5) 如果购买了 Team/Project 设计模块(Professional Edition 版可选,Power Professional Edition 版包含),BOM 含有所有的用户域及其值(例如价格、可用性、供应商等)。

1. 产生 BOM

(1) 单击设计工具栏中的 **Reports** 按钮▣,从出现的菜单中选择 **Bill of Material** 命令。

(2) 出现报告如附图 A.31 所示。

2. 打印 BOM

单击 **Print** 按钮▣,出现标准打印窗口,可以选择打印机、打印份数等。

A.8.2 储存 BOM

单击 **Save** 按钮▣,出现标准的文件储存窗口,可以定义路径和文件名。

因为材料清单是帮助采购和制造的,所以只包含"真实的"元件。也就是说不包含虚拟

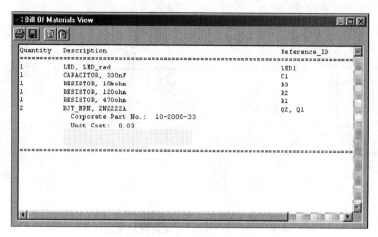

附图 A.31　材料清单报告

的、购买不到的元件,如电源和虚拟元件等。

　　要观察电路中的"非真实"元件,单击 **Others** 按钮 ▣ ,出现的另一个窗口只显示这些元件。

附录 B 常用电子元器件的型号与技术参数

B.1 半导体分立器件

B.1.1 半导体分立器件的命名方法

(1) 我国半导体分立器件的命名法如附表 B.1 所示。

附表 B.1 国产半导体分立器件型号命名法

第一部分		第二部分		第三部分					第四部分	第五部分
用数字表示器件电极的数目		用汉语拼音字母表示器件的材料和极性		用汉语拼音字母表示器件的类型					用数字表示器件序号	用汉语拼音表示规格的区别代号
符号	意义	符号	意义	符号	意义	符号	意义			
2	二极管	A	N 型,锗材料	P	普通管	D	低频大功率管 $(f_a<3\mathrm{MHz},$ $P_c\geqslant1\mathrm{W})$			
		B	P 型,锗材料	V	微波管					
		C	N 型,硅材料	W	稳压管					
		D	P 型,硅材料	C	参量管	A	高频大功率管 $(f_a\geqslant3\mathrm{MHz}$ $P_c\geqslant1\mathrm{W})$			
				Z	整流管					
3	三极管	A	PNP 型,锗材料	L	整流堆					
			NPN 型,锗材料	S	隧道管	T	半导体闸流管(可控硅整流器)			
		B	PNP 型,硅材料	N	阻尼管	Y	体效应器件			
			NPN 型,硅材料	U	光电器件	B	雪崩管			
		C	化合物材料	K	开关管	J	阶跃恢复管			
				X	低频小功率管 $(f_a<3\mathrm{MHz},$ $P_c<1\mathrm{W})$	CS	场效应器件			
		D				BT	半导体特殊器件			
						FH	复合管			
		E		G	高频小功率管 $(f_a\geqslant3\mathrm{MHz}$ $P_c<1\mathrm{W})$	PIN	PIN 型管			
						JG	激光器件			

例：① 锗材料 PNP 型低频大功率三极管： ② 硅材料 NPN 型高频小功率三极管：

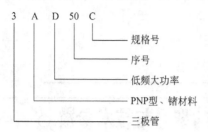

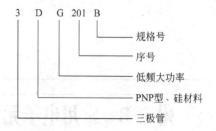

③ N 型硅材料稳压二极管： ④ 单结晶体管：

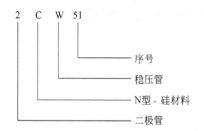

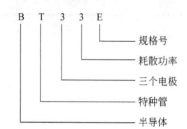

（2）国际电子联合会半导体器件命名法如附表 B.2 所示。

附表 B.2　国际电子联合会半导体器件型号命名法

第 一 部 分		第 二 部 分				第 三 部 分		第 四 部 分	
用字母表示使用的材料		用字母表示类型及主要特性				用数字或字母加数字表示登记号		用字母对同一型号者分档	
符号	意义	符号	意　义	符号	意　义	符号	意义	符号	意义
A	锗材料	A	检波、开关和混频二极管	M	封闭磁路中的霍尔元件	三位数字	通用半导体器件的登记序号（同一类型器件使用同一登记号）	A B C D E …	同一型号器件按某一参数进行分档的标志
		B	变容二极管	P	光敏元件				
B	硅材料	C	低频小功率三极管	Q	发光器件				
		D	低频大功率三极管	R	小功率可控硅				
C	砷化镓	E	隧道二极管	S	小功率开关管				
		F	高频小功率三极管	T	大功率可控硅	一个字母加两位数字	专用半导体器件的登记序号（同一类型器件使用同一登记号）		
D	锑化铟	G	复合器件及其他器件	U	大功率开关管				
		H	磁敏二极管	X	倍增二极管				
R	复合材料	K	开放磁路中的霍尔元件	Y	整流二极管				
		L	高频大功率三极管	Z	稳压二极管即齐纳二极管				

示例（命名）：

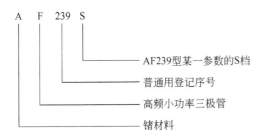

A F 239 S

AF239型某一参数的S档
普通用登记序号
高频小功率三极管
锗材料

国际电子联合会晶体管型号命名法的特点如下。

① 这种命名法被欧洲许多国家采用。因此,凡型号以两个字母开头,并且第一个字母是 A,B,C,D 或 R 的晶体管,大都是欧洲制造的产品,或是按欧洲某一厂家专利生产的产品。

② 第一个字母表示材料(A 表示锗管,B 表示硅管),但不表示极性(NPN 型或 PNP型)。

③ 第二个字母表示器件的类别和主要特点。如 C 表示低频小功率管,D 表示低频大功率管,F 表示高频小功率管,L 表示高频大功率管等。若记住了这些字母的意义,不查手册也可以判断出类别。例如,BL49 型,一见便知是硅大功率专用三极管。

④ 第三部分表示登记顺序号。三位数字者为通用品;一个字母加两位数字者为专用品,顺序号相邻的两个型号的特性可能相差很大。例如,AC184 为 PNP 型,而 AC185 则为 NPN 型。

⑤ 第四部分字母表示对同一型号的某一参数(如 h_{FE} 或 N_F)进行分挡。

⑥ 型号中的符号均不反映器件的极性(指 NPN 或 PNP)。极性的确定需查阅手册或测量。

(3)美国半导体器件型号命名法。

美国晶体管或其他半导体器件的型号命名法较混乱。这里介绍的是美国晶体管标准型号命名法,即美国电子工业协会(EIA)规定的晶体管分立器件型号的命名法,如附表 B.3 所示。

附表 B.3 美国电子工业协会半导体器件型号命名法

第一部分		第二部分		第三部分		第四部分		第五部分	
用符号表示用途的类型		用数字表示 PN 结的数目		美国电子工业协会(EIA)注册标志		美国电子工业协会(EIA)登记顺序号		用字母表示器件分挡	
符号	意义	符号	意义	符号	意义	符号	意义	符号	意义
JAN 或 J	军用品	1	二极管	N	该器件已在美国电子工业协会注册登记	多位数字	该器件在美国电子工业协会登记的顺序号	A B C D …	同一型号的不同挡别
		2	三极管						
无	非军用品	3	三个 PN 结器件						
		n	n 个 PN 结器件						

例：

① JAN2N2904

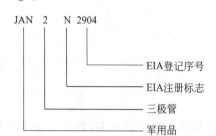

② 1N4001

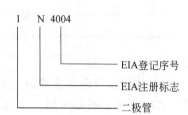

美国晶体管型号命名法的特点如下。

① 型号命名法规定较早，又未做过改进，型号内容很不完备。例如，对于材料、极性、主要特性和类型，在型号中不能反映出来。例如，2N 开头的既可能是一般晶体管，也可能是场效应管。因此，仍有一些厂家按自己规定的型号命名法命名。

② 组成型号的第一部分是前缀，第五部分是后缀，中间的三部分为型号的基本部分。

③ 除去前缀以外，凡型号以 1N、2N 或 3N ……开头的晶体管分立器件，大都是美国制造的，或按美国专利在其他国家制造的产品。

④ 第四部分数字只表示登记序号，而不含其他意义。因此，序号相邻的两器件可能特性相差很大。例如 2N3464 为硅 NPN，高频大功率管；而 2N3465 为 N 沟道场效应管。

⑤ 不同厂家生产的性能基本一致的器件，都使用同一个登记号。同一型号中某些参数的差异常用后缀字母表示。因此，型号相同的器件可以通用。

⑥ 登记序号数大的通常是近期产品。

（4）日本半导体器件型号命名法。

日本半导体分立器件（包括晶体管）或其他国家按日本专利生产的这类器件，都是按日本工业标准(JIS)规定的命名法(JIS-C-702)命名的。

日本半导体分立器件的型号，由五至七部分组成。通常只用到前五部分。前五部分符号及意义如附表 B.4 所示。第六、七部分的符号及意义通常是各公司自行规定的。第六部分的符号表示特殊的用途及特性，其常用的符号如下。

M——松下公司用来表示该器件符合日本防卫厅海上自卫队参谋部有关标准登记的产品。

N——松下公司用来表示该器件符合日本广播协会(NHK)有关标准的登记产品。

Z——松下公司用来表示专用通信用的可靠性高的器件。

H——日立公司用来表示专为通信用的可靠性高的器件。

K——日立公司用来表示专为通信用的塑料外壳的可靠性高的器件。

T——日立公司用来表示收发报机用的推荐产品。

G——东芝公司用来表示专为通信用的设备制造的器件。

附表 B.4　日本半导体器件型号命名法

第一部分		第二部分		第三部分		第四部分		第五部分	
用数字表示类型或有效电极数		S表示日本电子工业协会（EIAJ）的注册产品		用字母表示器件的极性及类型		用数字表示在日本电子工业协会登记的顺序号		用字母表示对原来型号的改进产品	
符号	意　义	符号	意　义	符号	意　义	符号	意　义	符号	意　义
0	光电（即光敏）二极管、晶体管及其组合管	S	表示已在日本电子工业协会（EIAJ）注册登记的半导体分立器件	A	PNP 型高频管	4位以上的数字	从 11 开始，表示在日本电子工业协会注册登记的顺序号，不同公司性能相同的器件可以使用同一顺序号，其数字越大越是近期产品	A B C D E F … …	用字母表示对原来型号的改进产品
1	二极管			B	PNP 型低频管				
2	三极管、具有两个以上 PN 结的其他晶体管			C	NPN 型高频管				
				D	NPN 型低频管				
3 …	具有 4 个有效电极或具有 3 个 PN 结的晶体管			F	P 控制极可控硅				
				G	N 控制极可控硅				
				H	N 基极单结晶体管				
				J	P 沟道场效应管				
n−1	具有 n 个有效电极或具有 n−1 个 PN 结的晶体管			K	N 沟道场效应管				
				M	双向可控硅				

S——三洋公司用来表示专为通信设备制造的器件。

第七部分的符号,常被用来作为器件某个参数的分档标志。例如,三菱公司常用 R,G, Y 等字母;日立公司常用 A,B,C,D 等字母,作为直流放大系数 h_{FE} 的分档标志。

示例:

① 2SC502A(日本收音机中常用的中频放大管);

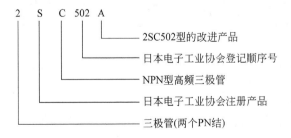

② 2SA495(日本夏普公司 GF-9494 收录机用小功率管)。

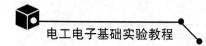
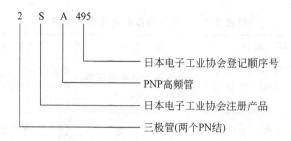

日本半导体器件型号命名法有如下特点。

① 型号中的第一部分是数字,表示器件的类型和有效电极数。例如,用"1"表示二极管,用"2"表示三极管。而屏蔽用的接地电极不是有效电极。

② 第二部分均为字母 S,表示日本电子工业协会注册产品,而不表示材料和极性。

③ 第三部分表示极性和类型。例如用 A 表示 PNP 型高频管,用 J 表示 P 沟道场效应三极管。但是,第三部分既不表示材料,也不表示功率的大小。

④ 第四部分只表示在日本工业协会(EIAJ)注册登记的顺序号,并不反映器件的性能,顺序号相邻的两个器件的某一性能可能相差很远。例如,2SC2680 型的最大额定耗散功率为 200mW,而 2SC2681 的最大额定耗散功率为 100W。但是,登记顺序号能反映产品时间的先后。登记顺序号的数字越大,越是近期产品。

⑤ 第六、七两部分的符号和意义各公司不完全相同。

⑥ 日本有些半导体分立器件的外壳上标记的型号,常采用简化标记的方法,即把 2S 省略。例如,2SD764 简化为 D764,2SC502A 简化为 C502A。

⑦ 在低频管(2SB 和 2SD 型)中,也有工作频率很高的管子。例如,2SD355 的特征频率 f_T 为 100MHz,所以,它们也可当高频管用。

⑧ 日本通常把 $P_{cm} \geqslant 1W$ 的管子,称为大功率管。

B.1.2 常用半导体二极管的主要参数

常用半导体二极管参数如附表 B.5 所示。

附表 B.5 部分半导体二极管的参数

类型	型号	最大整流电流(mA)	正向电流(mA)	正向压降(在左栏电流值下)(V)	反向击穿电压(V)	最高反向工作电压(V)	反向电流(μA)	零偏压电容(pF)	最高工作频率(MHz)
普通检波二极管	2AP9	≤16	≥2.5	≤1	≥40	20	≤250	≤1	≤150
	2AP7		≥5		≥150	100			
	2AP11	≤25	≥10	≤1		≤10	≤250	≤1	≤40
	2AP17	≤15	≥10			≤100			

续表

类型	参数 型号	最大整流电流（mA）	正向电流（mA）	正向压降（在左栏电流值下）（V）	反向击穿电压（V）	最高反向工作电压（V）	反向电流（μA）	零偏压电容（pF）	最高工作频率（MHz）
锗开关二极管	2AK1		≥150	≤1	30	10		≤3	≤200
	2AK2				40	20			
	2AK5		≥200	≤0.9	60	40		≤2	≤150
	2AK10		≥10	≤1	70	50		≤2	≤150
	2AK13		≥250	≤0.7	60	40			
	2AK14				70	50			
硅开关二极管	2CK70A～E		≥10	≤0.8	A≥30 B≥45 C≥60 D≥75 E≥90	A≥20 B≥30 C≥40 D≥50 E≥60		≤1.5	≤3
	2CK71A～E		≥20						≤4
	2CK72A～E		≥30	≤1				≤1	≤5
	2CK73A～E		≥50						
	2CK74A～D		≥100						
	2CK75A～D		≥150						
	2CK76A～D		≥200						
整流二极管	2CZ52B～H	2	0.1	≤1		25～600			同 2AP 普通二极管
	2CZ53B～M	6	0.3	≤1		50～1000			
	2CZ54B～M	10	0.5	≤1		50～1000			
	2CZ55B～M	20	1	≤1		50～1000			
	2CZ56B～B	65	3	≤0.8		25～1000			
	1N4001～4007	30	1	1.1		50～1000	5		
	1N5391～5399	50	1.5	1.4		50～1000	10		
	1N5400～5408	200	3	1.2		50～1000	10		

B.1.3 常用整流桥的主要参数

常用单相桥式整流器的参数如附表 B.6 所示。

附表 B.6　几种单相桥式整流器的参数

参数 型号	不重复正向 浪涌电流（A）	整流 电流（A）	正向电 压降（V）	反向漏 电流（μA）	反向工作 电压（V）	最高工作结 温（℃）
QL1	1	0.05				
QL2	2	0.1				
QL4	6	0.3			常见的分档为：25， 50，100，200，400， 500，600，700，800， 900，1000	
QL5	10	0.5	≤1.2	≤10		130
QL6	20	1				
QL7	40	2				
QL8	60	3		≤15		

B.1.4　常用稳压二极管的主要参数

常用稳压二极管的主要参数如附表 B.7 所示。

附表 B.7　部分稳压二极管的主要参数

测试 条件 参数 型号	工作电流为 稳定电流 稳定电压 （V）	稳定电压下 稳定电 流（mA）	环境温 度<50℃ 最大稳定 电流（mA）	反向漏 电流（μA）	稳定电 流下 动态电 阻（Ω）	稳定电流下 电压温度系 数（10⁻⁴/℃）	环境温 度<10℃ 最大耗散功 率（W）
2CW51	2.5～3.5		71	≤5	≤60	≥-9	
2CW52	3.2～4.5		55	≤2	≤70	≥-8	
2CW53	4～5.8		41	≤1	≤50	-6～4	
2CW54	5.5～6.5	10	38		≤30	-3～5	
2CW56	7～8.8		27		≤15	≤7	0.25
2CW57	8.5～9.8		26	≤0.5	≤20	≤8	
2CW59	10～11.8	5	20		≤30	≤9	
2CW60	11.5～12.5		19		≤40	≤9	
2CW103	4～5.8	50	165	≤1	≤20	-6～4	
2CW110	11.5～12.5	20	76	≤0.5	≤20	≤9	1
2CW113	16～19	10	52	≤0.5	≤40	≤11	
2CW1A	5	30	240		≤20		1
2CW6C	15	30	70		≤8		1
2CW7C	6.0～6.5	10	30		≤10	0.05	0.2

B.1.5　常用半导体三极管的主要参数

（1）3AX51（3AX31）型 PNP 型锗低频小功率三极管的参数如附表 B.8 所示。

附表 B.8　3AX51（3AX31）型半导体三极管的参数

原 型 号		3AX31			测 试 条 件
新 型 号		3AX51A	3AX51B	3AX51C	3AX51D	
极限参数	P_{CM}(mW)	100	100	100	100	$T_a=25℃$
	I_{CM}(mA)	100	100	100	100	
	T_{jM}(℃)	75	75	75	75	
	BV_{CBO}(V)	≥30	≥30	≥30	≥30	$I_C=1mA$
	BV_{CEO}(V)	≥12	≥12	≥18	≥24	$I_C=1mA$
直流参数	I_{CBO}(μA)	≤12	≤12	≤12	≤12	$V_{CB}=-10V$
	I_{CEO}(μA)	≤500	≤500	≤300	≤300	$V_{CE}=-6V$
	I_{EBO}(μA)	≤12	≤12	≤12	≤12	$V_{EB}=-6V$
	h_{FE}	40～150	40～150	30～100	25～70	$V_{CE}=-1V$ $I_C=50mA$
交流参数	f_α(kHz)	≥500	≥500	≥500	≥500	$V_{CB}=-6V$ $I_E=1mA$
	N_F(dB)	—	≤8	—	—	$V_{CB}=-2V$ $I_E=0.5mA$　$f=1kHz$
	h_{ie}(kΩ)	0.6～4.5	0.6～4.5	0.6～4.5	0.6～4.5	$V_{CB}=-6V$ $I_E=1mA$ $f=1kHz$
	h_{re}(×10)	≤2.2	≤2.2	≤2.2	≤2.2	
	h_{oe}(μs)	≤80	≤80	≤80	≤80	
	h_{fe}	—	—	—	—	
h_{FE}色标分挡		(红)25～60；(绿)50～100；(蓝)90～150				
管　脚						

（2）3AX81 型 PNP 型锗低频小功率三极管的参数如附表 B.9 所示。

附表 B.9　3AX81 型 PNP 型锗低频小功率三极管的参数

型　　号		3AX81A	3AX81B	测 试 条 件
极限参数	P_{CM}(mW)	200	200	
	I_{CM}(mA)	200	200	

续表

型　号		3AX81A	3AX81B	测 试 条 件
极限 参数	T_{jM}（℃）	75	75	
	BV_{CBO}（V）	−20	−30	$I_C = 4mA$
	BV_{CEO}（V）	−10	−15	$I_C = 4mA$
	BV_{EBO}（V）	−7	−10	$I_E = 4mA$
直流 参数	I_{CBO}（μA）	≤30	≤15	$V_{CB} = -6V$
	I_{CEO}（μA）	≤1000	≤700	$V_{CE} = -6V$
	I_{EBO}（μA）	≤30	≤15	$V_{EB} = -6V$
	V_{BES}（V）	≤0.6	≤0.6	$V_{CE} = -1V$　$I_C = 175mA$
	V_{CES}（V）	≤0.65	≤0.65	$V_{CE} = V_{BE}$　$V_{CB} = 0$　$I_C = 200mA$
	h_{FE}	40～270	40～270	$V_{CE} = -1V$　$I_C = 175mA$
交 流 参数	f_β（kHz）	≥6	≥8	$V_{CB} = -6V$　$I_E = 10mA$
h_{FE}色标分挡		（黄）40～55（绿）55～80（蓝）80～120（紫）120～180（灰）180～270（白）270～400		
管　脚				

（3）3BX31 型 NPN 型锗低频小功率三极管的参数如附表 B.10 所示。

附表 B.10　3BX31 型 NPN 型锗低频小功率三极管的参数

型　号		3BX31M	3BX31A	3BX31B	3BX31C	测 试 条 件
极限 参数	P_{CM}（mW）	125	125	125	125	$T_a = 25℃$
	I_{CM}（mA）	125	125	125	125	
	T_{jM}（℃）	75	75	75	75	
	BV_{CBO}（V）	−15	−20	−30	−40	$I_C = 1mA$
	BV_{CEO}（V）	−6	−12	−18	−24	$I_C = 2mA$
	BV_{EBO}（V）	−6	−10	−10	−10	$I_E = 1mA$
直流 参数	I_{CBO}（μA）	≤25	≤20	≤12	≤6	$V_{CB} = 6V$
	I_{CEO}（μA）	≤1000	≤800	≤600	≤400	$V_{CE} = 6V$
	I_{EBO}（μA）	≤25	≤20	≤12	≤6	$V_{EB} = 6V$
	V_{BES}（V）	≤0.6	≤0.6	≤0.6	≤0.6	$V_{CE} = 6V$　$I_C = 100mA$
	V_{CES}（V）	≤0.65	≤0.65	≤0.65	≤0.65	$V_{CE} = V_{BE}$　$V_{CB} = 0$ $I_C = 125mA$

续表

型　号		3BX31M	3BX31A	3BX31B	3BX31C	测 试 条 件
直流参数	h_{FE}	80～400	40～180	40～180	40～180	$V_{CE}=1V$　$I_C=100mA$
交流参数	$f_\beta(kHz)$	—	—	≥8	$f_\alpha≥465$	$V_{CB}=-6V$　$I_E=10mA$
h_{FE}色标分挡		（黄）40～55（绿）55～80（蓝）80～120（紫）120～180（灰）180～270（白）270～400				
管　脚						

（4）3DG100（3DG6）型 NPN 型硅高频小功率三极管的参数如附表 B.11 所示。

附表 B.11　3DG100（3DG6）型 NPN 型硅高频小功率三极管的参数

原型号		3DG6				测 试 条 件
新型号		3DG100A	3DG100B	3DG100C	3DG100D	
极限参数	$P_{CM}(mW)$	100	100	100	100	
	$I_{CM}(mA)$	20	20	20	20	
	$BV_{CBO}(V)$	≥30	≥40	≥30	≥40	$I_C=100\mu A$
	$BV_{CEO}(V)$	≥20	≥30	≥20	≥30	$I_C=100\mu A$
	$BV_{EBO}(V)$	≥4	≥4	≥4	≥4	$I_E=100\mu A$
直流参数	$I_{CBO}(\mu A)$	≤0.01	≤0.01	≤0.01	≤0.01	$V_{CB}=10V$
	$I_{CEO}(\mu A)$	≤0.1	≤0.1	≤0.1	≤0.1	$V_{CE}=10V$
	$I_{EBO}(\mu A)$	≤0.01	≤0.01	≤0.01	≤0.01	$V_{EB}=1.5V$
	$V_{BES}(V)$	≤1	≤1	≤1	≤1	$I_C=10mA$　$I_B=1mA$
	$V_{CES}(V)$	≤1	≤1	≤1	≤1	$I_C=10mA$　$I_B=1mA$
	h_{FE}	≥30	≥30	≥30	≥30	$V_{CE}=10V$　$I_C=3mA$
交流参数	$f_T(MHz)$	≥150	≥150	≥300	≥300	$V_{CB}=10V$ $I_E=3mA$ $f=100MHz$ $R_L=5\ \Omega$
	$K_P(dB)$	≥7	≥7	≥7	≥7	$V_{CB}=-6V$　$I_E=3mA$ $f=100MHz$
	$C_{ob}(pF)$	≤4	≤4	≤4	≤4	$V_{CB}=10V$　$I_E=0$
h_{FE}色标分挡		（红）30～60　（绿）50～110　（蓝）90～160　（白）＞150				
管　脚						

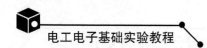

（5）3DG130（3DG12）型 NPN 型硅高频小功率三极管的参数如附表 B.12 所示。

附表 B.12   3DG130（3DG12）型 NPN 型硅高频小功率三极管的参数

原 型 号	3DG12				测 试 条 件
新 型 号	3DG130A	3DG130B	3DG130C	3DG130D	
极限参数 P_{CM}(mW)	700	700	700	700	
I_{CM}(mA)	300	300	300	300	
BV_{CBO}(V)	$\geqslant 40$	$\geqslant 60$	$\geqslant 40$	$\geqslant 60$	$I_C = 100\mu A$
BV_{CEO}(V)	$\geqslant 30$	$\geqslant 45$	$\geqslant 30$	$\geqslant 45$	$I_C = 100\mu A$
BV_{EBO}(V)	$\geqslant 4$	$\geqslant 4$	$\geqslant 4$	$\geqslant 4$	$I_E = 100\mu A$
直流参数 I_{CBO}(μA)	$\leqslant 0.5$	$\leqslant 0.5$	$\leqslant 0.5$	$\leqslant 0.5$	$V_{CB} = 10V$
I_{CEO}(μA)	$\leqslant 1$	$\leqslant 1$	$\leqslant 1$	$\leqslant 1$	$V_{CE} = 10V$
I_{EBO}(μA)	$\leqslant 0.5$	$\leqslant 0.5$	$\leqslant 0.5$	$\leqslant 0.5$	$V_{EB} = 1.5V$
V_{BES}(V)	$\leqslant 1$	$\leqslant 1$	$\leqslant 1$	$\leqslant 1$	$I_C = 100mA \quad I_B = 10mA$
V_{CES}(V)	$\leqslant 0.6$	$\leqslant 0.6$	$\leqslant 0.6$	$\leqslant 0.6$	$I_C = 100mA \quad I_B = 10mA$
h_{FE}	$\geqslant 30$	$\geqslant 30$	$\geqslant 30$	$\geqslant 30$	$V_{CE} = 10V \quad I_C = 50mA$
交流参数 f_T(MHz)	$\geqslant 150$	$\geqslant 150$	$\geqslant 300$	$\geqslant 300$	$V_{CB} = 10V \quad I_E = 50mA$ $f = 100MHz \quad R_L = 5\ \Omega$
K_P(dB)	$\geqslant 6$	$\geqslant 6$	$\geqslant 6$	$\geqslant 6$	$V_{CB} = -10V \quad I_E = 50mA$ $f = 100MHz$
C_{ob}(pF)	$\leqslant 10$	$\leqslant 10$	$\leqslant 10$	$\leqslant 10$	$V_{CB} = 10V \quad I_E = 0$
h_{FE}色标分挡	（红）30～60 （绿）50～110 （蓝）90～160 （白）>150				
管　脚	E $\bigcirc$ C B				

（6）9011～9018 塑封硅三极管的参数如附表 B.13 所示。

附表 B.13   9011～9018 塑封硅三极管的参数

型　号	(3DG) 9011	(3CX) 9012	(3DX) 9013	(3DG) 9014	(3CG) 9015	(3DG) 9016	(3DG) 9018
极限参数 P_{CM}(mW)	200	300	300	300	300	200	200
I_{CM}(mA)	20	300	300	100	100	25	20
BV_{CBO}(V)	20	20	20	25	25	25	30
BV_{CEO}(V)	18	18	18	20	20	20	20
BV_{EBO}(V)	5	5	5	4	4	4	4

续表

型 号		(3DG)9011	(3CX)9012	(3DX)9013	(3DG)9014	(3CG)9015	(3DG)9016	(3DG)9018
直流参数	$I_{CBO}(\mu A)$	0.01	0.5	0.5	0.05	0.05	0.05	0.05
	$I_{CEO}(\mu A)$	0.1	1	1	0.5	0.5	0.5	0.5
	$I_{EBO}(\mu A)$	0.01	0.5	0,5	0.05	0.05	0.05	0.05
	$V_{CES}(V)$	0.5	0.5	0.5	0.5	0.5	0.5	0.35
	$V_{BES}(V)$	1	1	1	1	1	1	1
	h_{FE}	30	30	30	30	30	30	30
交流参数	$f_T(MHz)$	100			80	80	500	600
	$C_{ob}(pF)$	3.5			2.5	4	1.6	4
	$K_P(dB)$							10
h_{FE}色标分挡		(红)30~60 (绿)50~110 (蓝)90~160 (白)>150						
管 脚		E B C						

B.1.6 常用场效应管主要参数

常用场效应管主要参数如附表 B.14 所示。

附表 B.14 常用场效应三极管主要参数

参数名称	N 沟道结型				MOS 型 N 沟道耗尽型		
	3DJ2	3DJ4	3DJ6	3DJ7	3D01	3D02	3D04
	D~H	D~H	D~H	D~H	D~H	D~H	D~H
饱和漏源电流 I_{DSS} (mA)	0.3~10	0.3~10	0.3~10	0.35~1.8	0.35~10	0.35~25	0.35~10.5
夹断电压 $V_{GS}(V)$	<|1~9|	<|1~9|	<|1~9|	<|1~9|	≤|1~9|	≤|1~9|	≤|1~9|
正向跨导 $g_m(\mu\Omega)$	>2000	>2000	>1000	>3000	≥1000	≥4000	≥2000
最大漏源电压 BV_{DS} (V)	>20	>20	>20	>20	>20	>12~20	>20
最大耗散功率 P_{DNI} (mW)	100	100	100	100	100	25~100	100
栅源绝缘电阻 $r_{GS}(\Omega)$	≥10^8	≥10^8	≥10^8	≥10^8	≥10^8	≥10^8~10^9	≥10^0
管 脚	S ⟶ D G 或 S ⟶ G D						

B.2 半导体集成电路

B.2.1 模拟集成电路

(1)（国产）半导体集成电路型号命名法如附表 B.15 所示。

附表 B.15 器件型号的组成

第 0 部分		第一部分		第二部分	第三部分		第四部分	
用字母表示器件符合国家标准		用字母表示器件的类型		用阿拉伯数字表示器件的系列和品种代号	用字母表示器件的工作温度范围		用字母表示器件的封装	
符号	意义	符号	意义		符号	意义	符号	意义
C	中国制造	T	TTL		C	0～70℃	W	陶瓷扁平
		H	HTL		E	−40～85℃	B	塑料扁平
		E	ECL		R	−55～85℃	F	全封闭扁平
		C	CMOS		M …	−55～125℃ …	D	陶瓷直插
		F	线性放大器				P	塑料直插
		D	音响、电视电路				J	黑陶瓷直插
		W	稳压器				K	金属菱形
		J	接口电路				T	金属圆形

例：

C F 741 C T

- 金属圆形封装
- 0～70℃
- 器件代号
- 线性放大器
- 中国国家标准

(2)国外部分公司及产品代号如附表 B.16 所示。

附表 B.16 国外部分公司及产品代号

公司名称	代号	公司名称	代号
美国无线电公司(BCA)	CA	美国悉克尼特公司(SIC)	NE
美国国家半导体公司（NSC）	LM	日本电气工业公司(NEC)	μPC
美国莫托洛拉公司(MOTA)	MC	日本日立公司(HIT)	RA
美国仙童公司(PSC)	μA	日本东芝公司(TOS)	TA

续表

公 司 名 称	代号	公 司 名 称	代号
美国德克萨斯公司(TII)	TL	日本三洋公司(SANYO)	LA,LB
美国模拟器件公司(ANA)	AD	日本松下公司	AN
美国英特西尔公司(INL)	IC	日本三菱公司	M

(3) 部分模拟集成电路引脚排列如下。

① 运算放大器,如附图 B.1 所示。

② 音频功率放大器,如附图 B.2 所示。

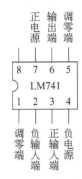

附图 B.1 运算放大器   附图 B.2 音频功率放大器

③ 集成稳压器,如附图 B.3 所示:

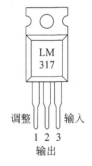

附图 B.3 集成稳压器

④ 部分模拟集成电路主要参数。

a. μA741 运算放大器的主要参数如附表 B.17 所示。

附表 B.17 μA741 的性能参数

电源电压 $+U_{CC}$ $-U_{EE}$	$+3V \sim +18V$,典型值 $+15V$ $-3V \sim -18V$, $-15V$	工 作 频 率	10kHz
输入失调电压 U_{IO}	2mV	单位增益带宽积 $A_u \cdot BW$	1MHz
输入失调电流 I_{IO}	20nA	转换速率 S_R	0.5V/μs

255

电源电压 $+U_{CC}$ $-U_{EE}$	$+3V\sim+18V$,典型值$+15V$ $-3V\sim-18V$, $-15V$	工 作 频 率	10kHz
开环电压增益 A_{uo}	106dB	共模抑制比 $CMRR$	90dB
输入电阻 R_i	$2M\Omega$	功率消耗	50mW
输出电阻 R_o	75Ω	输入电压范围	$\pm13V$

b. LA4100、LA4102 音频功率放大器的主要参数如附表 B.18 所示。

附表 B.18 LA4100、LA4102 的典型参数

参数名称（单位）	条　　件	典 型 值	
		LA4100	LA4102
耗散电流(mA)	静态	30.0	26.1
电压增益(dB)	$R_{NF}=220\Omega$,$f=1kHz$	45.4	44.4
输出功率(W)	$THD=10\%$,$f=1kHz$	1.9	4.0
总谐波失真$\times100$	$P_o=0.5W$,$f=1kHz$	0.28	0.19
输出噪声电压(mV)	$R_g=0$,$U_G=45dB$	0.24	0.21

注：$+U_{CC}=+6V$(LA4100)；$+U_{CC}=+9V$(LA4102)；$R_L=8\Omega$。

c. CW7805、CW7812、CW7912、CW317 集成稳压器的主要参数如附表 B.19 所示。

附表 B.19 CW78××,CW7912,CW317 参数

参数名称（单位）	CW7805	CW7812	CW7912	CW317
输入电压(V)	$+10$	$+19$	-19	$\leqslant40$
输出电压范围(V)	$+4.75\sim+5.25$	$+11.4\sim+12.6$	$-11.4\sim-12.6$	$+1.2\sim+37$
最小输入电压(V)	$+7$	$+14$	-14	$+3\leqslant V_i-V_o\leqslant+40$
电压调整率(mV)	$+3$	$+3$	$+3$	$0.02\%/V$
最大输出电流(A)	加散热片可达1A			1.5

B.2.2　数字集成电路

(1) 国标(GB3430-89)集成电路命名法

集成电路器件型号由 5 部分组成,其符号及意义如附表 B.20 所示。

(2) 54/74 系列集成电路器件型号命名。

54/74 系列集成电路器件是美国德克萨斯仪器公司(Texas)生产的 TTL 标准系列器件,分 5 个部分。

第一部分：代号 SN。

附表 B.20　集成器件型号意义

第0部分		第一部分		第二部分	第三部分		第四部分	
用字母表示器件符合国家标准		用字母表示器件的类型		用阿拉伯数字表示器件的系列和品种代号	用字母表示器件的工作温度范围		用字母表示器件的封装类型	
符号	意义	符号	意 义		符号	意 义	符号	意 义
C	中国制造	T	TTL	系列：1-中速系列 2-高速系列 3-肖特基系列 4-低功耗肖特基系列	C	0～70℃	H	黑瓷扁平
		H	HTL		E	−40～85℃	F	多层陶瓷扁平
		E	ECL		R	−55～85℃	B	塑料扁平
		C	CMOS		M	−55～125℃	D	多层陶瓷直插
		F	线性放大器		G	−25～70℃	P	塑料直插
		D	音响电视电路		L	−25～85℃	J	黑瓷直插
		W	稳压器				K	金属菱形
		J	接口电路				T	金属圆形
		B	非线性电路				S	塑料单列直插
		M	存储器				C	陶瓷芯片载体
		μ	微型机电路				E	塑料芯片载体
		AD	A/D 转换器				G	网格阵列
		DA	D/A 转换器					

第二部分：工作温度范围。54：−55～125℃。74：0～70℃。

第三部分：系列。空白：标准系列。H：高速系列。S：肖特基系列。HC：低功耗肖特基系列。

第四部分：品种编号。

第五部分：封装。W：陶瓷扁平。J：陶瓷双列直插。N：塑料双列直插。

（3）国外 CMOS 集成电路主要生产公司和产品型号前缀如附表 B.21 所示。

附表 B.21　国外部分公司及产品代号

公 司 名 称	代 号	公 司 名 称	代 号
美国无线电公司	CD	日本电气公司	μPD
摩托罗拉公司	MC	日本日立公司	HD
美国国家半导体公司	CD	日本富士通公司	MB
美国仙童公司	F	荷兰飞利浦公司	HFE
美国德克萨斯仪器公司	TP	加拿大密特尔公司	MD
日本东芝公司	TC	日本电气公司	μPD

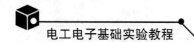
（4）常用中小规模数字集成电路产品型号索引如附表 B.22 所示。

附表 B.22　中小规模集成电路型号

索引号	名　称	国 内 型 号	国 外 型 号
00	四二输入与非门	CT2000 T1000 T2000 CT3000 CT4000 CT54/74F00 CT1000	SN54/7400 74AHC00A 74AS00 74S00 74H00 74HC00 74L00
01 03	四二输入与非门 （OC）	CT1001　T3003 T1003　T2001 T066　T096 CT2001　CT4001 CT1003　CT4003	SN54/74S01 74AHC01 7401 74H01 74AHC03B
02	四二输入或非门	CT4002 T3002 CT1002 CT54/74F02 T1002 CT3002	SN54/74HC02 74AHC02 74AS02 74S02 7402 74L02
04	六反相器	CT1004 T112 T1004 CT2004 CT4004 T3004	SN54/74HC04 74AHC04 74AHC04B 74S04 74HC04 74L04
05	六反相器（OC）	CT1005 T2005 T3005 CT2005 T1005 CT4005	SN54/74HC05 74AHC05 74AHC05A 74S05 7405 74HC05
06 16	六反相缓冲器/驱动器（OC）	CT1006　T1006 CT1016　T1016	SN54/7406 7416
07 17	六缓冲器/驱动器（OC）	CT1007　T1007 CT1017　T1017	SN54/7407 7417

索引号	名　称	国内型号	国外型号
08	四二输入与门	CT3008 T3008 CT1008 CT4008 T1008 CT54/74F08	SN54/74HC08 74AHC08 74AS08 7S408 7408 74HC08
09	四二输入与门(OC)	CT1009 T3009 CT3009 T1009 CT4009	SN54/74HC09 74AHC09 74S09 7409 74HC09
10	三三输入与非门	CT2010 T2010 T3010 CT3010 T1010 CT74F10 CT4010	SN54/74HC10 74AHC10 74AS10 74S10 7410 74HC10 74H10
13	双四输入与非门(施密特触发器)	CT1013 T1013 CT4013	SN54/74HC13 7413
14	六反相器(施密特触发器)	CT1014 T1014　CT4014 CT54/74F14	SN54/74HC14 7414 74HC14
20	双四输入与非门	CT2020 T1020　T2093 CT3020 CT4020　CT3092 CT1020	SN54/74HC20 74AHC20 74H20 74HC20 74L20
21	双四输入与门	T1021　T2021 T3021　CT1021 CT2021　CT4021	SN54/74AS21 74H21 74HC21
22	双四输入与非门(OC)	T3022　CT1022 T1022　T2022 CT2022　CT3022	SN54/74HC22 74AHC22A 74S22
23	可扩展的双四输入或非门(带选通端)	CT1023	SN54/7423
24	四二输入与非门(施密特触发器)		SN54/7424
25	双四输入或非门(有选通)	T1025　CT1025	SN54/7425

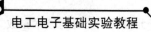

索引号	名　称	国内型号	国外型号
27	三三输入或非门	CT4027 CT1027 T1027	SN54/74HC27 74AHC27 7427
30	八输入与非门	CT1030 T1030　T2030 T3030 CT2030 CT4030 CT3030	SN54/74HC30 74AHC30 74AS30 74S30 74HC30 74H30
32	四二输入或门	CT1032 T3032 CT3032 CT4032	SN54/74HC32 74AHC32 74S32 74HC32
37	四二输入与非缓冲器	CT1037　CT4037 T3037 CT54/74F37 T1037	SN54/74HC37 74AHC37 74S37 7437
42	4-10 线译码器	CT1042　CT4042 T331　T1042	SN54L42 SN54/7442A
43	余三码-十进制译码器	CT1043	SN54/7443A
44	4-10 线译码器 （余三 GRAM）	CT1044	SN54/7444A SN54L44
47	四线-七段译码器/驱动器(OC)	CT1047 CT4047	SN54/7447A SN54L47
48	四线-七段译码器/驱动器	CT1048　CT4048 T339　T1048	SN54/74HC48 7448
50	双二-二输入与或非门 （一门可扩展）	T1050　T2050 CT1050　CT2050	SN54/7450 74H50
51	双二-二输入与或非门	CT2051　CT3051 CT4051	SN54/74HC51 74S51
53	二-二-二-二输入与或非门(可扩展)	T1053　T2053 CT1053　CT2053	SN54/7453 74H53
55	二四输入与或非门(可扩展)	CT4055 T086　T116 CT2055	SN54/74HC55 74H55 SN54L55
60	双四输入与或扩展器	T1060　T2060 CT1060　CT2060	SN54/7460 74H60
61	三三输入或扩展器	T2061　CT2061	SN54/74H61
65	四-二-三-二输入与或非门(OC)	T3065　CT3065	SN54/74S65

续表

索引号	名　　称	国内型号	国外型号
70	与门输入上升沿 JK 触发器（带预置、清除端）	CT1070	SN54/74 70
72	JK 触发器（与门输入、主从）	T1072　T2072 T108　T109	SN54L72 SN54/74 72
73	双 JK 触发器（带清零端）	CT4073	SN54/74 73
74	双 D 触发器（带预置、清零端）	CT54/74F74 T1074　T2074 T3074 CT1074　CT2074	SN54/74HC74 74AHC74 74AHC74A 74AS74
75	4 位双稳 D 型锁存器	T3175 CT4075 T1175	SN54/74HC75 74HC75 74L75
76	双 JK 触发器（带预置、清零端）	T109 T3114 CT4076	SN54/74HC76A 74H76 74HC76
83	4 位二进制全加器（快速进位）		SN54/74HC83A 7483A
85	4 位数值比较器	CT1085　CT4085 CT3085 CT54/7485 T3085	SN54/74HC85 74S85 74HC85 74L85
86	四二输入异或门	CT3086 T3086 CT4086 CT54/74F86 CT1086	SN54/74HC86 74AHC86 74S86 74HC86 74L86
90	十进制计数器（二分频和五分频）	CT4090	SN54/74HC90 74L90
91	8 位移位寄存器（串入串出）	CT4091 T1091	SN54/74HC91 74L91
92	十二分频计数器	CT4092	SN54/7492A 74HC92
93	4 位二进制计数器	CT4093	SN54L93 SN54/74HC93
95	4 位移位寄存器（并行存取）	CT1095 T1095 CT4095	SN54/74AS95 7495A 74L95
107	双 JK 触发器（带清零）	CT4107 CT1107M	SN54/74HC107A 74107

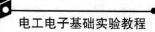

续表

索引号	名　　称	国内型号	国外型号
111	双 JK 触发器(带数据锁定)	T1111 CT1111M	SN54/74 111
112	双 JK 触发器(负沿触发带预置和清零)	T3112 T079 CT54/74F112	SN54/74HC112A 74AHC112A 74HC112
121	单稳触发器	T1121　CT1121M	SN54/74 121
123	双单稳触发器(可重复触发,且带清除)	CT1123 CT4123 CT54/74HC123	SN54/74HC123 74HC123
132	四二输入与非门(施密特触发)	CT3132M CT4132M CT1132M CT54/74F132	SN54/74HC132 74S132 74132 74HC132
133	十三输入与非门	CT3133M CT4133M	SN54/74HC133 74S133
138	三线-八线译码器	CT3138M CT4138M T330 T3138	SN54/74HC138 74AHC138 74AS138
147	十线(十进制)-四线优选权编码器	CT4147M CT1147M	SN54/74HC147 74147
148	八线-三线优选权编码器	T1148 CT1148M,CT4148M CT54/74F148	SN54/74HC148 74HC148
150	十六选一数据选择器	T1150 CT1150M	SN54/74 150
151	八选一数据选择器	CT1151M T1151 CT3151　CT4151M CT54/74F151	SN54/74HC151 74AHC151 74S151 74HC151
153	双四选一数据选择器	CT3153M T1153 T3153 CT4153M CT1153M CT54/74F153	SN54/74HC153 74AHC153 74AS153 74S153 74L153 74HC153
154	四线-十六线译码器	CT1154M T1154	SN54/74HC154 74L154

续表

索引号	名　　称	国 内 型 号	国 外 型 号
157	四二选一数据选择器	CT1157M T1157 CT3157M,CT4157M CT54/74F157	SN54/74HC157 74AHC157 74S157 74HC157
160	4 位十进制同步可预置计数器（直接清除）	CT1160M CT4160M	SN54/74AHC160 74AS160
161	4 位二进制同步可预置计数器（直接清除）	CT54/74F161 T1161 CT1161M CT4161M	SN54/74HC161 74AHC161 74AHC161B 74AS161
162	4 位十进制同步计数器（同步清除）	CT1162M CT3162M CT4162M CT54/74F162	SN54/74 162 74AHC162 74AHC162B 74AS162
163	4 位二进制同步计数器（同步清除）	CT1163M CT3163M CT4163M T3163	SN54/74AHC163 74AHC163B 74AS163 74163
164	8 位移位寄存器 （串入并出）	CT54/74F164 CT1164M T1164	SN54/74HC164 74AHC164 74164
166	8 位移位寄存器 （并行/串行输入，串行输出）	CT4166M CT1166M	SN54/74AHC166 74166
180	8 位奇偶校验器/发生器	T699	SN54/74180
190	同步递增/递减 BCD 计数器	T1190 CT1190M CT4190M CT54/74F190	SN54/74 190 74AHC190 74HC190 74HC190
192	同步双时钟可逆十进制计数器	CT4192M CT1192M T1192 CT54/74F192	SN54/74HC192 74L192 74192 74HC192
193	同步双时钟可逆二进制计数器（带清除）	CT4193M CT1193M T1193 CT54/74F193	SN54/74HC193 74L193 74193 74HC193

续表

索引号	名 称	国内型号	国外型号
194	4位双向移位寄存器	CT1194M T1194 CT3194 CT4194M CT54/74F194	SN54/74HC194A 74AS194 74S194 74HC194
195	4位并行存取移位寄存器	CT3195M CT1195M CT4195M T1195 T3195 CT54/74F195	SN54/74HC195 74AS195 74S195 74195 74HC195
197	可预置二进制计数器	CT3197M CT4197M CT1197	SN54/74HC197 74S197 74197
373	八D锁存器(三态输出)	CT3373M T3373 CT4373M CT54/74F373	SN54/74HC373 74AS373 74S373 74HC373
573	八D透明锁存器(三态输出)	CT54/74F573	SN54/74AHC573

(5) 部分集成电路引脚排列图如附图 B.4 所示。

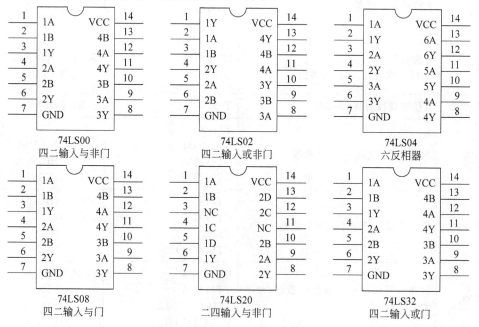

附图 B.4 部分集成电路引脚排列图

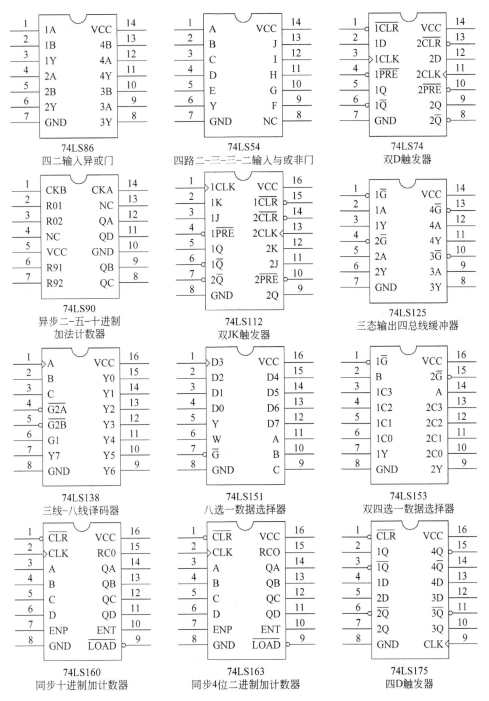

1 — 1A	VCC — 14
2 — 1B	4B — 13
3 — 1Y	4A — 12
4 — 2A	4Y — 11
5 — 2B	3B — 10
6 — 2Y	3A — 9
7 — GND	3Y — 8

74LS86
四二输入异或门

74LS54
四路二-三-三-二输入与或非门

74LS74
双D触发器

74LS90
异步二-五-十进制
加法计数器

74LS112
双JK触发器

74LS125
三态输出四总线缓冲器

74LS138
三线-八线译码器

74LS151
八选一数据选择器

74LS153
双四选一数据选择器

74LS160
同步十进制加计数器

74LS163
同步4位二进制加计数器

74LS175
四D触发器

附图 B.4 （续）

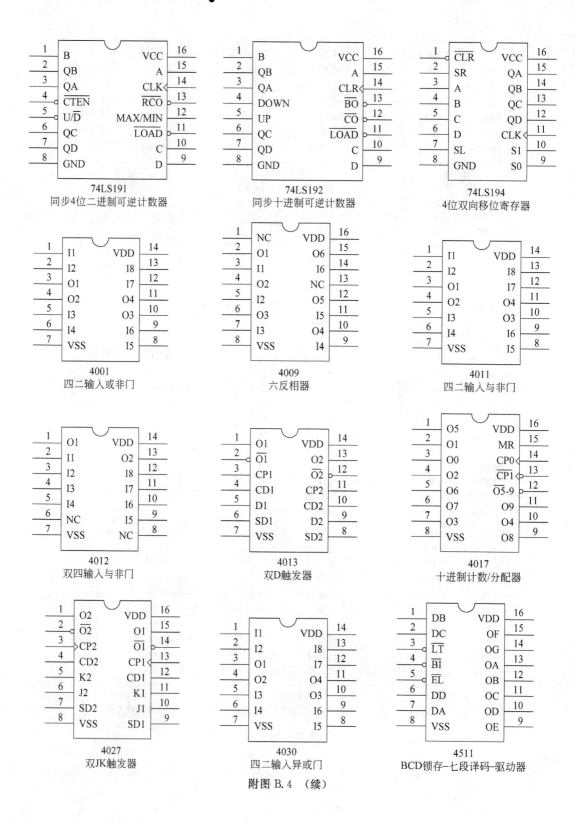

附图 B.4 （续）

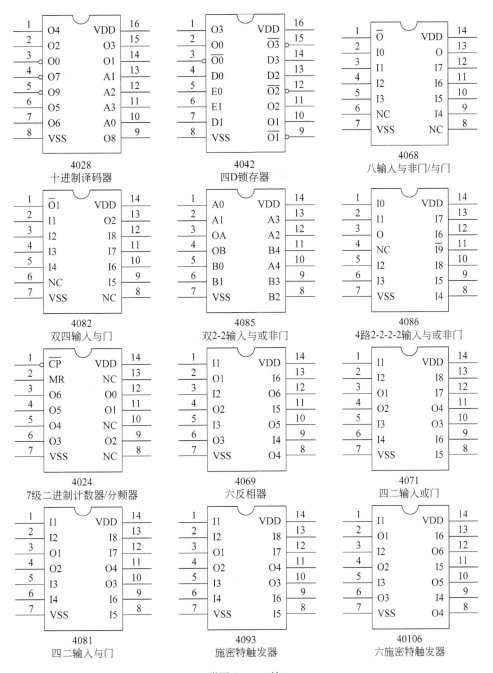

型号	名称
4028	十进制译码器
4042	四D锁存器
4068	八输入与非门/与门
4082	双四输入与门
4085	双2-2输入与或非门
4086	4路2-2-2-2输入与或非门
4024	7级二进制计数器/分频器
4069	六反相器
4071	四二输入或门
4081	四二输入与门
4093	施密特触发器
40106	六施密特触发器

附图 B.4 （续）

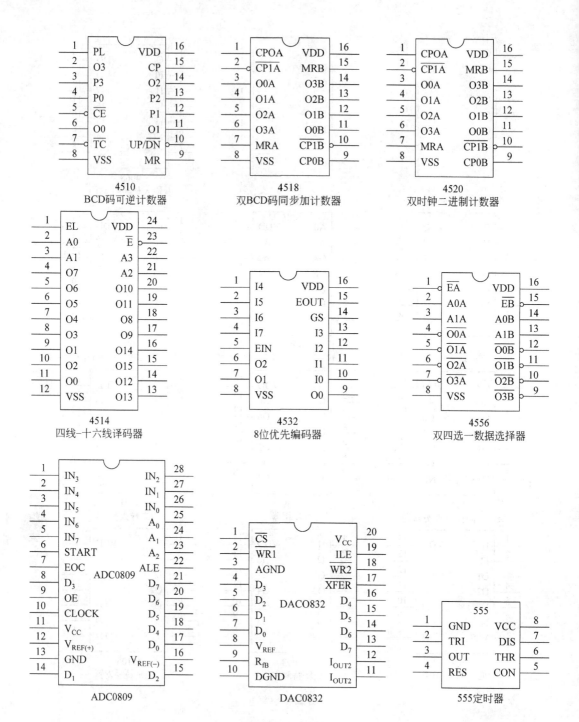

附图 B.4 （续）

参 考 文 献

[1] 刘玉成.电路原理实验教程[M].北京：清华大学出版社,2014.

[2] 邱关源,罗先觉.电路[M](第5版).北京：高等教育出版社,2006.

[3] 杨晓慧,葛微.模拟电子技术实验教程[M].北京：电子工业出版社,2014.

[4] 童诗白.模拟电子技术基础[M](第4版).北京：高等教育出版社,2006.

[5] 于军.模拟电子技术实验[M].北京：中国电力出版社,2011.

[6] 石冰.模拟电子技术实验[M].长沙：湖南大学出版社,2002.

[7] 王彩君等.数字电路实验[M].北京：国防工业出版社,2006.

[8] 孙炯等.数字电子技术实验[M].杭州：浙江大学出版社,2012.

[9] 董宏伟.数字电子技术实验指导书[M].北京：中国电力出版社,2010.

[10] 孙淑艳.数字电子技术实验指导书[M].北京：高等教育出版社,2014 .

[11] 阎石.数字电子技术基础[M](第5版).北京：高等教育出版社,2006.

[12] 张肃文.高频电子线路[M](第五版).北京：高等教育出版社,2009.

[13] 康小平.高频电子线路实验[M].西安：西安电子科技大学出版社,2009.

[14] 胡宴如.高频电子线路实验与仿真[M].北京：高等教育出版社,2009.

[15] 葛海波.高频电子线路实验与制作[M].西安：西安电子科技大学出版社,2015.

[16] 杨霓清.高频电子线路实验及综合设计[M].北京：机械工业出版社,2009.

[17] 周选昌.高频电子线路[M].杭州：浙江大学出版社,2006.

[18] 曹才开等.高频电子线路原理与实践[M].长沙：中南大学出版社,2010.

[19] 王勤.电工电子技术实践与应用教程[M].北京：高等教育出版社,2008.

[20] 金明.电子装配与调试工艺[M].南京：东南大学出版社,2005.

[21] 付蔚.电子工艺基础[M].北京：北京航空航天大学出版社,2011.

[22] 沈红卫.电工电子实验与实训教程——电路·电工·电子技术[M].北京：电子工业出版社,2012.

[23] 贾学堂.电工与电子技术实验实训[M].上海：上海交通大学出版社,2011.

[24] 王艳新.电工电子技术：实验与实习教程[M].上海：上海交通大学出版社,2009.